高等学校规划教材

土木工程测量

U0211393

刘茂华 主编　王 岩　曲晓涵 副主编

化学工业出版社
·北京·

内容简介

《土木工程测量》以产出为导向，共分三个部分系统地介绍了测绘基本理论技术及方法，应用测绘仪器和设备进行各种测定与测设工作，运用测量误差与平差理论进行数据处理和计算，以及土木工程相关领域工程测量施测的方法和技术要求。书中每一部分均列出内容提示和教学目标，结合国际工程教育认证，阐述教学内容对应的毕业要求指标点。具体章节设置为：第一部分测量学的基本知识，包括第 1 章土木工程测量概述、第 2 章水准测量、第 3 章角度测量、第 4 章距离测量、第 5 章误差理论；第二部分测定与测设，包括第 6 章小区域控制测量、第 7 章地形图、第 8 章数字化测图、第 9 章测设的基本知识、第 10 章 GNSS 测量；第三部分土木工程测量应用专题，包括第 11 章建筑工程测量、第 12 章道路工程测量、第 13 章桥梁工程测量、第 14 章地下工程测量、第 15 章建筑物点云数据获取与应用。

《土木工程测量》适合作为高等学校本科、专科及高等职业教育的土木建筑、道路与铁道、桥梁与渡河工程、地下空间工程、给排水工程以及工程管理等专业教学用书，亦可作为施工现场测量人员的培训教材及参考资料，还可作为土木工程测量技术人员的参考用书。

图书在版编目（CIP）数据

土木工程测量/刘茂华主编；王岩，曲晓涵副主编. —北京：
化学工业出版社，2022.8（2024.1重印）
高等学校规划教材
ISBN 978-7-122-41246-1

Ⅰ.①土… Ⅱ.①刘… ②王… ③曲… Ⅲ.①土木工程-建筑
测量-高等学校-教材 Ⅳ.①TU198

中国版本图书馆 CIP 数据核字（2022）第 065197 号

责任编辑：满悦芝　　　　　　　　　　文字编辑：徐照阳　王　硕
责任校对：宋　玮　　　　　　　　　　装帧设计：张　辉

出版发行：化学工业出版社（北京市东城区青年湖南街 13 号　邮政编码 100011）
印　　装：三河市延风印装有限公司
787mm×1092mm　1/16　印张 16½　字数 400 千字　2024 年 1 月北京第 1 版第 3 次印刷

购书咨询：010-64518888　　　　　　　售后服务：010-64518899
网　　址：http://www.cip.com.cn
凡购买本书，如有缺损质量问题，本社销售中心负责调换。

定　　价：55.00 元　　　　　　　　　　　　　　　　　版权所有　违者必究

编写人员名单

主　　编：刘茂华　沈阳建筑大学
副 主 编：王　岩　沈阳建筑大学
　　　　　曲晓涵　沈阳工学院
编写人员：范海英　辽宁科技学院
　　　　　孙立双　沈阳建筑大学
　　　　　王井利　沈阳建筑大学
　　　　　马运涛　沈阳建筑大学
　　　　　姚　敬　沈阳建筑大学
　　　　　唐　伟　中国矿业大学（北京）
　　　　　尹　潇　浙江农林大学
　　　　　高振东　沈阳农业大学
　　　　　李璎昊　沈阳城市建设学院
　　　　　由迎春　沈阳建筑大学
　　　　　丰　勇　辽宁省自然资源厅
　　　　　姚春景　中建八局第二建设有限公司
　　　　　史高峰　鞍山市城乡规划设计研究院有限公司
　　　　　张菁苡　沈阳市勘察测绘研究院有限公司
　　　　　陈立超　上海勘测设计研究院有限公司
　　　　　陈资博　辽宁省建筑设计研究院岩土工程有限责任公司
　　　　　王有伟　辽宁省建筑设计研究院岩土工程有限责任公司
　　　　　李永壮　辽宁省建筑设计研究院岩土工程有限责任公司

前言
FOREWORD

土木工程测量是土木工程专业一门重要的专业基础课，是土木工程技术人员从事工程建设的基础。编者根据土木工程专业的人才培养目标，结合测量新技术和人才市场的需求，基于工程教育认证理念，设计和编写了本书。

工程教育是我国高等教育的重要组成部分，在高等教育体系中"三分天下有其一"。工程教育专业认证是国际通行的工程教育质量保障制度，也是实现工程教育国际互认和工程师资格国际互认的重要基础。工程教育专业认证倡导"以产出为导向、以学生为中心、持续改进"的OBE（outcomes-based education，OBE）理念。本书章节编排将测量学基础知识和现代测绘科学与技术相结合，同时着重解决土木工程项目中的各种施工测量问题，共分为测量学的基本知识、测定和测设及土木工程测量应用专题等三个部分。前两部分知识点由浅入深、由单一到综合，每一章开篇介绍章节重点内容和对应《工程教育认证自评报告指导书（2020版）》毕业要求的内容，便于教师和学生掌握教学目标，理解课程目标达成评价的意义；第三部分着重阐述土木工程领域测量的应用，开篇将本部分对应的毕业要求统一列出。本书在阐述高程测量、角度测量、距离测量、误差理论、地形图测绘等基本理论和基本知识的同时，结合当下普遍测量的技术和方法，讲解土木工程项目具体的施测情况。

本书编写过程中邀请行业单位专家参与，充分发挥高校与企事业单位之间的优势互补，理论知识与实践相结合，体现行业发展需要。参编高校包括沈阳建筑大学、中国矿业大学（北京）、浙江农林大学、沈阳农业大学、辽宁科技学院、沈阳工学院、沈阳城市建设学院；行业单位包括辽宁省自然资源厅、中建八局第二建设有限公司、鞍山市城乡规划设计研究院有限公司、沈阳市勘察测绘研究院有限公司、上海勘测设计研究院有限公司、辽宁省建筑设计研究院岩土工程有限责任公司等多家单位。

本书可作为土木工程测量技术人员的参考用书，适合作为本科、专科及高等职业教育的土木建筑、道路与铁道、桥梁与渡河工程、地下空间工程、给排水工程以及工程管理等专业教学用书，亦可作为施工现场测量人员的培训教材及参考资料。

由于编者水平有限，书中难免存在不足之处，敬请各位读者不吝赐教。

编者
2022年7月

目录
CONTENTS

第一部分
测量学的基本知识

第 5 章　误差理论　71

第二部分
测定与测设

第三部分
土木工程测量应用专题

第一部分

测量学的基本知识

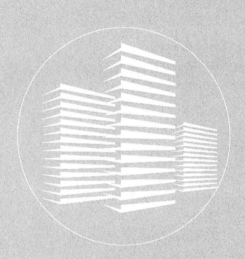

·土木工程测量概述·
·水准测量·
·角度测量·
·距离测量·
·误差理论·

第1章

土木工程测量概述

✏ 内容提示

1. 测量学的概念、任务和分类；
2. 地球的形状和大小；
3. 测量基准、坐标系统和高程系统；
4. 测量的基本内容、基本技能和基本原则；
5. 测量在土木工程中的应用。

📋 教学目标

1. 掌握测量学的基本理论和方法；
2. 理解测量学在土木工程领域的作用，理解工程工具适用范围和局限性。

1.1　测量学基础

1.1.1　测量学的含义

测量学（又称"测绘学"）是研究地球的形状和大小，确定地面（包括空中、地下和海底）点位的科学。为了对地球及其地表进行研究，在测量学中，将地表构成分为地物和地貌两部分。所谓地物是指地面上天然或人工形成的物体，它包括湖泊、河流、海洋、房屋、道路、桥梁等；而地貌则是指地表高低起伏的形态，它包括山地、丘陵和平原等。地物和地貌总称为地形。

测量学的主要任务是测定和测设。测定又称地形测绘，是指使用测量仪器和工具，用一定的测绘程序和方法对地表或其上局部地区的地形进行量测，计算出地物和地貌的位置（通常用三维坐标表示），按一定比例尺、规定的符号将其缩小并绘制成地形图，供科学研究和工程建设规划设计使用。而测设则刚好相反，它是使用测量仪器和工具，按照设计要求，采用一定的方法，将在地形图上设计出的建筑物和构筑物的位置在实地标定出来，作为施工的依据。

1.1.2 测量学分类

测量学是测绘科学技术的总称，它的研究对象非常广泛，包括地球的形状、大小，地球以外的空间，地面上局部的面积和点位等的有关数据及信息。按照研究范围、对象以及测量手段的不同，通常又将测量学分为许多分支学科。

（1）大地测量学

大地测量学是研究地球的形状、大小、重力场及其变化，通过建立区域和全球的三维控制网、重力网及利用卫星测量等方法测定地球各种动态的理论和技术学科。其基本任务是建立地面控制网、重力网，精确测定控制点的空间三维位置，为地形测量提供控制基础，为各类工程建设施工测量提供依据，为研究地球形状大小、重力场及其变化、地壳变形及地震预报提供信息。

（2）摄影测量与遥感学

摄影测量与遥感技术是研究利用电磁波传感器获取目标物的影像数据，从中提取语义和非语义信息，并用图形、图像和数字形式表达的学科。其基本任务是通过对摄影照片或遥感图像进行处理、量测、解译，测定物体的形状、大小和位置并制作成图。根据获得影像的方式及遥感距离的不同，本学科又分为地面摄影测量学、航空摄影测量学和航天遥感测量学等。

（3）工程测量学

工程测量学是研究在工程建设、工业和城市建设以及资源开发中，在规划、勘测设计、施工建设和运营管理各个阶段所进行的控制测量、地形和有关信息的采集和处理（即大比例尺地形图测绘）、地籍测绘、施工放样、设备安装、变形监测及分析和预报等的理论、技术和方法，以及研究对与测量和工程建设有关的信息进行管理和使用的学科。它是测绘学在国民经济和国防建设中的直接应用。

土木工程测量是测量学在土木建筑类工程项目中的具体应用，是在土木工程建设的规划设计、施工建设和运营管理三个阶段所进行的各种测量工作。按照研究对象分类，其包括建筑工程测量、铁路工程测量、公路工程测量、桥梁工程测量、隧道工程测量、水利工程测量、地下工程测量、管线（输电线、输油管）工程测量等。

（4）地图制图学

地图制图学是研究数字地图的基础理论、设计、编绘、复制的技术、方法以及应用的学科。它的基本任务是利用各种测量成果编制各类地图，其内容一般包括地图投影、地图编制、地图整饰和地图制印等分支。地图是测绘工作的重要产品形式。该学科的发展促使地图产品从传统的模拟地图向数字地图转变，从二维静态向三维立体、四维动态（增加了时间维度）转变。计算机制图技术和地图数据库的发展，促使地理信息系统（GIS）产生。数字地图的发展及宽广的应用领域为地图制图学的发展和地图的应用展现出无限的前景，使数字地图成为 21 世纪测绘工作的基础和支柱。

（5）海洋测量学

海洋测量学是以海洋和陆地水域为研究对象，研究海洋水下地形测量、航道及相关港口、码头的建设等工程相关的测量理论和方法。

（6）地球空间信息科学

地球空间信息科学是测绘学科的理论、技术、方法及其学科内涵不断变化的产物。当代空间技术、计算机技术、通信技术和地理信息技术的发展，致使测绘学的理论基础、工程技术体系、研究领域和科学目标正在适应新形势的需要而发生深刻的变化。由"3S"（GNSS、RS、GIS）技术支撑的测绘科学技术在信息采集、数据处理和成果应用等方面也在进入数字化、网络化、智能化、实时化和可视化的新阶段。测绘学已经成为研究对地球和其他实体的与空间分布有关的信息进行采集、量测、分析、显示、管理和利用的一门科学技术。它的服务对象远远超出传统测绘学比较狭窄的应用领域，扩大到国民经济和国防建设中与地理空间信息有关的各个领域，成为当代兴起的一门新型学科——地球空间信息科学。

1.1.3　测量学的发展

测量学有着悠久的历史。古代的测绘技术起源于水利和农业等生产的需求。古埃及尼罗河常年洪水泛滥，淹没了土地界线，水退以后需要重新划界，从而在公元前1400年就已经有了地产边界的测量。公元前2世纪，中国的司马迁在《史记·夏本纪》中叙述了禹受命治理洪水的情况："左准绳，右规矩，载四时，以开九州，通九道，陂九泽，度九山。"这段记载说明至晚在禹的时代，中国人为了治水，已经会使用简单的测量工具了。

测量学的发展和测绘技术以及仪器工具的变革是分不开的。17世纪之前，人们使用简单的工具，例如中国的绳尺、步弓、矩尺和圭表等进行测量。1730年，英国的西森（Sisson）制成测角用的第一架经纬仪，大大促进了三角测量的发展，使它成为建立各种等级测量控制网的主要方法。19世纪初，随着测量方法和仪器的不断改进，测量数据的精度也不断提高，精确的测量计算就成为研究的中心问题。1806年法国的勒让德（A. M. Legendre）、1809年德国的高斯分别发表了最小二乘准则，这为测量平差计算奠定了科学基础。19世纪50年代初，法国洛斯达（A. Lausse-dat）首创摄影测量方法。随后，相继出现立体坐标量测仪、地面立体测图仪等。从20世纪40年代起，测绘技术又朝电子化和自动化方向发展。首先是测距仪器的变革。1948年起陆续发展起来的各种电磁波测距仪，由于可用来直接精密测量远达几十公里的距离，因而使得大地测量定位方法除了采用三角测量外，还可采用精密导线测量和三边测量。大约同一时期，电子计算机出现了，并很快应用到测绘学中。这不仅加快了测量计算的速度，而且还改变了测绘仪器和方法，使测绘工作更为简便和精确。继而在20世纪60年代，又出现了计算机控制的自动绘图机，可用以实现地图制图的自动化。

自从1957年第一颗人造地球卫星发射成功后，测绘工作有了新的飞跃，在测绘学中开辟了卫星大地测量学这一新领域。同时，由于利用卫星可从空间对地面进行遥感，因而可将遥感的图像信息用于编制大区域内的小比例尺影像地图和专题地图。所以20世纪50年代以后，测绘仪器的电子化和自动化以及许多空间技术的出现，实现了测绘作业的自动化，提高了测绘成果的质量；21世纪以来，随着现代科技的发展，人们获取数据的手段更加多样和智能，如高精度测量机器人、GNSS接收机、工程自动化监测系统、无人机摄影测量、机载激光雷达测量、多光谱卫星影像、高分影像、高光谱影像、热红外数据等，使传统的测绘学理论和技术发生了巨大的变革，测绘的对象也由地球扩展到月球和其他天体。

1.2 点的平面坐标和高程

1.2.1 地球的形状与大小

测量工作是在地球表面上进行的，因此必须知道地表的形状和大小。地球的自然表面有高山、丘陵、平原、盆地及海洋等，呈复杂的起伏形态，通过长期的测绘工作和科学调查，人们了解到地球表面上海洋面积约占 71%，陆地面积约占 29%。世界上最高的山峰珠穆朗玛峰高达 8848.86m，世界上最深的海沟马里亚纳海沟深达 11034m。地球的自然表面高低起伏近 20km，但这种起伏变化相对于地球半径 6371km 来说，仍可忽略不计。因此，测量中可以把海水所覆盖的地球形体看作地球的形状。

由于地球的自转运动，地球上任一点都要受到离心力和地球引力的双重作用，这两个力的合力称为重力，重力的方向线称为铅垂线，铅垂线是测量工作的基准线。设想有一静止的海水面向陆地延伸，通过大陆和岛屿形成一个包围地球的封闭曲面，这个曲面称为水准面。水准面是受重力影响而形成的，是一个处处与重力方向垂直的连续曲面，并且是一个重力场的等势面。与水准面相切的平面称为水平面。由于潮汐的影响，海水面有高有低，所以水准面有无数个，其中与平均海水面相吻合的水准面，称为"大地水准面"，如图 1-1 所示。大地水准面是测量工作的基准面。大地水准面所包围的地球形体称为大地体。

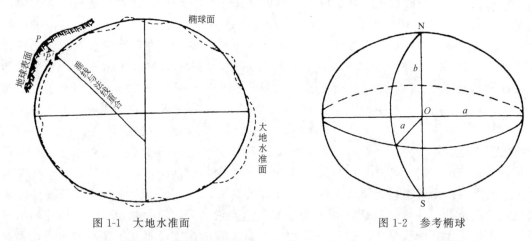

图 1-1　大地水准面　　　　　　　　图 1-2　参考椭球

用大地水准面代表地球表面的形状和大小是恰当的，但由于地球内部物质的质量分布不均匀，因而铅垂线的方向产生不规则的变化，致使大地水准面成为一个复杂的曲面，如图 1-1 所示。如果将地球表面上的图形投影到这个复杂的曲面上，会给测量计算和绘图带来很多困难。为了解决这一问题，选用一个非常接近大地水准面，并可用数学式表示的规则的几何形体来代表地球的总形状，这个数学形体称为"参考椭球体"。包围旋转椭球体的面称为"旋转椭球面"。旋转椭球体是由一椭圆绕其短半轴旋转而成的椭球体，如图 1-2 所示。椭圆的长半轴 a、短半轴 b、扁率 $\alpha = \dfrac{a-b}{a}$ 是决定旋转椭球体的形状和大小的元素。随着测绘科学的进步，可以愈来愈精确地测定这些元素，我国先后采用了 1954 年北京坐标系和 1980 西安坐标系来测定。

随着社会的进步，国民经济建设、国防建设和社会发展、科学研究等对国家大地坐标系提出了新的要求，迫切需要采用原点位于地球质量中心的坐标系（以下简称地心坐标系）作为国家大地坐标系。采用地心坐标系，有利于采用现代空间技术对坐标系进行维护和快速更新，测定高精度大地控制点三维坐标，并提高测图工作效率。2008 年 3 月，由原国土资源部正式上报国务院《关于中国采用 2000 国家大地坐标系的请示》，并于 2008 年 4 月获得国务院批准。自 2008 年 7 月 1 日起，中国将全面启用 2000 国家大地坐标系，原国家测绘局授权组织实施。

中国国家大地坐标系 CGCS2000（China Geodetic Coordinate System 2000），是全球地心坐标系在我国的具体体现，其原点为包括海洋和大气在内的整个地球的质量中心。Z 轴指向 BIH1984.0 定义的协议极地方向（BIH，国际时间局），X 轴指向 BIH1984.0 定义的零子午面与协议赤道的交点，Y 轴按右手坐标系确定。2000 国家大地坐标系采用的地球椭球参数如下：

长半轴 $a = 6378137\text{m}$；

扁率 $\alpha = 1/298.257222101$；

地心引力常数 $GM = 3.986004418 \times 10^{14} \text{m}^3 \cdot \text{s}^{-2}$；

自转角速度 $\omega = 7.292115 \times 10^{-5} \text{rad} \cdot \text{s}^{-1}$；

短半轴 $b = 6356752.31414\text{m}$；

极曲率半径为 6399593.62586m；

第一偏心率 $e = 0.0818191910428$。

我国大地坐标系的原点在陕西省泾阳县永乐镇。由于参考椭球体的扁率很小，在测区面积不大时可把地球近似地看作圆球，其半径为：$R = 6371\text{km}$。

1.2.2 地面点的表示方法

测量工作的基本任务是确定地面点的位置。地面上任一点都是位于三维空间的点。地面点的位置通常用坐标和高程表示：坐标指该点在大地水准面或参考椭球面上的位置或投影到水平面上的位置；高程指该点到大地水准面的铅垂距离。

（1）地理坐标

用经纬度表示地面点位置的球面坐标称为地理坐标。在测量工作中，通常是以参考椭球面及其法线为依据建立坐标系统，称为大地坐标系。参考椭球面上点的大地坐标用大地经度（L）和大地纬度（B）表示，它是用大地测量方法测出地面点的有关数据推算求得。地形图上的经纬度一般都是用大地坐标表示的。

参考椭球如图 1-3 所示：NS 为椭球自转的旋转轴，并通过椭球中心 O，也称为地轴，N 表示北极，S 表示南极。通过地面点 P 和地轴的平面称为过 P 点的子午面，子午面与椭球面的交线称为子午圈，也称为子午线（或叫经线）。国际上公认：通过英国格林尼治天文台的子午面称为首子午面或起始子

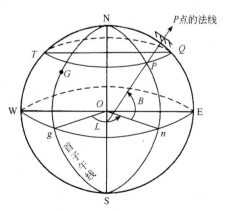

图 1-3 地理坐标

午面，首子午面与参考椭球面的交线称为首子午线或起始子午线，也称起始经线。首子午面将地球分为东西两个半球。垂直于地轴的任一平面与参考椭球面的交线称为纬线或纬圈，各纬圈相互平行，也称为平行圈。我们把通过参考椭球中心且垂直于地轴的平面称为赤道面，赤道面与参考椭球面的交线称为赤道。赤道面将地球分为南北两半球。

地理坐标就是以起始子午面和赤道面作为起算面的。

地面上某点的大地经度（L）。通过某点（如 P）的子午面与首子午面之间的二面角 L，叫做该点的大地经度，简称经度。经度是以首子午面起算，在首子午面以东的点的经度，从首子午面向东度量，称为东经；以西者向西度量，称为西经。其角值各从 $0°\sim180°$。在同一子午线上的各点经度相同，任意两点的经度之差称为经差。我国位于东半球，各地的经度都是东经。

大地纬度（B）。过椭球面上的任一点（如 P）作一与椭球面相切的平面，过该点作垂直于此切平面的直线，称为该点的法线。某点的法线与赤道面的交角 B，叫做该点的大地纬度，简称纬度。纬度是以赤道面起算，在赤道面以北的点的纬度，由赤道面向北度量，称为北纬；以南者向南度量，称为南纬。其角值各从 $0°\sim90°$。同一纬线上所有点的纬度相同。我国疆域全部在赤道以北，各地的纬度都是北纬。

由此可见，大地经度和大地纬度是以参考椭球面作为基准面。用经度、纬度表示地面点（如 P）位置的坐标系是在球面上建立的，故称为球面坐标，亦称为地理坐标。地面上一点的地理坐标（L、B）确定了该点在椭球面上的位置。

（2）高斯投影和高斯-克吕格平面直角坐标系

地球在总体上是以大地体表示的，为了能进行各种运算，又以参考椭球体来代替大地体。但是，椭球体面是一个不可展开的曲面，要将椭球面上的图形描绘在平面上，需要采用地图投影的方法。

我国规定在大地测量和地形测量中采用正形投影的方法。正形投影的特点是：椭球面上的图形转绘到平面上后，保持角度不变形，而且在一定范围内由一点出发的各方向线段的长度变形的比例相同，所以也称等角投影。这就是说，正形投影在一定的范围内可保持投影前、后两图形相似，这正是测图所要求的。我国目前采用的高斯投影是正形投影的一种，这种投影方法是由高斯首先提出的，而后克吕格又加以补充完善，所以叫高斯-克吕格投影，简称高斯投影。

1）高斯投影　高斯投影是一种等角横切椭圆柱分带投影。将椭球面上图形转绘到平面的过程，是一种数学换算过程。为了使初学者对高斯投影有一个直观的印象，故借助与高斯投影有着相同和类似之处的横椭圆柱中心投影，予以简介。

在图 1-4(a) 中，设想用一个椭圆柱筒横套于参考椭球的外面，使之与任一子午线相切，这条切线就称为中央子午线或轴子午线，并使椭球柱中心轴与赤道面重合且通过椭球中心。若以地心为投影中心，用数学方法将椭球面上中央子午线两侧一定经差范围内的点、线、图形投影到椭圆柱面上，并要求其投影必须满足下列三个条件：

① 投影是正形的，即投影前后角度不发生变形；

② 中央子午线投影后为直线，且为投影的对称轴；

③ 中央子午线投影后长度不变。

上述三个条件中，条件①是所有正形投影的共同特点，②、③两个条件则是高斯投影本身的特定条件。

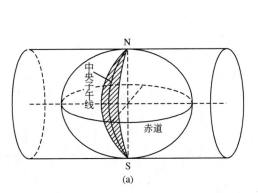
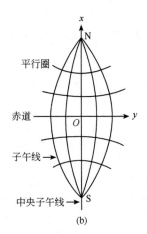

图 1-4 高斯投影

将投影后的椭圆柱面沿过南北极的母线剪开并展成平面，这一狭长带的平面就是高斯投影平面，如图 1-4(b) 所示。根据高斯投影的特点，可以得出椭球面上的主要线段在高斯投影平面上的几个特性：

① 中央子午线投影后为直线，并且长度没有变形。

② 除中央子午线外，其余子午线的投影均为凹向中央子午线的曲线，并以中央子午线为对称轴。投影后长度发生变形，离中央子午线愈远，长度变形愈大。

③ 赤道圈投影后为直线，但长度有变形。

④ 除赤道外的其余纬圈，投影后为均凸向赤道的曲线，并以赤道为对称轴。

⑤ 所有长度变形的线段，其长度比均大于1。

⑥ 经线与纬线投影后仍然保持正交。

由此可见，此种投影在长度和面积上都有变形，只有中央子午线是没有变形的线，自中央子午线向投影带边缘，变形逐渐增加，而且不管直线方向如何，其投影长度均大于球面长度。这是因为要将椭球面上的图形相似地（保持角度不变）表示到平面上，只有将椭球面上的距离拉长才能实现。所以，凡在椭球面上对称于中央子午线或赤道的两点，其在高斯投影面上相应对称。

2）投影带划分　高斯投影虽然保持了等角条件，但产生了长度变形，且离中央子午线愈远，变形愈大。在中央子午线两侧经差3°范围内，其长度投影变形最大约为1/900。变形过大，对于测图、用图都不利，甚至是不允许的。

为了限制长度变形，满足各种比例尺的测图精度要求，国际上统一将椭球面沿子午线以经差6°或3°划分成若干条带，限定高斯投影的范围。每一个投影范围就叫一个投影带，并依次编号。如图 1-5 所示，从起始子午线开始，自西向东以经差每隔6°划分一带，将整个地球划分成 60 个投影带，叫做高斯6°投影带（简称6°带）。6°带各带的中央子午线经度分别为 3°、9°、15°…357°，中央子午线的经度 L_0 与投影带带号 N 的关系式为

$$L_0 = 6N - 3 \tag{1-1}$$

每一投影带两侧边缘的子午线叫做分带子午线，6°带的分带子午线的经度分别为 0°、6°、12°…

为了满足大比例尺测图和某些工程建设需要，常以经差3°分带。它是从东经 1.5°的子午线起，自西向东按经差每隔3°划分为一个投影带，这样整个地球被划分为 120 带，叫做高

斯 3°投影带（简称 3°带），如图 1-5 所示。显然，3°带各带的中央子午线经度分别为 3°、6°、9°…360°。即 3°带的带号 n 与中央子午线经度 l 的关系式为

$$l = 3n \tag{1-2}$$

3°带的分带子午线的经度依次为 1.5°、4.5°、7.5°…

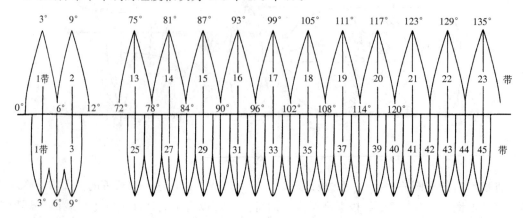

图 1-5　6°和 3°投影带的关系

除上述 6°和 3°带外，有时根据工程需要，要求长度变形更小些，则可采用任意带。任意带的中央子午线一般选在测区中心的子午线，带的宽度为 1.5°。

【例 1-1】　某城市中心的经度为 116°24′，分别求其所在高斯投影 6°带和 3°带的中央子午线经度 L 和 l，投影带号 N 和 n。

解：据题意，其高斯投影 6°带的带号为

$N = \mathrm{INT}(116°24′/6°+1) = 20$（INT——取整数）

中央子午线经度为

$L = 20 \times 6° - 3° = 117°$

其高斯投影 3°带的带号为

$n = 116°24′/3° = 39$（四舍五入）

中央子午线经度为

$l = 39 \times 3° = 117°$

由此可见，该城市中心点所在高斯投影 6°带和 3°带的中央子午线重合。

3) 高斯-克吕格平面直角坐标系　采用高斯投影将椭球面上的点、线、图形转换到投影平面上，是属大地控制测量的范畴。我国大地控制测量为地形测量所提供的各级控制点的平面坐标，都已是高斯投影平面上的坐标。

根据高斯投影的原理，参考椭球面上的点均可投影到高斯平面上，为了标明投影点在高斯投影面的位置，可用一个直角坐标系来表示。在高斯投影中，每一个投影带的中央子午线投影和赤道的投影均为正交直线，故可建立直角坐标系。我国规定以每个投影带的中央子午线的投影为坐标纵轴（X 轴），赤道的投影为坐标横轴（Y 轴），其交点为坐标原点 O。X 轴向北为正，向南为负；Y 轴向东为正，向西为负。这就是全国统一的高斯-克吕格平面直角坐标系，也称为自然坐标系。

由于我国幅员辽阔，东西横跨 11 个（13～23 带）6°带，21 个（25～45 带）3°带，而各自又独立构成直角坐标系。我国地理位置位于北半球，故所有点的纵坐标值均为正值，而横坐标值则有正有负。为了便于计算，避免 y 值出现负值，规定将每一投影带的纵坐标轴向

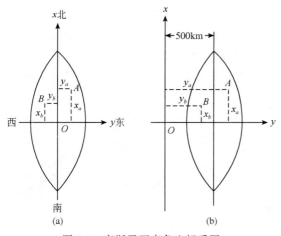

图 1-6 高斯平面直角坐标系图

西平移 500km，即所有点的横坐标值均加上 500km，如图 1-6 所示。为了不引起各带内点位置的混淆，明确点的具体位置，即点所处的投影带，规定在 y 坐标的前面再冠以该点所在投影带的带号。我们把将加上 500km 并冠以带号的坐标值叫做通用坐标值。

例如 P_1、P_2 点均位于第 21 带，其自然坐标 $y'_{P1} = +189640.8$m，$y'_{P2} = -107453.6$m，则其通用坐标 $y_{P1} = 21689640.8$m，$y_{P2} = 21392546.4$m。

（3）独立平面直角坐标系

当测区的范围较小时，测区内没有国家统一的坐标系统，测图只是作为一个独立的工程或其他方面使用，可将该测区的大地水准面看成水平面，在该面上建立独立的平面直角坐标系（图 1-7）。通常将独立直角坐标系的 X 轴选在测区西边，将 Y 轴选在测区南边，坐标原点选在独立测区的西南角点上，以使测区内任意点的坐标均为正值。规定 X 轴向北为正，Y 轴向东为正，构成独立平面直角坐标系（图 1-8）。

无论是高斯平面直角坐标系还是独立平面直角坐标系，均以纵轴为 X 轴，横轴为 Y 轴，这与数学上的平面坐标系 X 轴和 Y 轴正好相反，其原因在于测量与数学上表示直线方向的方位角定义不同。测量上的方位角为由纵轴的指北端起始，顺时针至直线的夹角；数学上的方位角则为由横轴的指东端起始，逆时针至直线的夹角。将二者的 X 轴和 Y 轴互换，是为了仍旧可以将已有的数学公式用于测量计算。出于同样的原因，测量与数学上关于坐标象限的规定也有所不同。二者均以北东为第一象限，但数学上的四个象限为逆时针递增，而测量上则为顺时针递增。

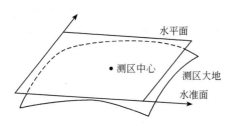

图 1-7 假定平面直角坐标系的建立

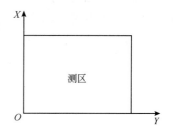

图 1-8 假定平面直角坐标系

（4）高程系统

地面点的高程是指地面点至大地水准面的铅垂距离，通常称为绝对高程，简称高程，用 H 表示，如图 1-9 所示。

A、B 两点的绝对高程为 H_A、H_B。由于受海潮、风浪等影响，海水面的高低时刻在变化，我国的高程是以青岛验潮站历年记录的黄海平均海水面为基准，并在青岛建立了国家水准原点。我国最初使用"1956 年黄海高程系"，其青岛国家水准原点高程为 72.289m，该高程系于 1987 年废止，并启用"1985 年国家高程基准"，原点高程为 72.260m。在使用测量资料时，一定要注意新旧高程系以及系统间的正确换算。

在局部地区有时可以假定一个水准面作为高程起算面，地面点到假定水准面的铅垂距离称为该点的相对高程。H'_A、H'_B分别表示 A 点和 B 点的相对高程。

地面两点之间的高程之差称为高差或比高，用 h 表示。A、B 两点的高差为

$$h_{AB} = H_B - H_A = H'_B - H'_A$$

地面两点之间的高差与高程系统无关。

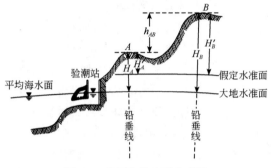

图 1-9　地面点的高程和高差

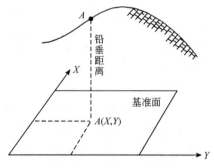

图 1-10　地面点空间位置

综上，地面点的空间位置用平面坐标（X，Y）和高程（H）来表示，如图 1-10 所示。大地水准面是测量的基准面，铅垂线是测量的基准线。

1.2.3　地球曲率对测量工作的影响

由于水准面是一个曲面，曲面上的图形投影到平面上就会产生一定的变形。然而地球半径很大，当测区较小时，这种变形就很小，可以用平面代替水准面，但随着测区的增大，这种变形也随之增大。因此，在多大范围内可以用水平面代替水准面，使得这种变形引起的误差不会超过测绘和制图误差的容许范围，就是我们要讨论的问题。

（1）地球曲率对距离测量的影响

在图 1-11 中，设曲线 DAE 为水准面，AB 为其上的一段弧，长度为 S，所对的圆心角为 θ，地球半径为 R。过 A 点作切线 AC，长为 t，如果用切于 A 点的水平面代替水准面，即以相应的切线段 AC 代替圆弧段 AB，则在距离方面将产生误差 ΔS：

$$\Delta S = AC - AB = t - S$$

式中，$AC = t = R\tan\theta$，$AB = S = R\theta$。

则

$$\Delta S = R\tan\theta - R\theta = R(\tan\theta - \theta)$$

经数学变换可得：

$$\Delta S = S^3 / 3R^2 \tag{1-3}$$

ΔS 就是以水平面代替水准面时，长度所产生的误差。若 $R = 6371\text{km}$，则依式（1-3）可得表 1-1 所列结果。

表 1-1　水平面代替水准面距离误差和相对误差

距离 S/km	5	10	25	100
距离误差 ΔS/cm	0.1	0.8	12.8	821.2
相对误差 $\Delta S/S$	1/5000000	1/1200000	1/200000	1/12000

由表 1-1 可见，在 10km 的范围内，以水平面代替水准面对距离影响很小。

（2）用水平面代替水准面对高差的影响

如图 1-11 所示，用水平面代替水准面对高差的影响为 Δh。

$$(R+\Delta h)^2 = R^2 + t^2 \tag{1-4}$$

$$\Delta h = \frac{t^2}{2R+\Delta h} \tag{1-5}$$

因 Δh 与 R 相比很小，故可以写成 $\Delta h = \dfrac{t^2}{2R}$，取 $R = 6371km$，代入此式并列出表 1-2。

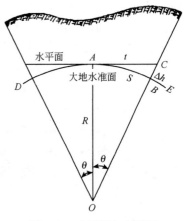

图 1-11　水平面与水准面

表 1-2　用水平面代替水准面对高差的影响值

S/m	10	50	100	200	300	500	1000
$\Delta h/cm$	0.01	0.2	0.8	3.1	7.1	19.6	78.5

由表 1-2 可见，以水平面代替水准面，对高程影响较为显著，因此在进行高程测量时应考虑此影响。

一般情况下，当半径在 10km 以内时，以水平面代替水准面对角度的影响很小。因此在一般的测量中可不必考虑。

1.3　测量工作的内容与原则

1.3.1　测量工作的基本内容

从本章前述内容知道，测量工作的实质就是确定地面点的位置，地面点位可以用它在投影面上的坐标和高程来确定，但在实际工作中一般不是直接测量坐标和高程，而是通过测量地面点与已知坐标和高程的点之间的几何关系，经过计算间接地得到坐标和高程。因此，测量角度、距离、高差就是测量工作的基本内容，也称为测量工作的三要素，所以高程测量、角度测量、距离测量是测量的三项基本工作。

1.3.2　测量工作应遵循的原则

测量工作必须遵循两项原则。一是"由整体到局部、从高级到低级、先控制后碎部"；二是"步步要检核"。

在测绘地形图时要在地面上选定许多安置仪器的点，这些点称为测站点，并以此为依据测定地物和地貌。由于测量工作不可避免地存在误差，如果测量工作从一个测站点开始逐点进行施测，最后虽可得到欲测各点的位置，但由于前一点的误差会传递到下一点，这样误差迅速累积起来，最后可能达到不可容许的程度；另一方面，由于我国幅员辽阔，经济发展不平衡，测绘工作必须分期分批进行。为此，必须首先建立全国统一的坐标系统和高程系统，才能保证全国测绘资料的统一性。

"由整体到局部、从高级到低级、先控制后碎部"。对任何测绘工作均应先总体布置，而后分区分期实施，这就是"由整体到局部"；在施测步骤上，总是先布设首级平面和高程控制网，然后再逐级加密低级控制网，最后以此为基础进行测图或施工放样，这就是"先控制后碎部"；从测量精度来看，控制测量精度较高，测图精度相对于控制测量来说要低一些，这就是"从高级到低级"。总之，只有遵循这一原则，才能保证全国统一的坐标系统，才能控制测量误差的累积，保证成果的精度，使测绘成果全国共享。

"步步要检核"。测绘工作的每项成果必须经检核保证无误后才能进行下一步工作，中间环节只要有一步出错，以后的工作就徒劳无益。只有坚持这项原则，才能保证测绘成果合乎技术规范的要求。

1.3.3　测量的基本工作

（1）控制测量

测量工作的原则是"由整体到局部""先控制后碎部"，也就是说先要在测区内选择一些有控制意义的地面点，用精确的方法测定它们的平面位置和高程，然后再根据它们测定其他地面点的位置。在测量工作中，将这些有控制意义的地面点称为控制点，由控制点所构成的几何图形称为控制网，而将精确测定控制点点位的工作称为控制测量。控制测量包括平面控制测量和高程控制测量。平面控制测量常采用三角测量、三边测量、导线测量、GPS测量等方法，高程控制测量常采用水准测量方法。

（2）碎部测量

图 1-12(a) 所示为一幢房屋，其平面位置图由一些折线组成，如能确定 1～4 各点的平面位置，则这幢房屋的位置就确定了。图 1-12(b) 所示是一个池塘，只要能确定 5～16 各点的平面位置，则这个池塘的位置和形状也就确定了。一般将表示地物形态变化的 1～16 点称为地物特征点，也叫碎部点。至于地貌，虽然其地势起伏变化较大，但仍然可以根据其方向和坡度的变化，确定它们的碎部点，并据此把握地貌的形状和大小。因此，不论是地物还是地貌，它们的形状和大小都是由一系列特征点（或碎部点）的位置所决定的。测图工作主要就是测定这些特征点（或碎部点）的平面位置和高程。

如图 1-12 所示，设 A、B、C、D、E 点为控制点，其坐标已用控制测量方法得到，测图时，在 A 点架设仪器，测出 1 点与 AB 边的夹角 β_1 和 1 点到 A 点的距离，则根据 A、B

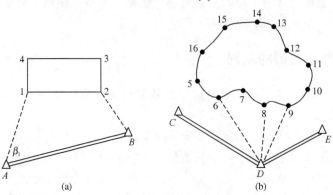

(a)　　　　　　　　　　　　(b)

图 1-12　碎部测量

两点的坐标就可求出 1 点的坐标。同理，可求出 2，3，…，16 各点的坐标。有了这些坐标，就可以在图纸上绘制地形图了。测量工作中将测定碎部点的工作称为碎部测量。因此，测定碎部点的位置通常分两步进行：先进行控制测量，再进行碎部测量。

综上所述，无论是控制测量还是碎部测量，其实质都是确定地面点的位置，也就是先测定三个元素：水平角 α、水平距离 S 和高差 h。所以说，水平角测量、距离测量和高差测量是测量的基本工作，观测、计算和绘图是测量工作者的基本技能。

上面所述的测量工作，有些是在野外进行的，如现场踏勘、埋设标志点、数据采集等，称为外业；有些工作是在室内进行的，如计算与绘图等，称为内业。无论哪种工作都必须认真地进行，绝不容许存在错误。

📁 思考题

1. 测量学的定义是什么？土木工程测量包括哪些分类？

2. 什么是水准面、大地水准面？

3. 测量中的基准线和基准面分别是什么？

4. 高斯平面直角坐标系是怎样建立的？

5. 已知某点的高斯投影 y 坐标值为 17345281.693m，试计算其 y 坐标自然值。

6. 地面任一点的精度为 $136°16'$，求该点所在 6° 带和 3° 带的中央子午线和代号。

7. 我国现在使用何种高程系统？水准原点的高程是否为零？

8. 当 h_{AB} 为负值时，A、B 两点哪个高？

9. 已知 $H_A=421.365m$，$H_B=531.268m$。求 h_{AB} 和 h_{BA}。

10. 测量工作遵循的原则是什么？按照这个原则，地形测量工作分为哪几个步骤？

第 2 章

水准测量

✏️ 内容提示

1. 水准测量基本原理；
2. 水准仪的构造及使用方法；
3. 水准测量的外业施测工作；
4. 水准测量的成果计算和检核。

📋 教学目标

1. 掌握水准测量的基本理论和方法，能够理解水准测量的实施和成果计算；
2. 能够应用工程科学的基本原理，识别、表达、分析复杂工程问题，以获得有效结论；
3. 理解团队协作，并能够在团队中承担个体、团队成员以及负责人的角色。

2.1 水准测量原理

　　测量地面各点的高程的工作称为高程测量。通过观测已知点与未知点之间的高差，并根据已知点的高程，可以间接推算出未知点高程。根据所使用的仪器和工程要求，高程测量的方法有水准测量、三角高程测量、气压高程测量和 GPS 高程测量。水准测量是最基本、精度最高、最常用的一种方法，广泛应用于国家高程控制测量、土木工程和施工测量中。

　　水准测量的原理是借助水准仪提供的水平视线，配合水准尺测定地面上两点间的高差，然后根据已知点的高程来推算出未知点的高程。

　　如图 2-1 所示，已知 A 点高程为 H_A，要测出 B 点高程 H_B，在 A、B 两点间安置一架能提供水平视线的仪器——水准仪，并在 A、B 两点各竖立水准尺，利用水平视线分别读出 A 点尺子上的读数 a 及 B 点尺子上的读数 b，则 A、B 两点间的高差为

$$h_{AB} = a - b \tag{2-1}$$

　　当水准测量由 A 点向 B 点方向前进观测时，A 点位于水准仪后视方向，称 a 为后视读数；B 点位于水准仪前视方向，称 b 为前视读数。

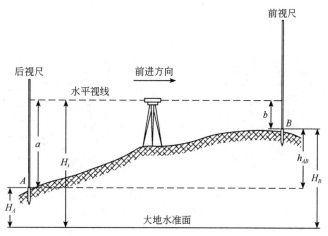

图 2-1　水准测量原理

由式(2-1)可以看出：两点间的高差就等于后视读数减去前视读数。$a > b$ 时，$h_{AB} > 0$，A 点低于 B 点；$a < b$ 时，$h_{AB} < 0$，A 点高于 B 点；$a = b$ 时，$h_{AB} = 0$，A 点与 B 点同高。

测得 A、B 两点高差 h_{AB} 后，则未知点 B 的高程 H_B 为

$$H_B = H_A + h_{AB} = H_A + (a - b) \tag{2-2}$$

由图 2-1 可知，B 点高程也可以通过水准仪的视线高程 H_i（也称为仪器高程）来计算，视线高程 H_i 等于 A 点高程加 A 点水准尺上的后视读数，即

$$H_i = H_A + a \tag{2-3}$$

则

$$H_B = (H_A + a) - b = H_i - b \tag{2-4}$$

一般情况下，用式(2-2) 直接利用高差 h_{AB} 计算待求点高程，称为高差法，常用于各种控制测量与监测。

式(2-4) 利用水准仪视线高程计算待求点高程，称为视线高法。这种方法只需要观测一次后视，就可以通过观测若干个前视计算出多点高程。该法主要用于各种工程勘测与施工测量。

2.2　水准测量的仪器和设备

水准仪是水准测量的主要仪器。按水准仪所能达到的精度，它分为 DS_{05}、DS_1、DS_3 及 DS_{10} 等几种型号。其中"D"和"S"表示"大地测量"和"水准仪"中"大"和"水"的汉语拼音的首字母；下标"05""1""3"及"10"等数字表示仪器所能达到的精度，如 05、3 表示对应型号的水准仪进行 1km 往返水准测量的高差中误差分别能达到 $\pm 0.5mm$ 和 $\pm 3mm$。仪器型号中的数字越小，仪器精度越高。DS_{05}、DS_1 型水准仪属于精密水准仪，用于高精度水准测量，DS_3 和 DS_{10} 属于普通水准仪，主要用于国家三、四等水准测量或一般工程测量。本节主要介绍 DS_3 型水准仪及其使用。

2.2.1　DS_3 型水准仪的构造

如图 2-2 所示，DS_3 型微倾式水准仪，主要由望远镜、水准器及基座三部分组成。

望远镜用于照准目标和清晰地观察水准尺上的数据，水准器用于控制视线水平，基座与三脚架连接，用于支撑水准仪稳定工作。

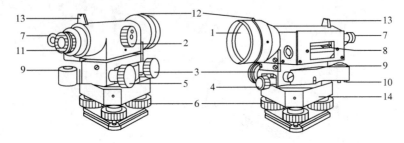

图 2-2　DS$_3$型微倾式水准仪

1—物镜；2—物镜对光螺旋；3—水平微动螺旋；4—水平制动螺旋；5—微倾螺旋；6—脚螺旋；

7—符合气泡观察镜；8—水准管；9—圆水准器；10—圆水准器校正螺丝；11—目镜调焦螺旋；

12—准星；13—缺口；14—轴座

（1）望远镜

望远镜主要作用是瞄准远方目标，使目标成像清晰、扩大视角，以精确照准目标。DS$_3$型水准仪望远镜基本结构如图 2-3 所示，由物镜系统、十字丝分划板、目镜系统构成。

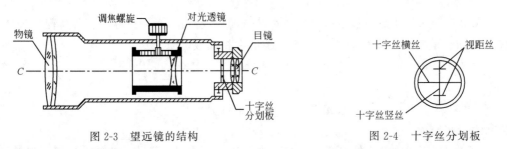

图 2-3　望远镜的结构　　　　　　　　图 2-4　十字丝分划板

1）十字丝分划板　圆形透明玻璃板，刻有相互垂直、构成十字形状的纵丝和横丝，合称十字丝，如图 2-4 所示。纵丝亦称竖丝，应调整到铅垂线方向，用于瞄准目标；横丝亦称中丝，应调整到水平方向，用于读取水准尺的读数。位于中丝上、下两侧，且平行于中丝的两根短横丝分别称为上丝和下丝，合称视距丝，用于测定水准仪至水准尺的距离。水准尺等目标的影像经过物镜系统，成像到十字丝板上与十字丝重合；人眼通过目镜系统聚焦到十字丝板上，观察目标或读取十字丝处的水准尺刻画的影像数据。

2）物镜系统　由物镜、物镜调焦透镜、物镜调焦螺旋组成。物镜将水准尺等远处目标，经放大后成像到十字丝分划板附近。由于目标至物镜的距离不同，所以通过物镜所形成的影像到十字丝分划板的距离也不同。旋转物镜调焦螺旋，让物镜调焦透镜在视线方向上前后移动，使得目标通过物镜与调焦透镜组合的等效物镜后所形成的影像，能与十字丝分划板重合。

3）目镜系统　由目镜、目镜调焦透镜和目镜调焦螺旋组成。目镜和目镜调焦透镜的工作原理与物镜和物镜调焦透镜相同。由于人眼视力的差异，需要旋转目镜调焦螺旋，使人眼聚焦到十字丝分划板上，能同时看清十字丝和目标的影像。

4）视准轴　物镜光学中心与十字丝中心的连线，称为视准轴，用 CC 表示。延长视准轴并控制其水平，便得到水准测量中所需要的水平视线。

（2）水准器

水准器是水准仪上的重要部件。它是利用液体在受重力作用后使气泡居于最高处的特性，指示水准器的水准轴位于水平或竖直位置，从而使水准仪获得一条水平视线的装置。水准器分为圆水准器和水准管两种。

1）圆水准器　如图 2-5 所示，圆水准器用于粗略整平仪器，它是一个密封玻璃圆盒，里面装有液体并形成一个气泡，其顶面为球面，球面中央小圆圈中心 O 为圆水准器零点，过零点的法线 $L'L'$ 称为圆水准器轴。由于它与仪器的旋转轴（竖轴）平行，所以当圆气泡居中时，圆水准轴处于竖直（铅垂）位置，表示水准仪的竖轴也大致处于竖直位置了。DS_3 型水准仪圆水准器分划值一般为 $8'\sim10'$，由于分划值较大，因此灵敏度较低，只能用于仪器的粗略整平，为仪器精确整平创造条件。

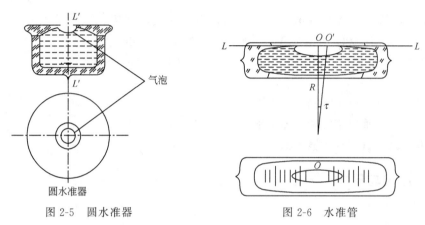

图 2-5　圆水准器　　　　　　　　　　图 2-6　水准管

2）管水准器（水准管）　如图 2-6 所示，水准管用于精确整平仪器。它是一个密封的玻璃管，里面装有液体并形成一个长形气泡，水准管的内壁为圆弧形，水准管两端各刻有间隔为 2mm 的分划线，分划线的对称中心称为水准管零点 O，过零点与圆弧相切的切线 LL 称为水准管轴。水准管上两相邻分划线之间的圆弧（弧长为 2mm）所对的圆心角，称为水准管分划值 τ（或灵敏度）。用公式表示为

$$\tau = \frac{2}{R}\rho \tag{2-5}$$

式中　ρ——206265″；

R——水准管圆弧半径，mm。

由式（2-5）可以看出，分划值 τ 与水准管圆弧半径 R 成反比，R 越大，τ 越小，水准管灵敏度越高，反之灵敏度越低。DS_3 型水准仪水准管的分划值一般为 $20''/2mm$。

为提高水准管气泡居中的精度，DS_3 型水准仪在水准管的上方，设有一组符合棱镜，如图 2-7 所示，通过棱镜的反射作用，将气泡两端的影像反映到望远镜旁的水准管气泡观察窗内。当气泡两端的半影像符合成一个圆弧时，表示气泡居中；若两个半像错开，则表示水准管气泡不居中，此时可转动微倾螺旋，使气泡两端的半像严密吻合，以达到仪器的精确整平。这种配有符合棱镜的水准器，称为符合水准器。它不仅便于观察，同时可以使气泡居中精度提高一倍。

（3）基座

基座主要由轴座、脚螺旋和连接板组成，起支承仪器上部及与三脚架连接的作用。调节基座上的三个脚螺旋可使圆水准器气泡居中。

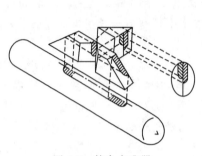

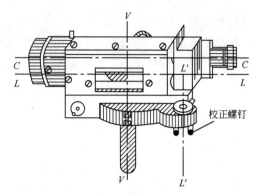

图 2-7　符合水准器　　　　　　　　图 2-8　水准仪的主要轴线

由上述主要部件可知微倾式水准仪有四条主要轴线，即望远镜视准轴 CC、水准管轴 LL、圆水准器轴 $L'L'$ 和仪器竖轴 VV，如图 2-8 所示。

水准仪之所以能提供一条水平视线，原因在于仪器本身的构造特点，主要表现在轴线间应满足的几何条件，即：

① 圆水准器轴平行于竖轴，即 $L'L' /\!/ VV$；

② 十字丝横丝垂直于竖轴，即十字丝横丝 $\perp VV$；

③ 水准管轴平行于视准轴，即 $LL /\!/ CC$。

2.2.2　水准尺与尺垫

(1) 水准尺

水准尺是水准测量时用以读数的重要工具，其质量的好坏直接影响水准测量的精度。因此水准尺采用不易变形且干燥的优良木材或玻璃钢制成，尺长从 2m 至 5m 不等。根据它们的构造，常用的水准尺可分为直尺和塔尺两种，如图 2-9 所示，直尺又分为单面水准尺和双面水准尺。水准尺的两面每隔 1cm 涂有黑白或红白相间的分格，每分米处注有数字。

双面水准尺的两面均有刻划，一面为黑白分划，称为"黑面尺"，也称为主尺；另一面为红白分划，称为"红面尺"。通常两根尺子组成一对进行水准测量。两直尺的黑面起点读数均为 0mm，红面起点读数则分别为 4687mm 和 4787mm。水平视线在同一根水准尺上的黑面与红面读数之差称为尺底的零点差，可作为水准测量时读数的检核。

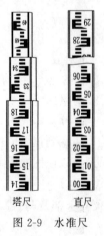

塔尺　　　　直尺

图 2-9　水准尺

图 2-10　尺垫

塔尺是可以伸缩的水准尺，长度为 3m 或 5m，分两节或三节套接而成，尺子底端起始数均为 0。每隔 1cm 或 0.5cm 涂有黑白或红白相间的分格，每米和分米处皆注有数字。它一般用于地形起伏较大，精度要求较低的水准测量。

（2）尺垫

尺垫一般由三角形铸铁制成，中央是凸起的半圆球体，下面有三个尖脚，如图 2-10 所示。在精度要求较高的水准测量中，转点处应放置尺垫。使用尺垫时应先将其用脚踩实，然后竖立水准尺于半圆球体顶上，以防止观测过程中水准尺下沉或位置发生变化而影响读数。

2.2.3 水准仪的使用

水准仪的使用包括安置仪器、粗略整平、瞄准水准尺、精确整平和读数等操作步骤。

（1）安置仪器

在测站打开三脚架，按观测者身高调节三脚架腿的高度。为了便于整平仪器，应使架头大致水平，并将三脚架的三个尖脚踩实，使三脚架稳定。然后从箱中取出水准仪，平稳、牢固地连接在三脚架上。

（2）粗略整平（粗平）

粗平即初步地整平仪器，通过调节脚螺旋使圆水准器气泡居中，从而使仪器的竖轴大致铅垂。具体作法如图 2-11 所示，气泡偏离在 a 位置，先用双手按箭头所指方向相对地转动脚螺旋 1 和 2，使气泡移到图 2-11（b）所示位置，然后再单独转动脚螺旋 3，使气泡居中。在粗平过程中，气泡移动的方向与左手大拇指转动脚螺旋的方向一致。

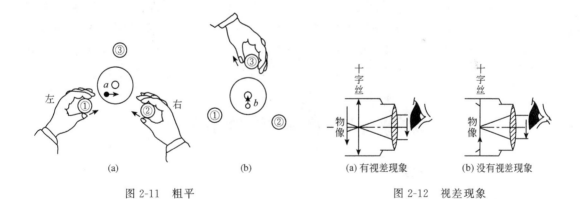

图 2-11 粗平   图 2-12 视差现象

（3）瞄准水准尺

调节目镜：转动望远镜对着明亮的背景（如天空或白色明亮物体），调节目镜调焦螺旋，使十字丝达到最清晰状态。

初步瞄准：松开制动螺旋，转动望远镜，利用望远镜上的照门、准星，按照三点一线原理照准水准尺，瞄准后拧紧制动螺旋。

对光和瞄准：转动物镜调焦螺旋，使尺面影像十分清楚；转动望远镜微动螺旋，使十字丝竖丝对准水准尺中央位置。

清除视差：瞄准目标时，应使尺子的影像落在十字丝平面上，否则当眼睛靠近目镜上下微微晃动时，可发现十字丝横丝在水准尺上的读数也随之变动，这种现象称为视差现象，如图 2-12

所示。由于视差的大小直接影响着观测成果的质量，因此必须加以消除。消除的方法是仔细并反复交替调节目镜和物镜调焦螺旋，直至水准尺的分划像十分清晰、稳定，读数不变为止。

（4）精确整平

精确调整水准管气泡居中，使水准管轴精确水平，即为精平。旋转微倾螺旋使气泡观察窗中影像成为图 2-13（c）所示居中状态，此时视线为水平视线，方可读数。进行水准测量时，务必记住在每次瞄准水准尺进行读数时，都应先转动微倾螺旋，使符合水准气泡严密吻合后，才能在水准尺上读数。

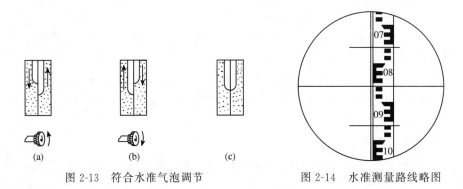

图 2-13　符合水准气泡调节　　　　图 2-14　水准测量路线略图

（5）读数

仪器精平后，应立即读取十字丝的中丝在水准尺上的读数。读数时应先估读水准尺上毫米数字（小于一格的估值），然后读出米、分米和厘米值，一般读出四位数。如图 2-14 所示，水准尺的中丝读数为 0.859m，其中末位 9 是估读的毫米数，可读记为 0 859，单位为mm。读数应迅速、准确。读数后应立即重新检查符合水准气泡是否仍居中，如仍居中，则读数有效；否则需重新使符合水准气泡居中后再读数。

2.3　水准测量与成果计算

2.3.1　水准点与水准路线

（1）水准点

水准点就是用水准测量的方法测定的高程控制点。水准测量通常从某一已知高程的水准点开始，经过一定的水准路线，测定各待定点的高程，作为地形测量和施工测量的高程依据。根据水准测量等级，以及地区气候条件与工程需要，每隔一定距离埋设不同类型的永久性或临时性水准标志或标石，水准点标志或标石可埋设于土质坚实、稳固的地面或地表冰冻线以下合适处，必须便于长期保存且利于观测与寻找。国家等级永久性水准点埋设形式如图 2-15 所示，一般用钢筋混凝土或石料制成，标石顶部嵌有由不锈钢或其他不易锈蚀的材料制成的半球形标志，标志最高处（球顶）作为高程起算基准。有时永久性水准点的金属标志也可以直接镶嵌在坚固稳定永久性建筑物的墙脚上，称为墙上水准点，如图 2-16 所示。

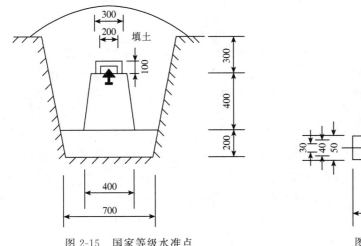

图 2-15　国家等级水准点

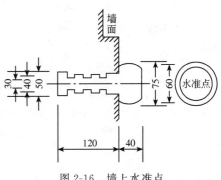

图 2-16　墙上水准点

各类建筑工程中常用的永久性水准点一般用混凝土或钢筋混凝土制成，如图 2-17(a) 所示，顶部设置半球形金属标志。临时性水准点可用大木桩打入地下，如图 2-17(b) 所示，桩顶面钉一个半圆球状铁钉，也可直接把大铁钉（钢筋头）打入沥青等路面或在桥台、房基石、坚硬岩石上刻上记号（用红油漆示明）。水准点埋设完成后，为了便于日后寻找，对其进行编号，一般编号前冠以"BM"字样以表示水准点。并绘制出水准点与附近固定建筑物或其他明显地物关系的点位草图（在图上应写明水准点的编号和高程，称为点之记），作为水准测量的成果一并保存。

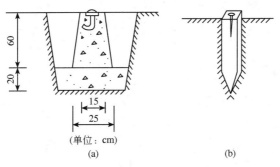

图 2-17　建筑工程水准点

（2）水准路线

水准路线指的是水准点之间进行水准测量时所经过的路线。在水准测量中，为了避免观测、记录和计算中发生人为错误，并保证测量成果达到一定的精度要求，必须布设某种形式的水准路线来检验所测成果的正确性。水准路线一般有以下三种形式。

1）闭合水准路线　如图 2-18(a) 所示，由一已知高程点 BMA 出发，经过 1、2、3 和 4 等若干待定高程水准点进行水准测量，最后回到原已知高程点 BMA 的环形路线，称为闭合水准路线。

相邻两点称为一个测段。各测段高差的代数和应等于零，即理论值为零。但在测量过程中，不可避免地存在误差，使得实测高差之和往往不为零，从而产生高差闭合差。所谓闭合

差就是观测值与理论值（或已知值）之差，常用符号 f_h 表示。因此，闭合水准路线的高差闭合差为

$$f_h = \sum h_{测} - \sum h_{理} = \sum h_{测} \tag{2-6}$$

2）附合水准路线　如图 2-18（b）所示，由一已知高程点 BMA 出发，经过 1、2 和 3 等若干待定高程水准点进行水准测量，最后附合到另一已知高程点 BMB 的路线，称为附合水准路线。各测段高差的代数和应等于两个已知点之间的高差（已知值）。则附合水准路线的高差闭合差为

$$f_h = \sum h_{测} - \sum h_{已知} = \sum h_{测} - (H_{终} - H_{始}) \tag{2-7}$$

3）支水准路线　如图 2-18（c）所示，从一已知高程点 BMA 出发，沿线测定待定高程点的高程后，既不闭合又不附合在已知高程点上，这种水准测量路线形式称为支水准路线。支水准路线必须进行往返测量，往测高差总和与返测高差总和应大小相等，符号相反。则支水准路线的高差闭合差为

$$f_h = \sum h_{往} + \sum h_{返} \tag{2-8}$$

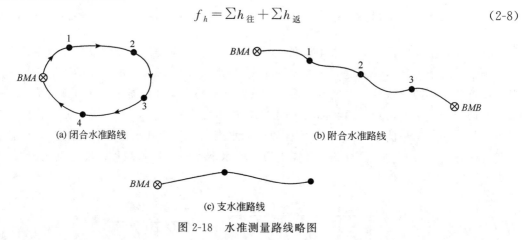

(a) 闭合水准路线　　　　　　　　　　(b) 附合水准路线

(c) 支水准路线

图 2-18　水准测量路线略图

2.3.2　水准测量施测

根据水准测量基本原理，地面两点之间高差，可以通过在两点上竖立水准尺，并在两点之间设置一个测站，分别读取后视读数和前视读数后求得读数差获得。实际上，两点间的高差由于距离远、高差大或者存在障碍等各种因素的影响，设置一个测站一般不能测定，需要增加若干临时立尺点（转点），设置多个测站分段观测高差后求和得到，即为连续高程测量。

如图 2-19 所示，已知水准点 BMA 高程 $H_A = 27.354$m，欲测定距水准点（高程 H_A）较远的点 B 的高程，按普通水准测量方法，由 BMA 点出发共需设五个测站，连续安置水准仪测出各站两点之间的高差，观测步骤如下：依据前进方向，先在 BMA、TP_1 两点间设置测站 Ⅰ，分别观测后视读数为 1467，前视读数为 1124，记录者将观测数据记录在表 2-1 相应水准尺读数的后视与前视栏中，并计算该站高差为 $+0.343$m。之后将水准仪搬站至 TP_1、TP_2 之间设置测站 Ⅱ，并将测站 Ⅰ 中立在 BMA 点的后视尺搬至 TP_2 点成为测站 Ⅱ 的前视尺，而测站 Ⅰ 中立在 TP_1 的前视尺原地不动，成为测站 Ⅱ 的后视尺，再按测站 Ⅰ 上的观测步骤与方法，进行测站 Ⅱ 的观测。重复这一过程，以此进行各测站的观测。具体的记录与计算参照表 2-1 水准测量记录手簿。

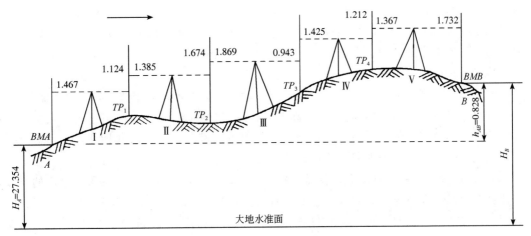

图 2-19　水准测量施测（单位：m）

表 2-1　水准测量记录手簿

测区 _____　　　仪器型号 _____　　　观测者 _____
时间 ___ 年 ___ 月 ___ 日　　　天　气 _____　　　记录者 _____

测站	点号	水准尺读数/m		高差/m		高程/m	备注
		后视读数 a	前视读数 b	$+$	$-$		
Ⅰ	BMA	1.467		0.343		27.354	已知
	TP_1		1.124			27.697	
Ⅱ	TP_1	1.385			0.289		
	TP_2		1.674			27.408	
Ⅲ	TP_2	1.869		0.926			
	TP_3		0.943			28.334	
Ⅳ	TP_3	1.425		0.213			
	TP_4		1.212			28.547	
Ⅴ	TP_4	1.367			0.365		
	B		1.732			28.182	
计算检核	$\sum$	7.513	6.685	1.482	0.654		
		$\sum a - \sum b = +0.828$		$\sum h = +0.828$			

表 2-1 计算校核中，$\sum a - \sum b = \sum h$ 可作为计算中的校核，可以检查计算是否正确，但不能检核读数和记录是否有错误。在进行连续水准测量时，若其中任何一个后视或前视读数有错误，都会影响高差的正确性。对于每一测站而言，为了校核每次水准尺读数有无差错，可采用改变仪器高的方法或双面尺法进行检核。

2.3.3　水准测量检核

水准测量中观测的大量数据，哪怕仅有一个测站的读数中的一个数据有错误，则该测站高差也是错误的，由此相关测段高差以及整个水准路线的高差都是错误的。为了保证水准测量成果的正确性，同时也提高水准测量的成果精度，首先必须确保每个测站高差是正确的，则需要进行测站检核。大量的数据计算，容易出现计算错误，需要进行计算检核。操作中出现的未调水准管气泡居中、尺垫出现垂直位移等多种因素引起的误差，使得水准路线上的观测成果与理论成果之差大于容许值，使得整个路线的成果不合格，需要进行成果检核。

（1）测站校核

对每一测站的高差进行校核，称为测站校核，其方法主要有改变仪器高法和双面尺法。

1）改变仪器高法　在每一测站测得高差后，改变仪器高度在 0.1m 以上再测一次高差；或者用两台水准仪同时观测，当两次观测高度之差不超过 ±5mm 时，则取两次高差平均值作为该站测得的高差值。否则需要检查原因，重新观测。

2）双面尺法　在每一测站上，仪器高度不改变，读取每一根双面尺的黑、红面的读数，分别计算双面尺的黑面与红面读数之差及黑面尺的高差与红面尺的高差。若同一水准尺红面与黑面（加常数后）之差在 ±3mm 以内，且黑面尺高差与红面尺高差之差不超过 ±5mm，则取黑、红面高差平均值作为该站测得的高差值。当两根尺子的红黑面零点差相差 0.1m 时，两个高差也应相差 0.1m，此时应在红面高差中加或减 0.1m 后再与黑面高差相比较。

需注意，在每站观测时，就尽力保持前后视距相等。视距可由上下丝读数之差乘以 100 求得。每次读数时均应使符合水准气泡严密吻合，每个转点均应安放尺垫。

（2）计算检核

计算检核主要检查观测手簿的现场计算是否存在错误，通常以记录页为基础进行，即每页分别检核。先将每页的各列数据（如后、前视读数，高差，平均高差）分别求和，并填入每页最下方的 Σ 行，然后进行下列内容检核：

$$\Sigma a - \Sigma b = \Sigma h \tag{2-9}$$

$$\frac{1}{2}\Sigma h = \Sigma h_{平均} \tag{2-10}$$

利用式（2-10）进行检核时，等式左、右两边的数据可能存在计算平均高差时由奇进偶不进引起的毫米位的微小差别。

（3）成果检核

通过对外业原始记录、测站检核和高差计算数据的严格检查，并经水准路线的检核，外业测量成果已满足了有关规范的精度要求，但高差闭合差仍存在，所以在计算各待求点高程时必须首先按一定的原则把高差闭合差分配到各实测高差中，确保经改正后的高差严格满足检核条件，最后用改正后的高差值计算各待求点高程。

高差闭合差的容许值视水准测量的精度要求而定。对于图根水准测量，高差闭合差的容许值 $f_{h容}$ 的规定为

山地　　　　　　　　　　$f_{h容} = \pm 12\sqrt{n}$ mm

平地　　　　　　　　　　$f_{h容} = \pm 40\sqrt{L}$ mm $\tag{2-11}$

式中　L——水准路线的长度，km；

$\quad\quad n$——测站数。

国家四等水准测量高差闭合差的容许值为

山地　　　　　　　　　　$f_{h容} = \pm 6\sqrt{n}$ mm

平地　　　　　　　　　　$f_{h容} = \pm 20\sqrt{L}$ mm $\tag{2-12}$

1）闭合水准路线成果计算　当计算出的高差闭合差在容许范围内时，可进行高差闭合

差的分配。分配原则是：对于闭合或附合水准路线，按与路线长度 L 或路线测站数 n 成正比的原则，将高差闭合差反其符号进行分配。计算公式表示为

$$v_{h_i} = -\frac{f_h}{\sum L} \times L_i \qquad (2\text{-}13)$$

$$v_{h_i} = -\frac{f_h}{\sum n} \times n_i \qquad (2\text{-}14)$$

式中　$\sum L$——水准路线总长度，L_i 表示第 i 测段的路线长；

　　　$\sum n$——水准路线总测站数，n_i 表示第 i 测段路线站数；

　　　v_{h_i}——分配给第 i 测段观测高差 h_i 上的改正数；

　　　f_h——水准路线高差闭合差。

高差改正数计算校核式为 $\sum v_{h_i} = -f_h$，若满足则说明计算无误。

最后计算改正后的高差 $\hat{h}_i$，它等于第 i 测段观测高差 h_i 加上其相应的高差改正数 v_{h_i}，即

$$\hat{h}_i = h_i + v_{h_i} \qquad (2\text{-}15)$$

图 2-20 是成果计算略图，图中观测数据是根据水准测量手簿整理而得，已知水准点 BM_1 的高程为 26.262m，1～4 点为待测水准点，列表 2-2 进行水准测量成果计算。

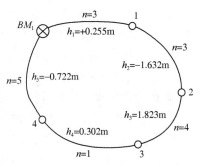

图 2-20　成果计算略图

表 2-2　闭合水准路线成果计算表

点号	测站数	实测高差 /m	改正数 /mm	改正后高差 /m	高程 /m	备注
BM_1					26.262	已知点
	3	+0.255	−5	+0.250		
1					26.512	
	3	−1.632	−5	−1.637		
2					24.875	
	4	+1.823	−6	+1.817		
3					26.692	
	1	+0.302	−2	+0.300		
4					26.992	
	5	−0.722	−8	−0.730		
BM_1					26.262	
$\sum$	16	+0.026	−26	0		
计算检核	$f_h = \sum h_{测} = +0.026\text{m} = +26\text{mm}$　　$f_{h容} = \pm 12 \times \sqrt{16}\,\text{mm} = \pm 48\text{mm}$ $\lvert f_h \rvert < \lvert f_{h容} \rvert$ 满足图根水准测量的要求					

① 填写已知数据和观测数据。按计算路线依次将点名、测站数、实测高差和已知高程填入计算表中。

② 计算高差闭合差及其容许值，按式（2-6）计算得

$$f_h = \sum h_测 = +0.026\text{m} = +26\text{mm}$$

按式（2-11）计算得

$$f_{h容} = \pm 12 \times \sqrt{16}\text{ mm} = \pm 48\text{mm}$$

$|f_h| < |f_{h容}|$ 满足规范要求，则可进行下一步计算；若超限，则需检查原因，甚至重测。

③ 高差闭合差调整。高差闭合差的调整是按与边长或测站数成正比且反符号计算各测段的高差改正数，然后计算各测段的改正后高差。例如第一测段的高差改正数为

$$v_{h1} = -\frac{f_h}{\sum n} \times n_i = -\frac{+26}{16} \times 3\text{ mm} = -5\text{mm}$$

其余测段的高差改正数按式（2-14）计算，并将其填入表 2-2 中。然后将各段改正数求和，其总和应与闭合差大小相等，符号相反。各测段实测高差加改正数即可得到改正后高差，改正后高差的代数和应等于零。

④ 计算各点高程。从已知点 BM_1 高程开始，依次加各测段的改正后高差，即可得各待测点高程。最后推算出已知点的高程，若与已知高程相等，则说明计算正确，计算完毕。

2）附合水准路线成果计算　附合水准路线的高差闭合差按式（2-7）计算，见表 2-3，有

$$f_h = \sum h_测 - (H_终 - H_始) = +5.266 - (31.235 - 25.930) = -39\text{(mm)}$$

其计算步骤、闭合差的容许值及调整、各点的高程计算与闭合水准路线相同。图 2-21 为一附合水准路线成果计算略图，成果计算见表 2-3。

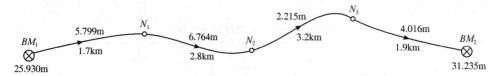

图 2-21　附合水准路线成果计算

表 2-3　附合水准路线成果计算表

点号	路线长度 /km	实测高差 /m	改正数 /mm	改正后高差 /m	高程 /m	备注
BM_1					25.930	已知点
	1.7	+5.799	+7	+5.806		
N_1					31.736	
	2.8	−6.764	+11	−6.753		
N_2					24.938	
	3.2	+2.215	+13	+2.228		
N_3					27.211	
	1.9	+4.016	+8	+4.024		
BM_2					31.235	
$\sum$	9.6	+5.266	+39			
计算检核	$f_h = \sum h_测 - (H_终 - H_始) = +5.266\text{m} - (31.235\text{m} - 25.930\text{m}) = -39\text{mm}$ $f_{h容} = \pm 40\sqrt{L} = \pm 40 \times \sqrt{9.6} = \pm 124\text{(mm)}$ $|f_h| < |f_{h容}|$ 满足图根水准测量的要求					

2.4　水准测量的误差

水准测量的误差主要来源于仪器误差、观测误差和外界条件的影响。

2.4.1　仪器误差

(1) 仪器校正后的残余误差

水准仪经过校正后，不可能绝对满足水准管轴平行于视准轴的条件，因而使读数产生误差。此项误差与仪器至立尺点间的距离成正比。在测量中，使前、后视距相等，在高差计算中就可消除该项误差的影响。

(2) 水准尺误差

该项误差包括水准尺长度变化、水准尺刻划误差和零点误差等。此项误差主要会影响水准测量的精度，因此，不同精度等级的水准测量对水准尺有不同的要求。精密水准测量时应对水准尺进行检定，并对读数进行尺长误差改正。零点误差在成对使用水准尺时，可采取设置偶数测站的方法来消除；也可在前、后视中使用同一根水准尺来消除。

2.4.2　观测误差

(1) 水准管气泡居中误差

水准管气泡居中是指由于水准管内液体与管壁的黏滞作用和观测者眼睛分辨能力的限制致使气泡没有严格居中引起的误差。水准管气泡居中误差一般为$\pm 0.15\tau$（τ为水准管分划值），采用符合水准器时，气泡居中精度可提高一倍。故由气泡居中误差引起的读数误差为

$$m_\tau = \frac{0.15\tau}{2\rho}D \qquad (2\text{-}16)$$

式中，D为视线长；ρ为常数，等于206265。

(2) 读数误差

读数误差是观测者在水准尺上估读毫米数的误差，与人眼分辨能力、望远镜放大率以及视线长度有关。通常按式（2-17）计算：

$$m_v = \frac{60''}{V} \times \frac{D}{\rho} \qquad (2\text{-}17)$$

式中，V为望远镜放大率；$60''$为人眼能分辨的最小角度。

(3) 视差影响

视差对水准尺读数会造成较大误差。操作中应仔细调焦，以消除视差。

(4) 水准尺倾斜误差

水准尺倾斜会使读数增大，其误差大小与尺倾斜的角度和在尺上的读数大小有关。例如，尺子倾斜$3°$，视线在尺上读数为$2.0m$时，会产生约$3mm$的读数误差。因此，测量过程中，要认真扶尺，尽可能保持尺上水准气泡居中，将水准尺立直。

2.4.3 外界条件影响

(1) 仪器下沉

仪器安置在土质松软的地方,在观测过程中会产生下沉。若观测程序是先读后视再读前视,显然前视读数比应读数减小了。用双面尺法进行测站检核时,采用"后—前—前—后"的观测程序,可减小其影响。此外,应选择坚实的地面作测站,并将脚架踏实。

(2) 尺垫下沉

仪器搬站时,尺垫下沉会使后视读数比应读数增大,所以转点也应选在坚实地面并将尺垫踏实。

(3) 地球曲率

如图 2-22 所示,水准测量时,水平视线在尺上的读数 b,理论上应改算为相应水准面截于水准尺的读数 b',两者的差值 c 称为地球曲率差。计算公式:

$$c = \frac{D^2}{2R} \tag{2-18}$$

式中　D——视线长;

　　　R——地球半径,取 6371km。

水准测量中,当前、后视距相等时,通过高差计算可消除该误差对高差的影响。

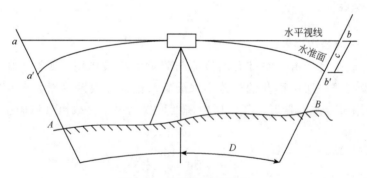

图 2-22　地球曲率的影响

(4) 大气折光影响

由于地面上空气密度不均匀,使光线发生折射,因而水准测量中,实际的尺读数不是水平视线的读数,而是一弯曲视线的读数。两者之差称为大气折光差,用 γ 表示。在稳定的气象条件下,大气折光差约为地球曲率差的 1/7,即

$$\gamma = \frac{1}{7}c = 0.07\frac{D^2}{R} \tag{2-19}$$

这项误差对高差的影响,也可采用前、后视距相等的方法来消除。精密水准测量还应选择良好的观测时间,并控制视线高出地面一定距离,以避免视线发生不规则折射引起的误差。

地球曲率差和大气折光差是同时存在的,两者对读数的共同影响可用式(2-20)计算:

$$f = c - \gamma = 0.43\frac{D^2}{R} \tag{2-20}$$

（5）温度的影响

温度的变化会引起大气折光变化，造成水准尺影像在望远镜的十字丝面内上下跳动，难以读数。烈日直晒仪器会影响水准管气泡居中，造成测量误差。因此水准测量时，应撑伞保护仪器，选择有利的观测时间。

2.5 微倾式水准仪的检验与校正

微倾式水准仪的轴线之间应满足三项几何条件，在 2.2 节中已经介绍，这些条件在仪器出厂时已经过检验、校正而得到满足。但由于仪器长期使用以及在搬运过程中可能出现的振动和碰撞等原因，各轴线之间的关系发生变化，若不及时检验校正，将会影响测量成果的质量。所以，在进行正式水准测量工作之前，应首先对水准仪进行严格的检验和认真的校正。

2.5.1 圆水准器轴平行于仪器竖轴

（1）检验

检验目的是使圆水准器轴 $L'L'$ 平行于仪器竖轴 VV。

安置仪器后，转动脚螺旋使圆水准器气泡严格居中，此时圆水准器轴 $L'L'$ 处于竖直位置。如图 2-23（a）所示，若仪器竖轴 VV 与 $L'L'$ 不平行，且交角为 α，则竖轴与竖直位置偏差 α 角。将仪器绕竖轴 VV 旋转 180°，如图 2-23（b）所示，此时位于竖轴右边的圆水准器轴 $L'L'$ 不但不竖直，而且与铅垂线的交角为 2α，显然气泡不居中，说明仪器不满足 $L'L'/\!/VV$ 的几何条件，需要校正。

（2）校正

首先稍松圆水准器底部中央的固定螺钉，再拨动圆水准器的校正螺钉，使气泡返回偏离量的一半，如图 2-23（c）所示，此时，铅垂线与竖轴平行，然后再转动脚螺旋使气泡居中。竖轴 VV 就与圆水准器轴 $L'L'$ 同时处于竖直位置，如图 2-23（d）所示。校正工作一般需反复进行至仪器在任何位置时圆水准器气泡均居中为止，最后应注意旋紧固定螺钉。

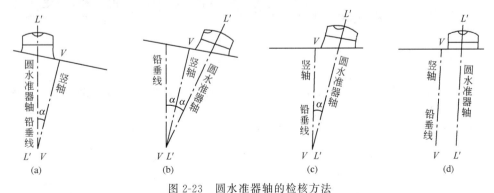

图 2-23　圆水准器轴的检核方法

2.5.2 十字丝横丝垂直于竖轴

（1）检验

检验目的是保证十字丝横丝垂直于仪器竖轴 VV。

首先安置好仪器，用十字丝横丝对准一个明显的点状目标 P，如图 2-24(a) 所示。然后固定制动螺旋，转动水平微动螺旋。如果目标点 P 沿横丝移动，如图 2-24(b) 所示，则说明横丝垂直于竖轴 VV，不需要校正。否则，如图 2-24(c)、(d) 所示，则需要校正。

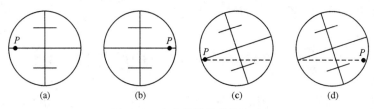

图 2-24　十字丝横丝检校方法

(2) 校正

由于十字丝装置的形式不同，校正方法也有所不同，多数仪器可直接旋下十字丝分划板护罩，用螺丝刀松开十字丝分划板的固定螺钉，略微转动十字丝分划板，使在转动水平微动螺旋时横丝不离开目标点。如此反复检校，直至满足要求，最后将固定螺钉旋紧，并旋上护罩。

2.5.3　水准管轴平行于视准轴

(1) 检验

检验目的是保证望远镜视准轴 CC 平行于水准管轴 LL。

检验场地如图 2-25 所示，在 C 处安置水准仪，从仪器向两侧各量约 40m（即 $S_1 = S_2 \approx 40m$），定出等距离的 A、B 两点，打木桩或放置尺垫标志之。

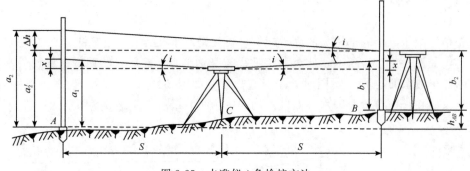

图 2-25　水准仪 i 角检校方法

① 在 C 处精确测定 A、B 两点的高差 h_{AB}。需进行测站检核，若两次测出的高差之差不超过 3mm，则取其平均值 h_{AB} 作为最后结果。由于距离相等，两轴不平行的误差 x 可在高差计算中消除，故所得高差值不受视准轴误差的影响。

② 安置仪器于 B 处附近（距 B 处 3m 左右），精平后读取 B 点的尺上读数 b_2，因仪器离 B 点很近，两轴不平行引起的读数误差可忽略不计。故根据 b_2 和 A、B 两点的正确高差 h_{AB}，算出 A 点尺上应有的读数为 $a'_2 = b_2 + h_{AB}$。然后，瞄准 A 点水准尺，读出水平视线读数 a_2，如果 a'_2 与 a_2 相等，则说明水准管轴平行于视准轴；否则存在 i 角，其值为

$$i = \frac{\Delta h}{D_{AB}} \rho \tag{2-21}$$

式中，$\Delta h = a_2 - a'_2$；$\rho = 206265''$。

（2）校正

转动微倾螺旋使横丝对准 A 点尺上正确读数 a_2'，此时视准轴处于水平位置，但水准管气泡必偏离中心。可用校正针拨动水准管一端的左右两颗校正螺钉，再拨动上、下两个校正螺钉，使符合气泡影像符合为止。校正完毕再旋紧四颗螺钉。此项工作要重复进行几次，直至 i 角误差小于 20″ 为止。

<h2>2.6　自动安平水准仪与精密水准仪</h2>

2.6.1　自动安平水准仪

使用由水准管气泡居中来实现视线水平的水准仪，每次读数前都要调节微倾螺旋，使符合气泡吻合，这样会影响水准测量的作业速度。此外，由于观测时间长，外界条件的变化（如温度、尺垫和仪器的下沉等）会影响测量成果的精度。人们在长期的工作实践中，根据光的折射、反射定律和物体受重力作用的平稳原理，创造出一种新的安平部件——补偿器，来取代古老的水准器。这种补偿器安装在望远镜内，能使视准轴快速、准确、可靠、自动地处于水平位置。因此，现代各等级的水准仪，大多数采用自动安平补偿器。

如图 2-26 所示，当仪器的视准轴水平时，在十字丝分划板 O 处的横丝得到水准标尺上的正确读数 A；当仪器的垂直轴没有完全处于垂直位置时，视准轴倾斜了小角度 α，这时，十字丝分划板移到 O_1 处，在横丝处得到倾斜视线在水准标尺上的读数 A_1。而来自水准标尺上的正确读数 A 的水平光线并不能进入十字丝分划板 O_1，这是由于视准轴倾斜了小角度 α，十字丝分划板位移了距离 a。如在望远镜成像光路上距离十字丝分划板 g 的地方安置一种光学元件，使来自水准标尺上的读数 A 的水平光线通过光学元件偏转 β 角（或平移 a）而仍正确地落在十字丝分划板 O_1 的横丝处，这时来自倾斜视线的光线通过该光学元件将不再落在十字丝分划板 O_1 的横丝处，整个视场中的影像都平行移动了距离 a，即在仪器发生微倾的情况下仍可读取到水平时的读数。该光学元件称为光学补偿器。

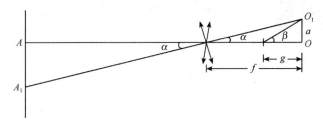

图 2-26　光学补偿原理示意图

下面讨论水平光线通过补偿器使光线偏转 β 角后能正确进入倾斜视准轴的十字丝分划板 O_1 的条件，也就是在仪器发生微倾的情况下补偿器能给出正确补偿的条件。

由于视准轴倾斜角 α 和偏转角 β 都是小角度、以弧度为单位，所以由图 2-26 可得

$$f\alpha = g\beta$$

即有

$$\beta = \frac{f}{g}\alpha \qquad\qquad (2\text{-}22)$$

式中　f——望远镜物镜的焦距。

凡能满足式(2-22)条件的成像都能得到正确的补偿。补偿器如果安置在望远镜成像光路的 $f/2$ 处，即 $g=f/2$ 处，则由式(2-22)可得

$$\beta=2\alpha$$

也就是说，当偏转角 β 等于两倍视准轴倾斜角 α 时，补偿器能给出正确的补偿。

由图 2-26 可知，若补偿器能使来自水平的光线平移量 $a=f\alpha$，则平移后的光线也将正确地成像在十字丝分划板 O_1 处，从而达到正确补偿的目的。

对于不同型号的自动安平水准仪，采用不同的光学元件（如棱镜、透镜、平面反射镜等）作为补偿器，具有各自的特色，以发挥其补偿作用。

2.6.2 精密水准仪和精密水准尺

精密水准仪主要用于国家一、二等水准测量和高精度的工程测量中，例如建（构）筑物的沉降观测、大型桥梁工程的施工测量和大型精密设备安装的水平基准测量等。

（1）精密水准仪的特点

与 DS_3 普通水准仪比较，精密水准仪的特点是：

① 望远镜的放大倍数大，分辨率高，如规范要求 DS_1 不小于 38 倍，DS_{05} 不小于 40 倍。

② 管水准器分划值为 $10''/2mm$，自动安平方式的水准仪的补偿器安平精度可达到 $0.3''$，安平精度高。

③ 望远镜的物镜有效孔径大，高度好。

④ 望远镜外表材料一般采用受温度变化小的因瓦合金钢，以减小环境温度变化的影响。

⑤ 采用平板测微器读数，可直接读取水准尺一个分格（1cm 或 0.5cm）的 1/100 单位（0.1mm 或 0.05mm），读数误差小。

⑥ 配备精密水准尺。

图 2-27 DS_{05} 精密水准仪

以 DS_{05} 精密水准仪为例。DS_{05} 精密水准仪是自动安平精密水准仪（见图 2-27），精度控制在 0.5mm/km 以内，内置平板测微器结构，仪器采用全密封设计，密封等级可达 IP55 高效防尘防水。38 倍放大倍率，观测目标更清晰稳定；补偿器固定采用新的方法，更可靠，补偿工作范围为 $\pm15'$，补偿安平精度 $\leqslant\pm0.3''$，圆水准器灵敏度为 $10'/2mm$，安平时间为 2s。

该仪器主要用于国家二、三等水准测量测绘，建筑工程测量，变形及沉降监测，矿山测量，大型机器安装，工具加工测量和精密工程测量。仪器利用自动补偿技术和数字式光学测微尺读数系统，可大大提高作业效率和测量精度。

（2）精密水准尺（因瓦水准尺）

精密水准尺是在木质尺身的凹槽内引张一根因瓦合金钢带，其中零点端固定在尺身上，另一端用弹簧以一定的拉力将其引张在尺身上，以使因瓦合金钢带不受尺身伸缩变形的影响。长度分划在因瓦合金钢带上，数字刻度在木质尺身上，精密水准尺的分划值有 10mm 和 5mm 两种。图 2-28 为徕卡公司生产的与新 N3 精密水准仪配套的精密水准尺，因为新 N3 的望远镜为正像望远镜，所以水准尺上的注记为正立的。水准尺全长约 3.2m，在因瓦

合金钢带上刻有两排分划，左边一排分划为基本分划，数字注记从 0 到 300cm，右边一排分划为辅助分划，数字注记从 300cm 到 600cm。基本分划与辅助分划的零点相差一个常数 301.55cm，称为基辅差或尺常数，水准测量作业时用以检查读数是否存在粗差。

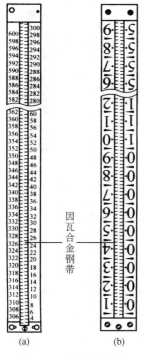

图 2-28　精密水准尺

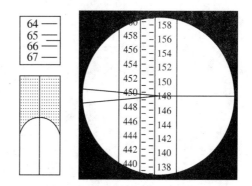

图 2-29　精密水准仪读数视场

（3）精密水准仪的使用

精密水准仪的使用方法与一般水准仪基本相同，其操作同样分为 4 个步骤：粗略整平→瞄准标尺→精确整平→读数。不同之处是需用光学测微器测出不足一个分划的数值，即在仪器精确整平（旋转微倾螺旋，使目镜视场左边符合水准气泡的两个半像吻合）后，十字丝横丝往往不恰好对准水准尺上某一整分划线，此时需要转动测微轮使视线上下平移，让十字丝的楔形丝正好夹住一条（仅能夹住一条）整分划线，然后读数，如图 2-29 所示。

2.6.3　电子水准仪

电子水准仪又称数字水准仪，如图 2-30 所示，它是在自动安平水准仪的基础上发展起来的。电子水准仪采用条码标尺进行读数，各厂家因标尺编码的条码图案不同，故不能互换使用。目前照准标尺和调焦仍需目视进行。世界上第一台数字水准仪是徕卡公司于 1990 年推出的 NA3000 系列，现已发展到第三代产品。

（1）电子水准仪的原理

以图 2-30 所示 DINI12 电子水准仪为例，说明其工作原理。

DINI12 装有一组 CCD 图像传感器，即光敏二极管矩阵电路和智能化微处理器（CPU），它们结合方便灵活的 DOS 操作系统，配以条码因瓦尺与条码识别系统，实施全自动测量。仪器结构如图 2-31 所示。

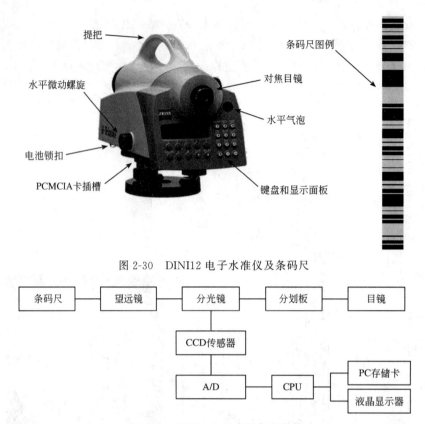

图 2-30　DINI12 电子水准仪及条码尺

图 2-31　DINI12 电子水准仪的结构

其工作原理如下：

望远镜照准目标并启动测量按键后，条码尺上的刻度分划图像在望远镜中成像，通过分光镜分成可见光和红外光两部分：可见光影像成像在十字丝分划板上，供人眼监视；红外光影像成像在 CCD 阵列光电探测器（传感器）上，转射到 CCD 的视频信号被光敏二极管所感应，随后转化成电信号，经整形后进入模数转换系统（A/D），从而输出数字信号送入微处理器处理（由其操作软件计算），处理后的数字信号，一路存入 PC 卡，一路输出到面板的液晶显示器，从而完成整个测量过程。

（2）电子水准仪的特点

电子水准仪是以自动安平水准仪为基础，在望远镜光路中增加了分光镜和探测器（CCD），并采用条码标尺和图像处理电子系统而构成的光、机、电及信息存储与处理的一体化水准测量系统。采用普通标尺时，又可像一般自动安平水准仪一样使用，不过这时的测量精度低于电子测量的精度。特别是精密电子水准仪，由于没有光学测微器，当成普通自动安平水准仪使用时，其精度更低。

它与传统仪器相比有以下特点：

① 读数客观。不存在误差、误记问题，没有人为读数误差。

② 精度高。视线高和视距读数都是采用大量条码分划图像经处理后取平均值得出来的，因此削弱了标尺分划误差的影响。多数仪器都有进行多次读数取平均值的功能，可以削弱外界条件影响。不熟练的作业人员也能进行高精度测量。

③ 速度快。由于省去了报数、听记、现场计算的时间以及人为出错的重测数量，测量时间与传统仪器相比可以节省 1/3 左右。

④ 效率高。只需调焦和按键就可以自动读数，减轻了劳动强度。视距还能自动记录、检核、处理并能输入电子计算机进行后处理，可实现内外业一体化。

（3）电子水准仪的主要功能

① Line：进行水准路线测量，仪器会给出跟踪测量信息，并且如果是测量两个已知点的路线，仪器在最后会自动给出路线的闭合差。

② IntM：中间点或者支点测量。这个功能对闭合环外支点高程的测量是很有用的。

③ Sout：放样所设计的高程。高程可以手工输入，也可以从内存中调出。

仪器的具体使用及操作要点，详见各型号设备使用说明书，本书不作一一介绍。

（4）使用注意事项

① 使用电子水准仪测量时，尺子上方必须有 30cm 的刻度区域可见，即在十字丝上方必须有大约 15cm 的条码可见。

② 电池是 NiMn 电池。一次充电 1.5h 可以连续使用 3 个工作日。

③ 仪器应经常检查与维护，以保证必要的观测精度。

📁 思考题

1. 水准测量的原理是什么？画图说明。

2. 水准仪上的圆水准器和管水准器各起什么作用？

3. 水准仪上有哪几条轴线？各轴线间应满足什么条件？

4. 何谓视差？产生视差的原因是什么？怎么消除视差？

5. 何谓高差？何谓视线高程？前视读数和后视读数与高差、视线高程各有什么关系？

6. 水准测量时，采用前、后视距相等，可以消除哪些视差？

7. 在水准点 BMA 和 BMB 之间进行普通水准测量，测得各测段的高差及其测站数 n 如图 2-32 所示。计算水准点 1 和水准点 2 的高程（已知 BMA 的高程为 5.612m，BMB 的高程为 6.612m）。

图 2-32　附合水准路线略图

8. 如图 2-33 所示，已知水准点 BMA 的高程为 33.012m，1、2、3 点为待定高程点，水准测量观测的各段高差 h_i 及路线长度 n_i 标注在图中，试计算各点高程。

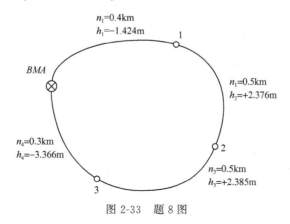

图 2-33　题 8 图

第 3 章

角度测量

✏ 内容提示

1. 水平角测量原理；

2. 经纬仪、全站仪构造与使用方法；

3. 测回法测量水平角、竖直角的方法。

☰ 教学目标

1. 掌握角度测量的基本理论和方法，能够理解角度测量的实施和成果计算；

2. 能够应用工程科学的基本原理，识别、表达、分析复杂工程问题，以获得有效结论；

3. 理解团队协作，并能够在团队中承担个体、团队成员以及负责人的角色。

3.1 角度测量原理

角度测量是测量工作的基本内容之一，它又分为水平角测量及竖直角测量。水平角测量是确定地面点位的基本工作之一，空间相交的两条直线在水平面上的投影所形成的夹角叫水平角，水平角的取值范围是 $0°\sim360°$，用 β 表示。如图 3-1 所示，A、O、B 为地面上任意三点，将其分别沿垂线方向投影到水平面 P 上，便得到相应的 A_1、O_1、B_1 各点，则 O_1A_1 与 O_1B_1 的夹角 β，即为地面上 OA 与 OB 方向间的水平角。为了测出水平角的大小，设想在过 O 点的铅垂线上任一点 O_2 处，放置一个按顺时针注记的全圆量角器，使其中心与 O_2 重合，并成水平位置（相当于水平度盘），则度盘分别与过 OA、OB 的两竖直面相交，交线分别为 O_2a_2 和 O_2b_2，显然 O_2a_2、O_2b_2 在水平度盘上可得到读数，设分别为 a、b，则圆心角 $\beta=b-a$，就是 $\angle A_1O_1B_1$ 的值。

竖直角是在同一竖直面内，一点至观测目标的方向线与水平线间所夹的角，简称竖角，也称倾斜角，用 α 表示。竖直角是由水平线起算量到目标方向的角度，其角值从 $-90°\sim+90°$。当视线方向在水平线之上时，称为仰角，取值范围为 $0°\sim+90°$；视线方向在水平线之下时，称为俯角，取值范围为 $-90°\sim0°$，如图 3-2 所示。

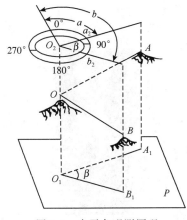

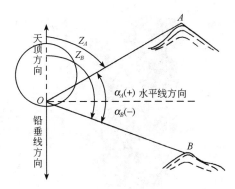

图 3-1　水平角观测原理　　　　　　　　图 3-2　竖直角与天顶距

在同一竖直面内，视线与铅垂线的天顶方向之间的夹角称为天顶角，也叫天顶距，用 Z 表示。天顶距的范围为 $0°\sim+180°$，无负值。竖直角与天顶距的关系为

$$\alpha = 90° - Z$$

在测量工作中，竖直角与天顶距只需测出一个即可。

从竖直角概念可知，它是竖直面内目标方向与水平方向的夹角。所以测定竖直角时，需在 O 点设置一个可以在竖直平面内随望远镜仪器转动的带有刻划的数值度盘（竖盘），并且有一竖盘的读数指标线位于铅垂位置，不随竖盘的转动而转动。因此，竖直角就等于瞄准目标时倾斜视线的读数与水平视线读数的差值。

经纬仪是测量角度的仪器，根据度盘刻度和读数方式不同，分为电子经纬仪和光学经纬仪；根据测角精度不同，我国经纬仪系列可分为 DJ_{07}、DJ_1、DJ_6、DJ_{15} 和 DJ_{60} 等六个级别，其中 "D" "J" 分别为 "大地测量" 和 "经纬仪" 的汉语拼音的第一个字母，下标数字表示仪器的精度，即一测回水平方向中误差的秒数。随着测绘仪器的发展，全站型电子测距仪（即全站仪）在实际工程中已经得到广泛应用，本章也将详细阐述其测角功能。

3.2　光学经纬仪的构造与使用方法

3.2.1　光学经纬仪的结构

光学经纬仪的式样很多，但主要部件基本相同，主要由照准部、度盘和基座三大部分组成。图 3-3 为北京光学仪器厂生产的 DJ_6 级光学经纬仪。

（1）基座

基座是在仪器的最下部，它是支承整个仪器的底座，包括三个脚螺旋和连接板。转动脚螺旋可使水平度盘水平。测量时，将三脚架上的中心螺旋旋进连接板，使仪器和三脚架连接在一起。此外，基座上的基座锁紧轮起连接上部仪器与基座的作用，一般情况下不可松动基座锁紧轮，以免仪器脱出基座而摔坏。

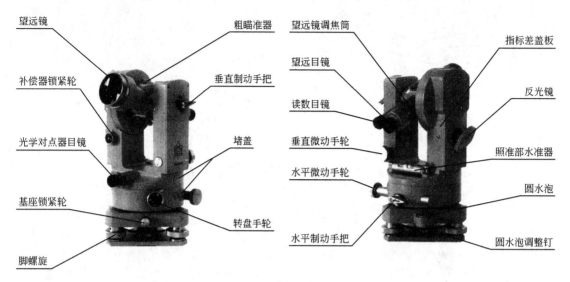

图 3-3 DJ₆ 级光学经纬仪

（2）度盘

光学经纬仪的水平度盘和竖直度盘都是玻璃制成，在度盘平面周围边缘刻有 0°～360° 等角距的分划线，相邻两分划线所对应的圆心角称为度盘的格值。水平度盘通常是顺时针刻划的，竖直度盘有顺时针刻划和逆时针刻划两种。水平度盘用于测量水平角，竖直度盘用于测量竖直角。

（3）照准部

照准部为经纬仪上部可转动的部分，由望远镜、竖直度盘、横轴、支架、竖轴、水平度盘水准器、读数显微镜及其光学读数系统等组成。

1）望远镜　望远镜用于精确瞄准目标。它可以绕横轴在竖直面内任意旋转，并通过望远镜制动扳钮和望远镜微动螺旋进行控制。其由物镜、调焦镜、十字丝分划板、目镜和固定它们的镜筒组成。望远镜的放大倍率一般为 20～40 倍。

2）水准器　照准部上设有一个管水准器和一个圆水准器，与脚螺旋配合，用于整平仪器。其中：圆水准器用于粗略整平，而管水准器则用于精确整平。

3）横轴　是望远镜俯仰转动的旋转轴，由左右两支架支撑。

4）竖轴　又称为"纵轴"，竖轴插入水平度盘的轴套中，可使照准部在水平方向转动，使望远镜照准不同水平方向的目标。观测作业时要求竖轴与过测站点的铅垂线一致，照准部的旋转保持圆滑平稳。

5）度盘配置装置　为了在角度观测过程中变换各测回起始方向在水平度盘上的位置，利用度盘不同位置观测同一目标，减小度盘刻划不均匀的误差影响，常用的结构有拨盘机构和复测机构。使用拨盘机构时，将拨盘手轮的护盖打开，直接转动手轮，实现度盘变化位置的目的。拨盘结束后要随即用护盖把拨盘手轮盖好，防止碰动。复测机构可以使照准部单独旋转，也能带着水平度盘同步转动。观测中，先在度盘上找到要配置的度数，拨下复测扳手，复测机构夹紧水平度盘，旋转照准部，水平度盘跟着一起转动，直到瞄准指定的目标，拨上复测扳手，则复测机构与水平度盘分离。

由上述部件构成的经纬仪包含四条轴线，即照准部水准管轴 LL、竖轴 VV、视准轴 CC

和横轴 HH，如图 3-4 所示。它们之间满足以下关系：

① 照准部水准管轴 LL 应垂直于竖轴 VV；

② 视准轴 CC 应垂直于横轴 HH；

③ 横轴 HH 应垂直于竖轴 VV。

如果经纬仪满足了上述三个条件，当仪器整平后，则竖轴垂直，水准管轴和横轴水平，因视准轴垂直于横轴，所以当视准轴绕水平轴上下转动时即能扫出一个竖直面。

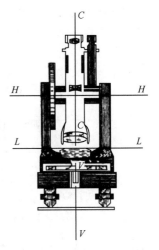

图 3-4 经纬仪的主要轴线

3.2.2 光学经纬仪的读数方法

DJ_6 级光学经纬仪的读数装置可分为分微尺测微器和单平板玻璃测微器两种。DJ_6 级光学经纬仪的水平度盘和竖直度盘的分划线通过一系列的棱镜和透镜作用，成像于望远镜旁的读数显微镜内，观测者用读数显微镜读取数值。由于测微装置的不同，DJ_6 级光学经纬仪的读数方法分为下列两种。

(1) 分微尺测微器及其读数方法

北京光学仪器厂生产的 DJ_6 级光学经纬仪采用的是分微尺读数装置。通过一系列的棱镜和透镜作用，在读数显微镜内，可以看到水平度盘（H）和竖直度盘（V）及相应的分微

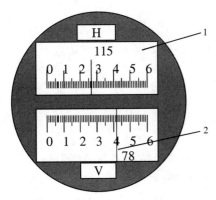

图 3-5 分微尺测微器读数窗口
1—分微尺；2—分划线

尺像，如图 3-5 所示。度盘分划线的间隔为 $1°$，分微尺全长正好与度盘分划影像 $1°$ 的间隔相等，并分为 60 个小格，每一小格为 $1'$，每 $10'$ 作一注记，因此在分微尺上可以直接读到 $1'$，估读至 $0.1'$ 即 $6''$。

读数时，打开并转动反光镜，使读数窗内亮度适中，调节读数显微镜的目镜，使度盘和分微尺分划线清晰，以分微尺的 0 分划线为指标线，从指标线开始向右读数。先读取压在分微尺上的度盘分划线上的度数值，分数值由这根度盘分划线所指的分划尺上的位置来读取，秒数值由观测者估读。如图 3-5 所示，水平度盘的读数窗中，分划尺的 0 分划线已过了 $115°$，读数应该为 $115°26'54''$；竖直度盘读数为 $78°46'54''$。

(2) 单平板玻璃测微器及其读数方法

单平板玻璃测微器主要部件有：单平板玻璃、扇形分划尺和测微轮等。单平板玻璃用金属机构和扇形分划尺连接在一起，通过转动测微轮，单平板玻璃和扇形分划尺绕轴转动，由于平板玻璃可以使通过它的光线平行移动，度盘的影像便可随测微轮的转动而平行移动。其移动量在扇形分划尺上反映出来。

图 3-6 所示为单平板玻璃测微器的读数窗视场，读数窗内可以清晰地看到测微盘及指标线（上）、竖直度盘（中）和水平度盘（下）的分划像。度盘用整度注记，每度分两格，最小分划值为 $30'$；测微盘把度盘上 $30'$ 弧长分为 30 大格，一大格为 $1'$，每 $5'$ 一注记，每一大格又分三小格，每小格 $20''$，不足 $20''$ 的部分可估读，一般可估读到四分之一格，即 $5''$。

读数时，打开并转动反光镜，调节读数显微镜的目镜，然后转动测微轮，使一条度盘分

划线精确地平分双线指标，则该分划线的读数即为读数的度数部分，不足 30' 的部分再从测微盘上读出，并估读到 5"，两者相加，即得度盘读数。每次水平度盘读数和竖直度盘读数时都应调节测微轮，然后分别读取，两者共用测微盘，但互不影响。

图 3-6（a）中，水平度盘读数为 $122°30'+7'20''=122°37'20''$；

图 3-6（b）中，竖直度盘读数为 $87°+19'30''=87°19'30''$。

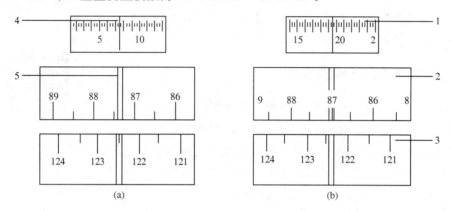

图 3-6　单平板玻璃测微器读数窗口

1—测微尺；2—竖直度盘；3—水平度盘；4—指标线；5—双指标线

3.2.3　光学经纬仪的使用

经纬仪的使用是将经纬仪安置在测站点上，进行对中、整平、瞄准目标和读数。

（1）对中

对中的目的是使仪器度盘中心与测站点标志中心位于同一铅垂线上。操作步骤为：

① 张开脚架，调节脚架腿，使其高度适宜，并通过目估使架头水平、架头中心大致对准测站点。

② 从箱中取出经纬仪安置于架头上，旋紧连接螺旋，并挂上锤球。如锤球尖偏离测站点较远，则需移动三脚架，使锤球尖大致对准测站点，然后将脚架尖踩实。

③ 略微松开连接螺旋，在架头上移动仪器，直至锤球尖准确对准测站点，最后再旋紧连接螺旋。

（2）整平

整平的目的是通过调节脚螺旋使圆水准器和水准管气泡居中，从而使经纬仪的竖轴竖直，水平度盘处于水平位置。其操作步骤如下：

① 通过升降三脚架使圆水准器气泡居中，并查看仪器对中情况，如有偏差，可稍微松动中心螺旋，在架头上移动仪器，使仪器居中。

② 旋转照准部，使水准管平行于任一对脚螺旋 [如图 3-7(a) 所示]。气泡运动方向与左手大拇指运动方向一致，按图中所示，两手相对运动，转动这两个脚螺旋，使水准管气泡居中。

③ 将照准部旋转 90°，转动第三个脚螺旋，使水准管气泡居中 [如图 3-7（b）所示]。

④ 按以上步骤重复操作，直至水准管在这两个位置上气泡都居中为止。使用光学对中器进行对中、整平时，首先通过目估初步对中（也可利用锤球），旋转对中器目镜看清分划板上的刻划圆圈，再拉伸对中器的目镜筒进行调焦，使地面标志点成像清晰。转动脚螺旋使

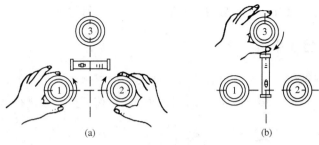

图 3-7　整平

标志点的影像移至刻划圆圈中心。然后，通过伸缩三脚架腿，调节三脚架的长度，使经纬仪圆水准器气泡居中，再调节脚螺旋精确整平仪器。接着通过对中器观察地面标志点，如偏离刻划圆圈中心，可稍微松开连接螺旋，在架头移动仪器，使其精确对中，此时，如水准管气泡偏移，则再整平仪器，如此反复进行，直至对中、整平同时完成。

（3）瞄准

瞄准目标的步骤如下：

① 目镜对光：将望远镜对向明亮背景，转动目镜对光螺旋，使十字丝成像清晰。

② 粗略瞄准：松开照准部制动螺旋与望远镜制动螺旋，转动照准部与望远镜，通过望远镜上的瞄准器对准目标，然后旋紧制动螺旋。

③ 物镜对光：转动望远镜镜筒上的物镜对光螺旋，使目标成像清晰并检查有无视差存在，如果发现有视差存在，应重新进行对光，直至消除视差。

④ 精确瞄准：旋转微动螺旋，使十字丝准确对准目标。观测水平角时，应尽量瞄准目标的基部，当目标宽于十字丝双丝距时，宜用单丝平分，如图 3-8（a）所示；目标窄于双丝距时，宜用双丝夹住，如图 3-8（b）所示；观测竖直角时，用十字丝横丝的中心部分对准目标位，如图 3-8（c）所示。

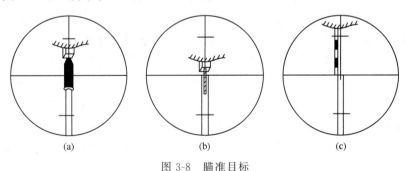

图 3-8　瞄准目标

（4）读数

读数前应调整反光镜的位置及开合角度，使读数显微镜视场内亮度适当，然后转动读数显微镜目镜进行对光，使读数窗成像清晰，再按上节所述方法进行读数。

3.3　水平角测量

常用的水平角观测的方法有测回法、全圆测回法（方向观测法）和左右角法。为了消除仪器的误差，一般用盘左和盘右两个位置进行观测。盘左——竖盘在望远镜视准轴的左侧，称为盘左，也称正镜；盘右——竖盘在视准轴方向的右侧则称盘右，也叫倒镜。

3.3.1 测回法测量水平角

测回法只用于观测两个方向之间的单角，是水平角观测的一种最基本的方法。如图3-9所示，要测出地面上 OA、OB 两方向间的水平角 β，可按下列步骤进行观测。

图 3-9 测回法观测水平角

① 在 O 点安置经纬仪，在 A、B 点上分别竖立花杆或测钎。

② 以盘左位置照准左边目标 A，得水平度盘读数 $a_左$（如为 $0°1'10''$），记入表3-1（观测手簿）第4列相应位置。

③ 松开照准部和望远镜制动螺旋，顺时针转动照准部，瞄准右边目标 B，得水平度盘读数 $b_左$（如为 $145°10'25''$），记入观测手簿相应位置。

则盘左所测的角值为

$$\beta_左 = b_左 - a_左 = 145°10'25'' - 0°1'10'' = 145°09'15''$$

以上完成了上半个测回。为了检核及消除仪器误差对测角的影响，进行下半个测回观测。

④ 松开照准部和望远镜制动螺旋，纵转望远镜成盘右位置，先瞄准右边目标 B，得水平度盘读数 $b_右$（如为 $325°10'50''$），记入手簿；逆时针方向转动照准部，瞄准左边目标 A，得水平度盘读数 $a_右$（如为 $180°01'50''$），记入手簿，完成了下半测回，其水平角值为

$$\beta_右 = b_右 - a_右 = 325°10'50'' - 180°01'50'' = 145°09'00''$$

计算时，均用右边目标读数 b 减去左边目标读数 a，不够减时，应加上 $360°$。

上、下两个半测回合称为一测回。用 J_6 级经纬仪观测水平角时，上、下两个半测回所测角值之差（称不符值）应不超过 $\pm40''$。达到精度要求，取平均值作为一测回的结果：

$$\beta = \frac{1}{2}(\beta_左 + \beta_右) \tag{3-1}$$

本例中，因 $\beta_左 - \beta_右 = 145°09'15'' - 145°09'00'' = 15'' < +40''$，符合精度要求，故 $\beta = \frac{1}{2}(\beta_左 + \beta_右) = \frac{1}{2}(145°09'15'' + 145°09'00'') = 145°09'08''$。

若两个半测回的不符值超过 $\pm40''$，则该水平角应重新观测。

观测数据的记录格式及计算，见表3-1。

当测角精度要求较高时，须观测 n 个测回。为了消除度盘刻划不均匀的误差，每个测回应按 $\frac{180°}{n}$ 的差值变换度盘起始位置。

表 3-1 水平角观测手簿（测回法）

测点	竖盘位置	目标	水平度盘读数	半测回角值	一测回角值	各测回平均角值	备注
O	左	A	0°01′10″	145°09′15″	145°09′08″	145°09′06″	
		B	145°10′25″				
	右	A	180°01′50″	145°09′00″			
		B	325°10′50″				
O	左	A	90°02′35″	145°09′00″	145°09′03″		
		B	235°11′35″				
	右	A	270°02′45″	145°09′05″			
		B	55°11′50″				

3.3.2 全圆测回法测量水平角

在一个测站上，当观测方向数大于两个时，一般采用全圆测回法（在半测回中如不归零则称方向观测法），即从起始方向顺次观测各个方向后，最后要回测起始方向，即全圆的意思。最后一步称为"归零"。这种半测回归零的方法称为"全圆方向法"，或称"方向观测法"。图 3-10 中 OA 为起始方向，也称零方向。

（1）观测步骤

① 安置仪器于 O 点，盘左位置，且使水平度盘读数略大于 0°时照准起始方向，如图 3-10 中的 A 点，读取水平度盘读数 a。

② 顺时针方向转动照准部，依次照准 B、C、D 各个方向，并分别读取水平度盘读数为 b、c、d，继续转动，再照准起始方向，得水平度盘读数为 a'。这步观测称为"归零"，a' 与 a 之差，称为"半测回归零差"。J₆ 级经纬仪半测回归零差为 24″。如归零差超限，则说明在观测过程中，仪器度盘位置有变动，此半测回应该重测。测量规范要求的限差参看表 3-2。

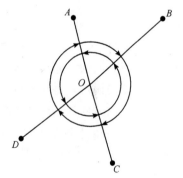

图 3-10 全圆测回法观测水平角

以上观测过程为全圆方向法的上半个测回。

表 3-2 全圆测回法水平角观测限差

项 目	DJ₂	DJ₆
半测回归零差	8″	24″
一测回 2c 变动范围	13″	36″
各测回同一归零方向值互差	9″	24″
光学测微器两次重合差	3″	

③ 以盘右位置按逆时针方向依次照准 A、D、C、B、A，并分别读取水平度盘读数。此为下半个测回，其半测回归零差不应超过限差规定。

每次读数都应按规定格式记入表3-3中。

表3-3　水平角观测手簿（全圆测回法）

测　区＿＿＿＿＿＿　　　　观测者＿＿＿＿＿＿　　　　记录者＿＿＿＿＿＿
＿＿＿＿年＿＿月＿＿日　　　天　气＿＿＿＿＿＿　　　仪器型号＿＿＿＿＿＿

测回	测站	目标	水平度盘读数		$2c=$左$-$（右$\pm180°$）	平均读数$=$ $\frac{1}{2}$[左$+$（右$\pm180°$）]	归零后之方向值	各测回归零方向值之平均值	略图及角值
			盘　左	盘　右					
			(° ′ ″)	(° ′ ″)	(″)	(° ′ ″)	(° ′ ″)	(° ′ ″)	
1	O	A	0 01 00	180 01 18	−18	(0 01 15) 0 01 09	0 00 00	0 00 00	
		B	91 54 06	271 54 00	+6	91 54 03	91 52 48	91 52 45	
		C	153 32 48	333 32 48	0	153 32 48	153 31 33	151 31 33	
		D	214 06 12	34 06 06	+06	214 06 09	214 04 54	214 05 00	
		A	0 01 24	180 01 18	+06	0 01 21			
2	O	A	90 01 12	270 01 24	−12	(90 01 27) 90 01 18	0 00 00		
		B	181 54 00	1 54 18	−18	181 54 09	91 52 42		
		C	243 32 54	63 33 06	−18	243 33 00	153 31 33		
		D	304 06 36	124 06 30	+6	304 06 33	214 05 06		
		A	90 01 36	270 01 36	0	90 01 36			

上、下半测回合起来称为一测回。当精度要求较高时，可观测 n 个测回，为了消除度盘刻划不均匀误差，每测回也要按 $180°/n$ 的差值变换度盘的起始位置。

（2）全圆方向观测法的计算与限差

① 计算两倍照准误差（$2c$）值：两倍照准误差是同一台仪器观测同一方向盘左、盘右读数之差，也称 $2c$ 值。它是由于视准轴不垂直于横轴引起的观测误差，计算公式为

$$2c＝盘左读数－（盘右读数\pm180°）$$

对于 DJ_6 级经纬仪，$2c$ 值只作参考，不作限差规定。如果其变动范围不大，说明仪器是稳定的，不需要校正，取盘左、盘右读数的平均值即可消除视准轴误差的影响。

② 一测回内各方向平均读数的计算：

$$同一方向的平均读数＝\frac{1}{2}[盘左读数＋（盘右读数\pm180°）]$$

起始方向有两个平均读数，应再取其平均值，将算出的结果填入同一栏的括号内，如第一测回中的（$0°01′15″$）。

③ 一测回归零方向值的计算：将各个方向（包括起始方向）的平均读数减去起始方向的平均读数，即得各个方向的归零方向值。显然，起始方向归零后的值为 $0°00′00″$。

④ 各测回平均方向值的计算：每一测回各个方向都有一个归零方向值，当各测回同一方向的归零方向值之差不大于 $24″$（针对 DJ_6 级经纬仪）时，则可取其平均值作为该方向的最后结果。

⑤ 水平角值的计算：将右方向值减去左方向值即为该两方向的夹角。

3.4 竖直角测量

3.4.1 竖直度盘的构造

竖直度盘简称竖盘，图 3-11 为 J_6 级经纬仪竖盘构造示意图，主要包括竖盘、竖盘指标、竖盘指标水准管和竖盘指标水准管微动螺旋。竖盘固定在横轴的一侧，随望远镜在竖直面内同时上、下转动；竖盘读数指标不随望远镜转动，分微尺的零刻划线是竖盘读数的指标线，它与竖盘指标水准管连接在一个微动架上，转动竖盘指标水准管微动螺旋，可使竖盘读数指标在竖直面内作微小移动。当竖盘指标水准管气泡居中时，指标应处于竖直位置，即在正确位置。一个校正好的竖盘，当望远镜视准轴水平、指标水准管气泡居中时，读数窗上指标所指的读数应是 90° 或 270°，此读数即为视线水平时的竖盘读数。一些新型的经纬仪安装了自动归零装置来代替水准管，测定竖直角时，放开阻尼器扭，待摆稳定后，直接进行读数，提高了观测速度和精度。

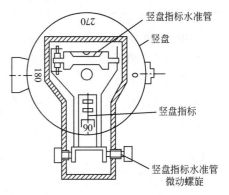

图 3-11 竖盘结构示意图

光学经纬仪竖盘的刻划有多种形式，是由光学玻璃制成的圆盘。DJ_6 型经纬仪，刻划有顺时针方向和逆时针方向两种注记方式，不同刻划的经纬仪其竖直角公式不同。

如当望远镜视线水平且指标水准器气泡居中时，盘左位置竖直度盘读数为 90°，盘右位置竖直度盘读数则为 270°，如图 3-12 所示。

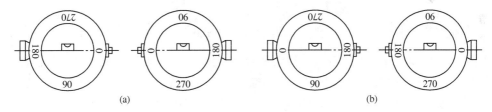

图 3-12 竖盘注记形式

3.4.2 竖直角观测

① 在测站 O 点上安置经纬仪，以盘左位置用望远镜的十字丝中横丝，瞄准目标上某一点 M。

② 转动竖盘指标水准管微动螺旋，使气泡居中。读取竖盘读数 L。

③ 倒转望远镜，以盘右位置再瞄准目标上 M 点。调节竖盘指标水准管气泡居中，读取竖盘读数 R。竖直角的观测记录手簿如表 3-4 所示。

竖直角的计算如下：

计算竖直角的公式，是由倾斜视线方向读数与水平视线方向读数之差来确定的。问题在于应由哪个读数减哪个读数以及其中视线水平时的读数是多少，这就应由竖盘注记形式来确定。其判定方法：只须对所用仪器以盘左位置先将望远镜大致放平，看一下读数；然后将望远镜逐渐向上仰，再观察读数是增加还是减少，就可以确定其计算公式。

表 3-4　竖直角观测手簿

测站	目标	竖盘位置	竖盘读数/ (° ′ ″)	半测回竖直角/ (° ′ ″)	指标差/ (″)	一测回竖直角/ (° ′ ″)	备　注
O	A	左	80 20 36	9 39 24	+15	9 39 39	盘左时竖盘注记
		右	279 39 54	9 39 54			
	B	左	96 05 24	−6 05 24	+6	−6 05 18	
		右	263 54 48	−6 05 12			

当望远镜上倾竖盘读数减小时，竖角＝视线水平时的读数－瞄准目标时的读数；

当望远镜上倾竖盘读数增加时，竖角＝瞄准目标时的读数－视线水平时的读数。

计算结果为"＋"是仰角，结果为"－"是俯角。

现以 J_6 级经纬仪中最常见的竖盘注记形式（如图 3-13 所示）来说明竖直角的计算方法。

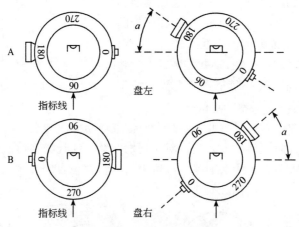

图 3-13　竖直角计算示意图

由图 3-13 可知，在盘左位置，视线水平时的读数为 90°，当望远镜上倾时读数减小；在盘右位置，视线水平时的读数为 270°，当望远镜上倾时读数增加。如以"L"表示盘左时瞄准目标时的读数，"R"表示盘右时瞄准目标时的读数，则竖直角的计算公式为

$$\alpha_L = 90° - L \tag{3-2}$$

$$\alpha_R = R - 270° \tag{3-3}$$

最后，取盘左、盘右的竖直角平均值作为观测结果，即

$$\alpha = \frac{1}{2}(\alpha_L + \alpha_R) = \frac{1}{2}(R - L) - 90° \tag{3-4}$$

3.4.3　竖盘指标差

当望远镜的视线水平，竖盘指标水准管气泡居中时，竖盘指标所指的读数不在 90°或 270°位置，而是偏离了正确位置，使读数增大或者减小了一个角度，即为竖盘指标差，记作 x，如图 3-14 所示。它是由于竖盘指标水准管与竖盘读数指标的关系不正确等因素而引起的。

竖盘指标差有正、负之分，当指标偏移方向与竖盘注记方向一致时，竖盘读数中增大了

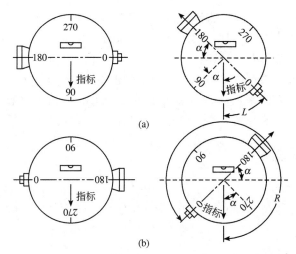

图 3-14　竖盘指标差

一个 x 值，即 x 为正；反之，当指标偏移方向与竖盘注记方向相反时，则竖盘读数中减小了一个 x 值，故 x 为负。

图 3-14 中，指标偏移方向和竖盘注记方向一致，x 为正值，那么在盘左和盘右读数中都将增大一个 x 值。因此，若用盘左读数计算正确的竖直角 α，则

$$\alpha = (90° + x) - L = \alpha_L + x \qquad\qquad (a)$$

若用盘右读数计算竖直角，应为

$$\alpha = R - (270° + x) = \alpha_R - x \qquad\qquad (b)$$

由 (a)+(b) 得

$$\alpha = \frac{1}{2}(\alpha_L + \alpha_R) = \frac{1}{2}(R - L) - 90°$$

此公式与式(3-4) 完全相同，说明利用盘左、盘右两次读数求算竖直角，可以消除竖盘指标差对竖直角的影响。

由 (b)−(a) 得

$$x = \frac{1}{2}(\alpha_R - \alpha_L) = \frac{1}{2}(L + R) - 180° \qquad\qquad (3\text{-}5)$$

在测量竖直角时，虽然利用盘左、盘右两次观测能消除指标差的影响，但求出指标差的大小可以检查观测成果的质量。同一仪器在同一测站上观测不同的目标时，在某段时间内其指标差应为固定值，但由于观测误差、仪器误差和外界条件的影响，实际测定的指标差数值总是在不断变化，对于 DJ_6 级经纬仪该变化不应超过 $25''$。

3.5　角度测量的误差

3.5.1　仪器误差

(1) 仪器制造加工不完善所引起的误差

如照准部偏心误差、度盘分划误差等。经纬仪照准部旋转中心应与水平度盘中心重合，如果两者不重合，即存在照准部偏心差，在水平角测量中，此项误差影响也可通过盘左、盘

右观测取平均值的方法加以消除。水平度盘分划误差的影响一般较小，当测量精度要求较高时，可采用各测回间变换水平度盘位置的方法进行观测，以减弱这一项误差影响。

（2）仪器校正不完善所引起的误差

如望远镜视准轴不严格垂直于横轴、横轴不严格垂直于竖轴所引起的误差，可以采用盘左、盘右观测取平均的方法来消除。而竖轴不垂直于水准管轴所引起的误差则不能通过盘左、盘右观测取平均或其他观测方法来消除，因此，必须认真做好仪器此项检验、校正。

3.5.2　角度观测误差

（1）对中误差

仪器对中不准确，使仪器中心偏离测站中心的位移叫偏心距，偏心距将使所观测的水平角值不是大就是小。经研究已经知道，对中引起的水平角观测误差与偏心距成正比，并与测站到观测点的距离成反比。因此，在进行水平角观测时，仪器的对中误差不应超出相应规范规定的范围，特别在对于短边的角度进行观测时，更应该精确对中。

（2）整平误差

若仪器未能精确整平或在观测过程中气泡不再居中，竖轴就会偏离铅直位置。整平误差不能用观测方法来消除，此项误差的影响与观测目标时视线竖直角的大小有关，当观测目标与仪器视线大致同高时，影响较小；当观测目标时，视线竖直角较大，则整平误差的影响明显增大，此时，应特别注意认真整平仪器。当发现水准管气泡偏离零点超过一格以上时，应重新整平仪器，重新观测。

（3）目标偏心误差

由于测点上的标杆倾斜而使照准目标偏离测点中心所产生的偏心差称为目标偏心误差。目标偏心是由于目标点的标志倾斜引起的。观测点上一般都是竖立标杆，当标杆倾斜而又瞄准其顶部时，标杆越长，瞄准点越高，则产生的方向值误差越大；边长短时误差的影响更大。为了减少目标偏心对水平角观测的影响，观测时，标杆要准确而竖直地立在测点上，且尽量瞄准标杆的底部。

（4）瞄准误差

引起误差的因素很多，如望远镜孔径的大小、分辨率、放大率、十字丝粗细、清晰度等，人眼的分辨能力，目标的形状、大小、颜色、亮度和背景，以及周围的环境（如空气透明度，大气的湍流、温度等），其中与望远镜放大率的关系最大。经计算，DJ$_6$级经纬仪的瞄准误差为$\pm 2''\sim\pm 2.4''$，观测时应注意消除视差，调节十字丝至最佳状态。

（5）读数误差

读数误差与读数设备、照明情况和观测者的经验有关。一般来说，主要取决于读数设备。对于6″级光学经纬仪，估读误差不超过分划值的1/10，即不超过$\pm 6''$。如果照明情况不佳，读数显微镜存在视差，或者读数不熟练，估读误差还会增大。

3.5.3　外界条件的影响

影响角度测量的外界因素很多：大风、松土会影响仪器的稳定；地面辐射热会影响大气稳定而引起物像的跳动；空气的透明度会影响照准的精度；温度的变化会影响仪器的正常状态等。这些因素都会在不同程度上影响测角的精度，要想完全避免这些影响是不可能的，观测者只能采取措施及选择有利的观测条件和时间，使这些外界因素的影响降低到最小的程度，从而保证测角的精度。

3.6 全站仪及其使用

3.6.1 全站仪概述

全站型电子速测仪是由电子测角、电子测距、电子计算和数据存储等单元组成的三维坐标测量系统，是一种能自动显示测量结果、能与外围设备交换信息的多功能测量仪器。由于仪器较完善地实现了测量和处理过程的电子一体化，所以人们通常称之为全站型电子速测仪（electronic total station），简称全站仪。

全站仪由以下两大部分组成：

① 采集数据设备：主要有电子测角系统、电子测距系统，还有自动补偿设备等。

② 微处理器：微处理器是全站仪的核心装置，主要由中央处理器、随机存储器和只读存储器等构成，测量时，微处理器根据键盘或程序的指令控制各分系统的测量工作，进行必要的逻辑和数值运算以及数字存储、处理、管理、传输、显示等。

通过上述两大部分有机结合，才真正地体现"全站"功能，既能自动完成数据采集，又能自动处理数据，使整个测量过程工作有序、快速、准确地进行。

全站仪作为一种光电测距与电子测角和微处理器综合的外业测量仪器，其主要的精度指标为测距标准差和测角标准差。仪器根据测距标准差，即测距精度，按国家标准，分为三个等级。标准差小于 5mm 为Ⅰ级仪器，大于 5mm 且小于 10mm 为Ⅱ级仪器，大于 10mm 且小于 20mm 为Ⅲ级仪器。

全站仪由电源部分、测角系统、测距系统、数据处理部分（CPU）、通信接口（I/O）、显示屏、键盘、接口等组成，如图 3-15 所示。各部分的作用如下：电源部分有可充电式电池，供给其他各部分电力，包括望远镜十字丝和显示屏的照明；测角部分相当于电子经纬仪，可以测定水平角、垂直角和设置方位角；测距部分相当于光电测距仪，一般用红外光源，测定至目标点（设置反光棱镜或反光片）的斜距，并可归算为平距及高差；中央处理器接受输入指令，分配各种观测作业，进行测量数据的运算，如多测回取平均值、观测值的各种改正、极坐标法或交会法的坐标计算，以及包括运算功能更为完备的各种软件；输入/输出部分包括键盘、显示屏和接口，从键盘可以输入操作指令、数据和设置参数，显示屏可以显示出仪器当前的工作方式(Mode)、状态、观测数据和运算结果，接口使全站仪能与磁卡、磁盘、微机交互通信，传输数据。

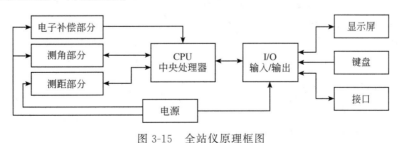

图 3-15　全站仪原理框图

3.6.2 全站仪的结构

全站仪的构造主要分为基座、照准部、手柄三大部分，其中照准部包括望远镜（测距部分包含于此）、显示屏、微动制动旋钮等，图 3-16 所示为一般全站仪的结构部件。

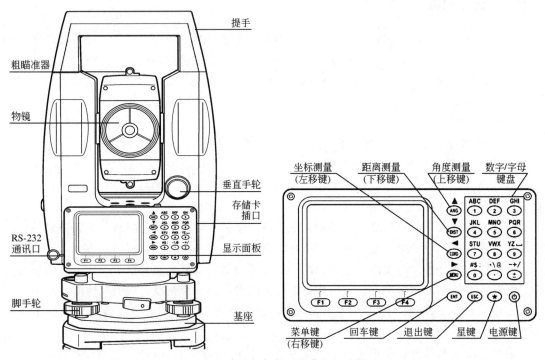

图 3-16 全站仪部件及屏幕按钮功能

3.6.3 全站仪的安置

（1）架设三脚架

将三脚架伸到适当高度，使三腿等长、打开，并使三角架顶面近似水平，且位于测站点的正上方。将三脚架腿支撑在地面上，使其中一条腿固定。

（2）安置仪器和对点

将仪器小心地安置到三脚架上，拧紧中心连接螺旋，调整光学对点器，使十字丝成像清晰（如为激光对点器则通过★键进入补偿界面打开激光对点器即可）。双手握住另外两条未固定的架腿，通过对光学对点器的观察调节该两条腿的位置。当对点器大致对准测站点时，使三脚架三条腿均固定在地面上。调节全站仪的三个脚螺旋，使对点器精确对准测站点。

（3）利用圆水准器粗平仪器

调整三脚架三条腿的长度，使全站仪圆水准气泡居中。

（4）利用管水准器精平仪器

① 松开水平制动螺旋，转动仪器，使管水准器平行于某一对脚螺旋 A、B 的连线。通过旋转脚螺旋 A、B，使管水准器气泡居中。

② 将仪器旋转 90°，使其垂直于脚螺旋 A、B 的连线。旋转脚螺旋 C，使管水准器气泡居中。

（5）精确对中与整平

通过对对点器的观察，轻微松开中心连接螺旋，平移仪器（不可旋转仪器），使仪器精确对准测站点。再拧紧中心连接螺旋，再次精确整平仪器。

3.6.4　全站仪测量角度

开机后仪器自动进入角度测量模式，或在基本测量模式下用［ANG］键进入角度测量模式，角度测量共三个界面，按［F4］在三个界面中切换（如图 3-17 所示），三个界面中的功能分别是：

第一个界面：测存、置零、置盘；

第二个界面：锁定、复测、坡度；

第三个界面：H 蜂鸣、右左、竖角。

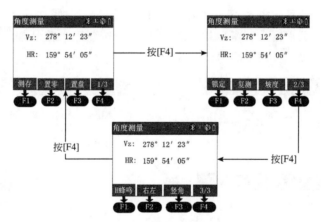

图 3-17　角度测量模式

这些界面下各个功能的描述如表 3-5 所示。

表 3-5　角度测量模式中按键的功能

页面	软键	显示符号	功能
1	F1	测存	将角度数据记录到当前的测量文件中
	F2	置零	水平角置零
	F3	置盘	通过键盘输入并设置所期望的水平角，角度不大于 360°
	F4	1/3	显示第 2 页软键功能
2	F1	锁定	水平角读数锁定
	F2	复测	水平角重复测量
	F3	坡度	垂直角/百分比坡度的切换
	F4	2/3	显示第 3 页软键功能
3	F1	H 蜂鸣	直接蜂鸣开/关设置

（1）测存

此功能是保存当前的角度值到选定的测量文件。按［F1］键后，出现输入"测点信息"窗口，如果事先没有选择过测量文件的话，此时出现"选择文件"对话框进行文件选择。"测点信息"要求输入所测点的点名、编码、目标高。其中点名默认的是在上一个点名序号上自动加1。编码则根据需要输入，而目标高则根据实际情况输入。按［ENT］键则保存到测量文件。此时若补偿器超出范围，仪器提示"补偿超出！"，角度数据不能存储。系统中的点名是按序号自动加1的，如果确有需要请使用数字、字母键修改，如果不需修改点名、编码、目标高，只需按［ENT］键接受即可。系统保存记录，并提示"记录完成"，提示框显示0.5s后自动消失。

（2）置零

此功能是将水平角设置为0°00′00″。按［F2］键，系统询问"置零吗?"，［ENT］键置零，［ESC］退出置零操作，为了精确置零，请轻按［ENT］键。

（3）置盘

此功能将水平角设置成需要的角度。按［F3］键，进入设置水平角输入窗口，进行水平角的设置。在度分秒显示模式下，如需输入123°45′56″，只需在输入框中输入123.4556即可，其他显示模式正常输入。窗口如图3-18所示。按［F4］确认输入，按［ESC］键取消，角度大于360°时提示"角度超出！"。

图3-18 置盘时输入水平角

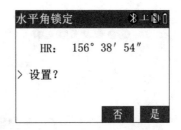

图3-19 水平角锁定

（4）锁定

此功能是设置水平角度的另一种形式。转动照准部到相应的水平角度后，按［锁定］键，此时再次转动照准部，水平角保持不变；转动照准部瞄准目标后，按［是］键，则水平角以新的位置为基准重新进行水平角的测量，如图3-19所示。

（5）右左

按［F2］键，使水平角显示状态在HR和HL状态之前切换。HR：表示右角模式，照准部顺时针旋转时水平角增大。HL：表示左角模式，照准部顺时针旋转时水平角减小。

（6）复测

在水平角（右角）测量模式下可进行角度重复测量，即测回法测量，如图3-20所示。确认处于水平角（右角）测量模式，进入角度复测功能界面；照准目标A，按［F1］（置零）键；使用水平制动和微动螺旋照准目标B，并按［F4］（锁定）键；使用水平制动和微动螺旋再次照准目标A，并按［F3］（释放）键；使用水平制动和微动螺旋再次照准目标B，并按［F4］（锁定）键，如图3-21所示；重复以上步骤，直到完成所需要的测量次数。若要退出角度复测，可按［F2］（退出），并按［F4］（是），屏幕返回正常测角模式。注意：若角度观测结果与首次观测值相差超过±30″，则会显示出错信息。

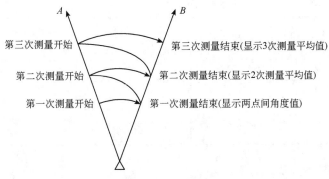

图 3-20　全站仪复测

角度复测　　　　　※＿▯🔋	角度复测　　　　　※＿▯🔋	角度复测　　　　　※＿▯🔋
角度复测次数　　　［0］	角度复测次数　　　［1］	角度复测次数　　　［1］
和值：　　　0°00′00″	和值：　　120°20′00″	和值：　　120°20′00″
均值：	均值：　　120°20′00″	均值：　　120°20′00″
HR：　　　0°00′00″	HR：　　120°20′00″	HR：　　120°09′30″
置零　退出　　　　锁定	置零　退出　释放	置零　退出　　　　锁定

图 3-21　全站仪复测过程

（7）竖角

按［F3］键，竖直角显示模式在 Vz 和 Vh 之间切换。

Vz：表示天顶距［测线与竖直方向（也就是天顶）的夹角］。

Vh：表示竖直角模式，望远镜水平时为 0，向上仰为正，向下俯为负。

如果补偿器超出±210″的范围，则垂直角显示框中将显示："补偿超出！"

🗂 思考题

1. 何为水平角？何为竖直角？它们各自的取值范围是多少？

2. 水平角观测中，为什么要配置水平度盘？若观测水平角 4 个测回，则第三测回第一个方向的水平度盘配置为多少度？

3. 采用盘左、盘右观测水平角，能消除哪些误差？

4. 角度测量误差的来源有哪些？

5. 测回法观测水平角 β 的盘左和盘右读数如图 3-22 所示，请填写表 3-6 并计算 β 的角值。

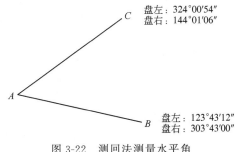

图 3-22　测回法测量水平角

表 3-6　测回法观测记录手簿

测站	目标	竖盘位置	水平度盘读数 /(°′″)	半测回角值 /(°′″)	一测回角值 /(°′″)
A	C	盘左			
	B				
	C	盘右			
	B				

6.完成竖直角观测记录（表 3-7）。

表 3-7　竖直角观测记录手簿

测站	目标	竖盘位置	竖盘读数 /(°′″)	竖直角/(°′″)		竖盘指标差 /(″)	竖盘为天顶式顺时针注记
				半测回	一测回		
O	A	左	86 47 48				
		右	273 11 54				

7.如何操作全站仪测量角度？

第4章

距离测量

内容提示

1. 距离的概念，直线定线和测距工作的实施；

2. 光电测距的原理与方法；

3. 直线定向与坐标方位角的推算等理论。

教学目标

1. 掌握直线定线和直线定向的区别；

2. 能够应用数学和工程科学的基本原理，识别、表达、分析复杂工程问题，以获得有效结论。

4.1 距离测量概述

4.1.1 量距工具

地面上两点之间的距离包括斜距、垂距和平距。斜距是地面上 A、B 两点之间的直线距离；垂距是地面上一点 A 到另一点 B 所在平面的铅垂距离，即 A、B 两点之间的高差；平距即水平距离，是地面上一点 A 投影到另一点 B 所在水平面上的投影点 A' 与 B 点之间的距离。一般情况下，如果没有特殊说明，两点之间的距离指的是平距。

距离测量的工具有很多，传统工具比较普遍，例如钢尺、皮尺、测绳及花杆等，随着电子技术的发展，光电类测距工具得到普遍应用，如手持测距仪、全站仪等。

钢尺量距是利用经检定合格的钢尺直接量测地面两点之间的距离，又称为距离丈量。它使用的工具简单，又能满足工程建设必需的精度，是工程测量中最常用的距离测量方法。钢尺量距按精度要求不同，又分为一般量距和精密量距。其基本步骤有定线、尺段丈量和成果计算。

钢尺和皮尺除了材质不同以外，尺的宽度一般均为 $10\sim15\mathrm{mm}$，厚度一般为 $0.3\sim$

0.4mm，长度有 20m、30m、50m、100m 等几种。最小刻划到毫米，有的钢尺仅在 0～1dm 之间刻划到毫米，其他部分刻划到厘米；测绳和花杆均为粗略测距时使用，测绳整米数处或半米处留有标记，花杆通常红白相间，每一种颜色长度约 30cm，可以用于一般河水深度测量。以上几种工具如图 4-1 所示。

图 4-1　钢卷尺、皮尺、测绳和花杆

　　钢卷尺和皮尺由于尺的零点位置不同，有刻线尺和端点尺之分，如图 4-2 所示。刻线尺是在尺上刻出零点的位置；端点尺是以尺的端部、金属环的最外端为零点，从建筑物的边缘开始丈量时用端点尺很方便。

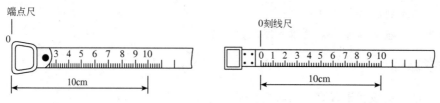

图 4-2　端点尺和刻线尺

4.1.2　直线定线

　　当地面两点之间的距离大于钢尺的一个尺段或地势起伏较大时，为方便量距工作，需分成若干尺段进行丈量，这就需要在直线的方向上插上一些标杆或测钎，在同一直线上定出若干点，这项工作被称为直线定线。定线方法有目视定线和经纬仪定线，一般量距时用目视定线，精密量距时用经纬仪定线。

　　（1）目视定线

　　目视定线又称标杆定线，适用于钢尺量距的一般方法。如图 4-3 所示，设 A 和 B 为地面上相互通视、待测距离的两点。现要在直线 AB 上定出 1、2 等分段点。先在 A、B 两点上竖立花杆，甲站在 A 杆后约 1m 处，指挥乙左右移动花杆，直到甲在 A 点沿标杆的同一侧看见 A、1、B 三点处的花杆在同一直线上。用同样方法可定出 2 点。直线定线一般应由远到近，即先定出 1 点，再定 2 点。

　　（2）经纬仪定线

　　当直线定线精度要求较高时，可用经纬仪定线。经纬仪定线工作包括清障、定线、概量、钉桩、标线等，如图 4-4 所示。欲在 AB 直线上精确定出 1、2、3 点的位置，可将经纬仪安置于 A 点，用望远镜照准 B 点，固定照准部制动螺旋，然后将望远镜向下俯视，将十字丝交点投测到木桩上，并钉小钉以确定 1 点的位置。同法标出 2、3 点的位置。

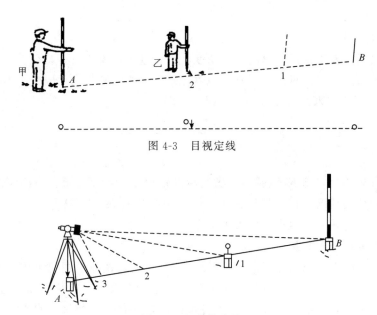

图 4-3　目视定线

图 4-4　经纬仪定线

4.1.3　一般量距方法

（1）平坦地面的距离丈量

丈量工作一般由两人进行。如图 4-5 所示，沿地面直接丈量水平距离时，可先在地面上定出直线方向，丈量时后尺手持钢尺零点一端，前尺手持钢尺末端和一组测钎沿 AB 方向前进，行至一尺段处停下，后尺手指挥前尺手将钢尺拉在 AB 直线上，后尺手将钢尺的零点对准 A 点，当两人同时把钢尺拉紧后，前尺手在钢尺末端的整尺段长分划处竖直插下一根测钎得到 1 点，即量完一个尺段。前、后尺手抬尺前进，当后尺手到达插测钎处时停住，再重复上述操作，量完第二尺段。后尺手拔起地上的测钎，依次前进，直到量完 AB 直线上的最后一段为止。

图 4-5　平坦地面的距离丈量

丈量时应注意沿着直线方向进行，钢尺必须拉紧伸直且无卷曲。直线丈量时尽量以整尺段丈量，最后丈量余长，以方便计算。丈量时应记清楚整尺段数，或用测钎数表示整尺段数。然后逐段丈量，则直线的水平距离 D 按式(4-1) 计算：

$$D = nl + q \tag{4-1}$$

式中　l——钢尺的一整尺段长，m；

n——整尺段数；

q——不足一整尺的零尺段的长，m。

为了防止丈量中发生错误并提高量距精度，需要进行往返丈量。若合乎要求，取往返平均数作为丈量的最后结果。将往返丈量的距离之差与平均距离之比化成分子为 1 的分数，称为相对误差 K，可用它来衡量丈量结果的精度。即

$$K = \frac{|D_{往} - D_{返}|}{D_{平均}} = \frac{1}{\dfrac{D_{平均}}{|D_{往} - D_{返}|}} \tag{4-2}$$

相对误差分母越大，则 K 值越小，精度越高；反之，精度越低。量距精度取决于工程的要求和地面起伏的情况，在平坦地区，钢尺量距的相对误差一般不应大于 1/2000；在量距较困难的地区，其相对误差也不应大于 1/1000。

（2）倾斜地面的距离丈量

1）平量法　如图 4-6 所示，在倾斜地面上丈量距离，视地形情况可用水平量距法或倾斜量距法。当地势起伏不大时，可将钢尺拉平丈量，称为水平量距法。如丈量由 A 向 B 进行，后尺手将尺的零端对准 A 点，前尺手将尺抬高，并且目估使尺子水平，用垂球尖将尺段的末端投于 AB 方向线的地面上，再插以测钎。依次进行，丈量 AB 的水平距离。若地面倾斜较大，将钢尺整尺拉平有困难时，可将一尺段分成几段来平量。

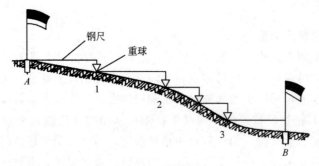

图 4-6　平量法

2）斜量法　当倾斜地面的坡度比较均匀时，如图 4-7 所示，可沿斜面直接丈量出 AB 的倾斜距离 D'，测出地面倾斜角 α 或 AB 两点间的高差 h，按式（4-3）或式（4-4）计算 AB 的水平距离 D。

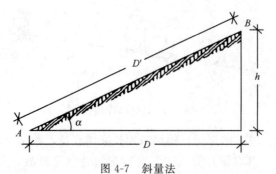

图 4-7　斜量法

$$D = D'\cos\alpha \tag{4-3}$$

$$D = \sqrt{D'^2 - h^2} \tag{4-4}$$

4.1.4　钢尺量距的注意事项

① 伸展钢卷尺时，要小心慢拉，钢尺不可卷扭、打结。若发现有扭曲、打结情况，应细心解开，不能用力抖动，否则容易造成折断。

② 丈量前，应辨认清钢尺的零端和末端。丈量时，钢尺应逐渐用力拉平、拉直、拉紧，不能突然猛拉。丈量过程中，钢尺的拉力应始终保持鉴定时的拉力。

③ 转移尺段时，前、后拉尺员应将钢尺提高，不应在地面上拖拉摩擦，以免磨损尺面分划。钢尺伸展开后，不能让车辆从钢尺上通过，否则极易损坏钢尺。

④ 测钎应对准钢尺的分划并插直。如插入土中有困难，可在地面上标注一明显记号，并把测钎尖端对准记号。

⑤ 单程丈量完毕后，前、后尺手应检查各自手中的测钎数目，避免加错或算错整尺段数。一测回丈量完毕，应立即检查限差是否合乎要求。不合乎要求时，应重测。

⑥ 丈量工作结束后，要用软布擦干净尺上的泥和水。然后涂上机油，以防生锈。

4.2　视距测量

视距测量是一种间接的光学测距方法，它是用望远镜内十字丝分划板上的视距丝及刻有厘米分划的视距标尺，根据光学和三角学原理测定两点间的水平距离和高差的一种方法。特点是操作简便、速度快、不受地形的限制，但测距精度较低，一般相对误差为 $1/300\sim1/200$。高差测量的精度也低于水准测量和三角高程测量，但由于操作简便迅速，不受地形起伏限制，可同时测定距离和高差，被广泛用于测距精度要求不高的地形测量中。精密视距测量一般相对误差在 $1/2000$ 以内，可用于山地的图根控制点加密。

4.2.1　视距测量原理

在经纬仪、水准仪等仪器的望远镜十字丝分划板上，有两条平行于横丝且与横丝等距的短丝，称为视距丝，也叫上下丝。利用视距丝、视距尺和竖盘可以进行视距测量，如图 4-8 所示。

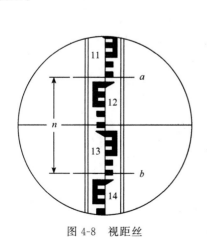

图 4-8　视距丝

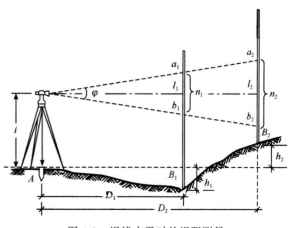

图 4-9　视线水平时的视距测量

（1）视线水平时的视距测量

如图 4-9 所示，要测出地面上 A、B_i（B_1 和 B_2）两点间的水平距离及高差，先在 A 点安置仪器，在 B_i 点立视距尺。将望远镜视线调至水平位置并瞄准尺子，这时视线与视距尺垂直。下丝在标尺上的读数为 a，上丝在标尺上的读数为 b（设为倒像望远镜）。上、下丝读数之差称为视距间隔 n，则 $n = a - b$。

由于视距间隔 n 为一定值，因此，从两根视距丝引出去的视线在竖直面内的夹角 φ 也是一个固定的角值，由图 4-9 可知，视距间隔 n 和立尺点离开测站的水平距离 D 成线性关系，即

$$D = Kn + C \tag{4-5}$$

式中，K 和 C 分别称为视距乘常数和视距加常数，在仪器制造时，使 $K = 100$，$C = 0$。因此，视线水平时，计算水平距离的公式为

$$D = Kn = 100n = 100(a - b) \tag{4-6}$$

从图 4-9 中还可看出，量取仪器高 i 之后，便可根据视线水平时的横丝读数（或称中丝读数）l，计算两点间的高差：

$$h = i - l \tag{4-7}$$

式（4-7）即为视线水平时高差计算公式。

如果 A 点高程 H_A 为已知，则可求得 B 点的高程 H_B 为

$$H_B = H_A + i - l \tag{4-8}$$

（2）视线倾斜时的视距测量

当地面 A、B 两点的高差较大时，必须使视线倾斜一个竖直角 α，才能在标尺上进行视距读数，这时视线不垂直于视距尺，不能用前述公式计算距离和高差。

如图 4-10 所示，设想将标尺以中丝读数 l 这一点为中心，转动一个 α 角，使标尺仍与视准轴垂直，此时上、下视距丝的读数分别为 b' 和 a'，视距间隔 $n' = a' - b'$，则倾斜距离为

$$D' = Kn' = K(a' - b') \tag{4-9}$$

化为水平距离：

$$D = D'\cos\alpha = Kn'\cos\alpha \tag{4-10}$$

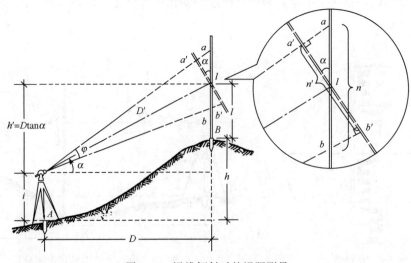

图 4-10　视线倾斜时的视距测量

由于通过视距丝的两条光线的夹角 φ 很小，故 $\angle aa'l$ 和 $\angle bb'l$ 可近似地看成直角，则有

$$n' = n\cos\alpha \tag{4-11}$$

将式（4-11）代入式（4-10），得到视准轴倾斜时水平距离的计算公式：

$$D = Kn\cos^2\alpha \tag{4-12}$$

同理，由图 4-10 可知，A、B 两点之间的高差为

$$h = h' + i - l = D\tan\alpha + i - l = \frac{1}{2}Kn\sin2\alpha + i - l \tag{4-13}$$

式中　α——垂直角；

　　　i——仪器高；

　　　l——中丝读数。

4.2.2　视距测量的观测和计算

如图 4-10 所示，安置经纬仪于 A 点，量取仪器高 i，在 B 点竖立视距尺。用盘左或盘右，转动照准部瞄准 B 点的视距尺，分别读取上、中、下三丝在标尺上的读数 b、l、a，计算出视距间隔 $n = a - b$。在实际视距测量操作中，为了使计算方便，读取视距时可使下丝或上丝对准尺上一个整分米处，直接在尺上读出尺间隔 n，或者在瞄准读中丝时，使中丝读数 l 等于仪器高 i。转动竖盘指标水准管微动螺旋，使竖盘指标水准管气泡居中，读取竖盘读数，并计算竖直角 α。再根据视距尺间隔 n、竖直角 α、仪器高 i 及中丝读数 l 按式（4-12）和式（4-13）计算出水平距离 D 和高差 h。最后根据 A 点高程 H_A 计算出待测点 B 的高程 H_B。

4.2.3　视距测量的误差来源及消减方法

（1）视距乘常数 K 的误差及消减方法

仪器出厂时视距乘常数 $K = 100$，但由于视距丝间隔有误差，视距尺有系统性刻划误差，以及受仪器检定的各种因素影响，都会使 K 值不一定恰好等于 100。K 值的误差对视距测量的影响较大，不能用相应的观测方法予以消除，故在使用新仪器前，应检定 K 值。

（2）用视距丝读取尺间隔的误差及消减方法

视距丝的读数是影响视距精度的重要因素，视距丝的读数误差与尺子最小分划的宽度、距离的远近、成像清晰情况有关。在视距测量中一般根据测量精度要求来限制最远视距。

（3）标尺倾斜误差及消减方法

视距计算的公式是在视距尺严格垂直的条件下得到的。若视距尺发生倾斜，将给测量带来不可忽视的误差影响，因此，测量时立尺要尽量竖直。在山区作业时，由于地表有坡度而给人以一种错觉，使视距尺不易竖直，因此，应采用带有水准器装置的视距尺。

（4）外界条件的影响及消减方法

1）大气竖直折光的影响　大气密度分布是不均匀的，特别在晴天接近地面部分密度变化更大，使视线弯曲，给视距测量带来误差。根据试验，只有在视线离地面超过 1m 时，折光影响才比较小。

2）空气对流使视距尺的成像不稳定　空气对流的现象在晴天，视线通过水面上空和视线离地表太近时较为突出，成像不稳定，造成读数误差增大，对视距精度影响很大。

3）风力使尺子抖动　风力较大时尺子立不稳而发生抖动，分别在两根视距丝上读数又不可能严格在同一个时候进行，所以对视距间隔将产生影响。

减少外界条件影响的唯一办法是：根据对视距精度的需要而选择合适的天气作业。

4.3　全站仪测距

4.3.1　光电测距原理

光电测距的应用使测距工作发生了根本性革命。全站仪测距属于光电测距的一种，具有测程远、精度高、速度快、操作简便和外业劳动强度低等优点。

如图 4-11 所示，欲测定地面 A、B 两点距离 D，将光电测距仪主机架设在 A 点（主站），将反射棱镜（又称反光镜）架在 B 点（镜站）。由主机发出的光束，到达反射棱镜后再返回主机。因光波在真空中的传播速度为 c，如能测定光在 AB 间往返时间 t，则可按式（4-14）计算出距离：

$$D = \frac{1}{2}ct \tag{4-14}$$

式中，光速 c 为一常数，故距离测量的精度取决于时间的精度。时间 t 可以直接测定，也可以根据连续的调制波在待测距离上往返传播所产生的相位变化来间接测定。直接测定光波传播时间的测距仪称为脉冲式测距仪，精度很低；根据相位变化间接测定光波传播时间的测距仪称为相位式测距仪，可以达到很高的精度。

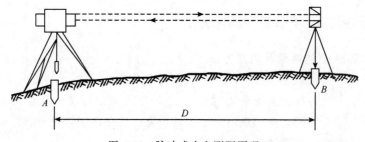

图 4-11　脉冲式光电测距原理

相位式测距仪的原理可用图 4-12 来说明，由光源发出的光通过调制器后，成为光强随高频信号变化的调制光，射向测线另一端的反光镜，经反射后被接收器所接收。然后相位计对发射信号相位和接受信号相位进行比较，测定出相位移（相位差）φ，根据 φ 可间接计算出时间，从而计算距离。

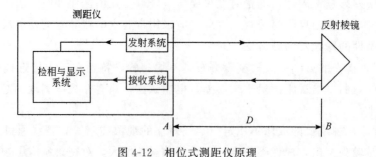

图 4-12　相位式测距仪原理

由物理学知，对于一个正弦变量，频率 f、角速度 ω、时间 t、波长 λ、速度 c 和相位 φ 之间有下列关系：

$$\begin{cases} \varphi = \omega t \\ \omega = 2\pi f \\ \lambda = \dfrac{c}{f} \\ t = \dfrac{\varphi}{2\pi f} \end{cases} \tag{4-15}$$

相位 φ 以 2π 为周期变化，如图 4-13 所示。图中 N 是整数，表示在被测距离上调制波相位 φ 变化的整周期的个数；ΔN 是小于 1 的数，表示不足一个整周期的尾数，$\Delta N = \dfrac{\Delta\varphi}{2\pi}$。

将式（4-15）代入式（4-14）得

$$D = \frac{1}{2}c\left(\frac{\varphi}{2\pi f}\right) = \frac{1}{2}c\left(\frac{N\times 2\pi + \Delta N \times 2\pi}{2\pi f}\right)$$

$$= \frac{1}{2}c\left(\frac{N}{f} + \frac{\Delta N}{f}\right) = L_s \times N + L_s \times \Delta N \tag{4-16}$$

式中，$L_s = \dfrac{1}{2} \times \dfrac{c}{f} = \dfrac{\lambda}{2}$，为单位长度，俗称一根"光尺"的长度。则距离 D 就是 N 个整光尺长度与不足一个整光尺长度的余长之和。

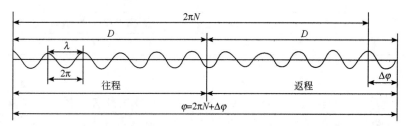

图 4-13　相位式光电测距

实际上，相位式光电测距仪中的相位计只能测得不足 2π 的相位尾数 $\Delta\varphi$，无法测定整周期数 N，因此式（4-16）有多值解，只有当待测距离小于光尺长度时才能有确定的距离值，为了兼顾测程和精度，相位式测距仪上选用了几把光尺配合测距，用短光尺（精测尺）测出精确的小数，用长光尺（粗测尺）测出距离的大数。实际仪器结构中，由精、粗测尺读数计算距离的工作，可由仪器内部的逻辑电路自动完成。

4.3.2　全站仪测距过程

全站仪的基本介绍见第 3 章。开机后，按［DIST］键进入距离测量模式，角度测量共两个界面，用［F4］在两个界面中切换（如图 4-14 所示），两个界面中的功能分别是：

第一个界面：测存、测量、模式。

第二个界面：偏心、放样、m/f/i。

界面的各个功能的描述如表 4-1 所示。

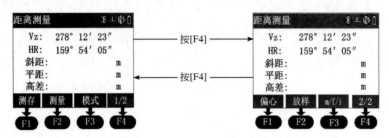

图 4-14 距离测量模式界面

表 4-1 测距模式按键功能

页面	软键	显示符号	功能
1	F1	测存	启动距离测量,将测量数据记录到相对应的文件中(测量文件和坐标文件在数据采集功能中选定)
	F2	测量	启动距离测量
	F3	模式	设置四种测距模式(单次精测/N 次精测/重复精测/跟踪)之一
	F4	1/2	显示第 2 页软键功能
2	F1	偏心	启动偏心测量功能
	F2	放样	启动距离放样
	F3	m/f/i	设置距离单位(米/英尺/英寸)
	F4	2/2	显示第 1 页软键功能

(1) 测存

按 [F1] 键后,出现输入"测点信息"窗口(如果事先没有选择过测量文件的话,此时出现"选择文件"对话框进行文件选择),要求输入所测点的点名、编码、目标高。其中点名的顺序是在上一个点名序号上自动加 1。编码则根据需要输入,而目标高则根据实际情况输入。按 [ENT] 键则保存到测量文件。当补偿器超出范围时,仪器提示"补偿超出!",距离测量无法进行,距离数据也不能存储。

(2) 测量

测量距离并显示斜距、平距、高差。在连续或跟踪模式下,按 [ESC] 键停止测距,如图 4-15 所示。

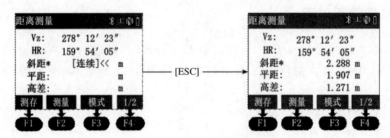

图 4-15 测量距离模式及退出

（3）模式

用于选择测距仪的工作模式，分别是：单次、多次、连续、跟踪。按［▲］［▼］键移动选项指针"［］"，移动相应的选项后，按［ENT］键确认（图 4-16）。

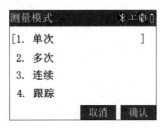

图 4-16　距离测量模式

4.4　直线定向

在测量工作中常常需要确定两点平面位置的相对关系，此时仅仅测得两点间的距离是不够的，还需要知道这条直线的方向，才能确定两点间的相对位置。在测量工作中，一条直线的方向是根据某一标准方向线来确定的，确定直线与标准方向线之间夹角关系的工作称为直线定向。

4.4.1　标准方向线

（1）真子午线方向

通过地面上一点并指向地球南北极的方向线，称为该点的真子午线方向。真子午线方向是用天文测量方法或者陀螺经纬仪测定的。指向北极星的方向可近似地作为真子午线的方向。

（2）磁子午线方向

通过地面上一点的磁针，在自由静止时其轴线所指的方向（磁南北方向），称为磁子午线方向。磁子午线方向可用罗盘仪测定。

由于地磁两极与地球两极不重合，因此磁子午线与真子午线之间形成一个夹角 δ，称为磁偏角。磁子午线北端偏于真子午线以东为东偏，δ 为正；以西为西偏，δ 为负。

（3）坐标纵轴方向

测量中常以通过测区坐标原点的坐标纵轴为准，测区内通过任一点与坐标纵轴平行的方向线，称为该点的坐标纵轴方向。

真子午线与坐标纵轴间的夹角 γ 称为子午线收敛角。坐标纵轴北端在真子午线以东为东偏，γ 为正；以西为西偏，γ 为负。

如图 4-17 所示，为三种标准方向间关系的一种情况，δ_m 为磁针对坐标纵轴的偏角。

4.4.2　直线方向的表示方法与推算

测量工作中，常用方位角来表示直线的方向。由标准方向的北端起，按顺时针方向量到某直线的水平角，称为该直线的方位角，角值范围为 $0°\sim360°$。由于采用的标准方

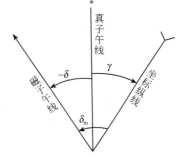

图 4-17　三种标准方向间的关系

向不同，直线的方位角有如下三种。

（1）真方位角

从真子午线方向的北端起，按顺时针方向量至某直线间的水平角，称为该直线的真方位角，用 A 表示。

（2）磁方位角

从磁子午线方向的北端起，按顺时针方向量至某直线间的水平角，称为该直线的磁方位角，用 A_m 表示。

（3）坐标方位角

从平行于坐标纵轴的方向线的北端起，按顺时针方向量至某直线的水平角，称为该直线的坐标方位角，以 α 表示，通常简称为方向角。

4.4.3　方位角间的关系

由于地球的南北两极与地球的南北两磁极不重合，所以地面上同一点的真子午线方向与磁子午线方向是不一致的，两者间的水平夹角称为磁偏角，用 δ 表示。过同一点的真子午线方向与坐标纵轴方向的水平夹角称为子午线收敛角，用 γ 表示。以真子午线方向北端为基准，磁子午线和坐标纵轴方向偏于真子午线以东叫东偏，δ、γ 为正；偏于西侧叫西偏，δ、γ 为负。不同点的 δ、γ 值一般是不相同的。如图 4-18 所示情况，直线 AB 的三种方位角之间的关系如下：

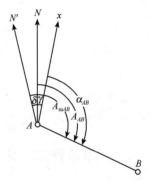

图 4-18　方位角表示直线方向

$$\begin{cases} A_{AB} = A_{mAB} + \delta \\ A_{AB} = \alpha_{AB} + \gamma \\ \alpha_{AB} = A_{mAB} + \delta - \gamma \end{cases} \tag{4-17}$$

4.4.4　坐标方位角与推算

如图 4-19 所示，直线 12 的两个端点中，1 是起点，2 是终点，α_{12} 称为直线 12 的正坐标方位角，α_{21} 称为直线 12 的反坐标方位角。对于直线 21，2 是起点，1 是终点，α_{21} 称为直线 21 的正坐标方位角，α_{12} 称为直线 21 的反坐标方位角。一条直线 AB 的正、反坐标方位角相差 $180°$，即

$$\alpha_{AB} = \alpha_{BA} \pm 180° \text{ 或 } \alpha_{正} = \alpha_{反} \pm 180°$$

在实际工作中并不需要测定每条直线的坐标方位角，而是通过与已知坐标方位角的直线联测后，推算出各条直线的坐标方位角。如图 4-20 所示，已知直线 12 的坐标方位角 α_{12}，观测了水平角 β_2 和 β_3，要求推算直线 23 和直线 34 的坐标方位角。由图 4-20 可看出：

$$\alpha_{23} = \alpha_{21} - \beta_2 = \alpha_{12} + 180° - \beta_2 \tag{4-18}$$

$$\alpha_{34} = \alpha_{32} + \beta_3 = \alpha_{23} + 180° + \beta_3 \tag{4-19}$$

因 β_2 在推算路线前进方向的右侧，称为右折角；β_3 在左侧，称为左折角。从而可归纳出坐标方位角推算的一般公式为

$$\alpha_{前} = \alpha_{后} + 180° + \beta_{左} \tag{4-20}$$

$$\alpha_{前} = \alpha_{后} + 180° - \beta_{右} \tag{4-21}$$

因方位角的取值范围是 $0°\sim360°$，计算中，如果 $\alpha_{前}>360°$，应减去 $360°$；如果 $\alpha_{前}<0°$，应加上 $360°$。

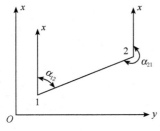

图 4-19　正、反坐标方位角图

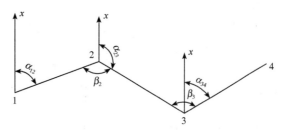

图 4-20　坐标方位角推算

4.4.5　象限角

除方位角外，还可以用象限角表示直线方向。从过直线一端的标准方向线的北端或南端，依顺时针（或逆时针）方向度量至直线的锐角称为象限角，一般用 R 表示，其取值范围为 $0°\sim90°$，如图 4-21 所示。若分别以真子午线、磁子午线和坐标纵线作为标准方向，则相应的象限角分别称为真象限角、磁象限角和坐标象限角。

仅有象限角值还不能完全确定直线的方向。因为具有某一角值的象限角，可以从不同的线端（北端或南端）和依不同的方向（顺时针或逆时针）来度量。具有同一象限角值的直线方向可以出现在四个象限中。因此，用象限角表示直线方向时，要在象限角值前面注明该直线方向所在的象限名称［Ⅰ象限：北东（NE）。Ⅱ象限：南东（SE）。Ⅲ象限：南西（SW）。Ⅳ象限：北西（NW）］以区别不同方向的象限角。

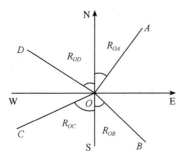

图 4-21　直线的象限角

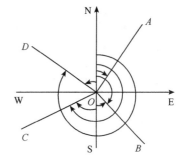

图 4-22　方位角与象限角的关系

如图 4-21 所示，直线 OA、OB、OC、OD 的象限角相应地要写为北东 R_{OA}、南东 R_{OB}、南西 R_{OC}、北西 R_{OD}。同一直线的方位角与象限角的关系如图 4-22 所示。

从图 4-22 中可以很容易得出直线坐标方位角和象限角的关系，如表 4-2 所示。

表 4-2　方位角与象限角的关系

象限及名称	坐标方位角值	由象限角求坐标方位角
Ⅰ北东	$0°\sim90°$	$\alpha=R$
Ⅱ南东	$90°\sim180°$	$\alpha=180°-R$
Ⅲ南西	$180°\sim270°$	$\alpha=180°+R$
Ⅳ北西	$270°\sim360°$	$\alpha=360°-R$

📁 思考题

1. 测量中如何计算相对误差？

2. 何谓真子午线、磁子午线、坐标子午线？

3. 全站仪怎样测距？

4. 影响量距精度的因素有哪些？如何提高量距的精度？

5. 什么叫直线定向？什么是方位角，坐标方位角和正、反方位角？

6. 已知 A 点的磁偏角为西偏 $21'$，过点 A 的真子午线与中央子午线的收敛角为东偏 $3'$，直线 AB 的方向角为 $60°20'$。求 AB 直线的真方位角与磁方位角，并绘图表示。

7. 已知直线 AB、CD、EF、GH 的坐标方位角 $\alpha_{AB}=38°30'$、$\alpha_{CD}=175°35'$、$\alpha_{EF}=230°20'$、$\alpha_{GH}=330°58'$，试分别求出它们的象限角和反坐标方位角。

第 5 章

误差理论

内容提示

1. 测量误差的基本概念；

2. 衡量观测值精度的标准以及观测值函数的中误差；

3. 算术平均值的中误差以及加权平均值的中误差。

教学目标

1. 掌握测量误差的基本理论和计算方法；

2. 能够应用数学和工程科学的基本原理，识别、表达、分析复杂工程问题，以获得有效结论。

5.1 测量误差产生的原因及其分类

对某未知量进行多次观测时，观测值之间存在差异，这种差异表现为各次测量所得的数值（简称观测值）与未知量的真实值（简称真值）之间存在差值，这种差值称为测量误差或观测误差，即

$$\Delta_i = l_i - X$$

式中　Δ_i——观测误差，通常称为真误差；

　　　l_i——观测值；

　　　X——真值。

测量误差的产生，主要是由于观测仪器、工具不可能十分完善；而且观测者感觉和视觉的鉴别能力是有限的；另外，测量作业是在不断变化着的外界条件（如温度、湿度、气压、风力和大气折光等）下进行的。因此，一切观测值都不可避免地会受到这三方面因素的影响而存在误差，一个量的真值通常是难以得到的。

根据误差产生的原因和误差性质的不同，测量误差可以分为系统误差和偶然误差两大

类。在测量过程中，由于观测者与记录者的粗心大意，经常会产生瞄错目标、读错和记错数据、算错结果等粗差，只要通过细心操作，并注意校核，就能发现这些粗差。在观测值中，粗差是不允许存在的，一经发现，必须采取措施予以剔除。值得注意的是：粗差并不属于测量误差的范围。

5.1.1 系统误差

在相同的观测条件下（同样的仪器工具、同样的技术与操作方法、同样的外界条件），对某量作一系列观测，其误差保持同一数值、同一符号，或遵循一定的变化规律，这种误差称为系统误差。

例如，用钢尺量距时，用名义尺长为 l_0 的钢尺量得距离为 D。钢尺经鉴定后，发现每一尺长比标准尺长差 Δl_0，这种误差的大小与所测距离的长度成正比、符号相同，可用改正数 $(\pm \Delta l_0/l_0)D$ 加以改正，水准测量时，由于水准仪的视准轴不平行于水准管轴所产生 i 角误差的大小与前后视距离差成正比且符号相同，因此，采取前后视距离相等的办法可以消除其误差对高差的影响。当经纬仪视准轴不垂直于横轴、横轴不垂直于竖轴时，对水平角观测所带来的误差，可采用全圆测回法观测加以消除。大气折光对水准测量所产生的折光差、温度变化对钢尺丈量长度的影响等，可以通过计算加以消除。总之，系统误差可采取一定的观测方法或通过计算的方法加以消除或减小到可以忽略的程度。

5.1.2 偶然误差

在相同的观测条件下，对某量作一系列的观测，其观测误差的大小和符号均不一致，从表面上看没有任何规律性，这种误差称为偶然误差。例如，用经纬仪观测三角形内角 α_1、α_2、α_3，其和与理论值不符，产生真误差 Δ，即

$$\Delta_i = (\alpha_1 + \alpha_2 + \alpha_3)_i - 180°$$

式中，$i=1$、2、3、…、n。Δ_i 是角度测量时测站对中误差、目标偏斜误差、照准误差、读数误差、仪器校正后的残余误差以及外界条件变化等所产生误差的综合。而每项误差又是由许多偶然因素（随机因素）所产生的小误差的代数和。就单个误差而言，其数值的大小、符号的正负均不能事先预测，呈现出偶然性。

大量的实践证明：若对某量进行多次观测，在只含有偶然误差的情况下，偶然误差呈现出统计学上的规律性。观测次数愈多，这种规律性就愈明显。

为了阐明偶然误差的规律性，设在相同观测条件下，独立地观测了 $n=217$ 个三角形的内角，由于观测有误差，每个三角形的内角和不等于 $180°$，而产生真误差 Δ，因按观测顺序排列的真误差，其大小、符号没有任何规律，为了便于说明偶然误差的性质，将真误差按其绝对值的大小排列于表 5-1 中，误差间隔 d_Δ 为 $3.0''$，V_i 为误差在各间隔内出现的个数，$\dfrac{V_i}{n}$ 为误差出现在某间隔的频率。

从表 5-1 可见，单个误差虽然呈现出偶然性（随机性），但就整体而言，却呈现出统计规律。为了形象地表示误差的分布情况，现以横坐标表示误差大小，纵坐标表示频率与误差间隔的比值，绘制成误差直方图（图 5-1）。图中所有矩形面积的总和等于 1，每一矩形面积的大小表示误差出现在该间隔的频率。其中，有斜线的面积表示误差出现在 $0'' \sim -3''$ 区间的

相对个数（频率）。这种图形能形象地显示误差的分布情况。当误差间隔无限缩小，观测次数无限增多时，各矩形上部所形成的折线将变成一条光滑、对称的连续曲线。这就是误差分布曲线，它概括了偶然误差的如下特性：

表 5-1　真误差分布表

误差区间	Δ 为负值			Δ 为正值			总计	
	个数 V_i	频率 $\dfrac{V_i}{n}$	$\dfrac{V_i}{n}/d_\Delta$	个数 V_i	频率 $\dfrac{V_i}{n}$	$\dfrac{V_i}{n}/d_\Delta$	个数 V_i	频率 $\dfrac{V_i}{n}$
$0''\sim3''$	29	0.134	0.044	30	0.138	0.046	59	0.272
$>3''\sim6''$	20	0.092	0.031	21	0.097	0.032	41	0.189
$>6''\sim9''$	18	0.083	0.028	15	0.069	0.023	33	0.152
$>9''\sim12''$	16	0.074	0.025	14	0.064	0.022	30	0.138
$>12''\sim15''$	10	0.046	0.015	12	0.055	0.018	22	0.101
$>15''\sim18''$	8	0.037	0.012	8	0.037	0.012	16	0.074
$>18''\sim21''$	6	0.028	0.009	5	0.023	0.007	11	0.051
$>21''\sim24''$	2	0.009	0.003	2	0.009	0.003	4	0.018
$>24''\sim27''$	0	0	0	1	0.005	0.002	1	0.005
$27''$以上	0	0	0	0	0	0	0	0
Σ	109	0.503		108	0.497		217	1.000

① 在一定的观测条件下，偶然误差的绝对值不会超过一定的限值，而超过一定限值的偶然误差出现的频率为零（有界性）；

② 绝对值小的误差比绝对值大的误差出现的概率大（大小性）；

③ 绝对值相等的正误差与负误差出现的概率相同（方向性）；

④ 对同一量的等精度观测，其偶然误差的算术平均值随着观测次数的无限增加而趋近于零（抵偿性），即

$$\lim_{n\to\infty}\frac{\Delta_1+\Delta_2+\cdots+\Delta_n}{n}=0$$

测量上常以 [ ] 表示总和，上式也可写为

$$\lim_{n\to\infty}\frac{[\Delta]}{n}=0 \tag{5-1}$$

在实际工作中，观测次数是有限的，但只要误差对其总和的影响都是均匀地小，没有一个误差占绝对优势，它们的总和将近似地服从正态分布。为了工作上的方便，都是以正态分布作为描述偶然误差分布的数学模型。

从图 5-1 还可以看出，在相同观测条件下的一列观测值，其各个真误差彼此不相等，甚至相差很大，但它们所对应的误差分布曲线是相同的，所以称其为等精度观测值。不同精度对应着不同的误差分布曲线，而曲线愈陡、峰顶愈高（图 5-1 中 a 曲线），说明误差分布就愈密集或称离散度小，它就比曲线较平缓、峰顶较低者（图 5-1 中 b 曲线）精度高。

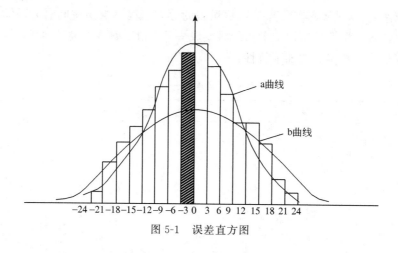

图 5-1　误差直方图

5.2　等精度条件下观测值的算术平均值

在相同条件下，对某量 X 进行了 n 次观测，其观测值为 l_1、l_2、$\cdots$、l_n，相应的真误差分别为 Δ_1、Δ_2、$\cdots$、Δ_n，则

$$\Delta_1 = l_1 - X$$
$$\Delta_2 = l_2 - X$$
$$\cdots\cdots$$
$$\Delta_n = l_n - X$$

两边相加，得　　　　　　　　　　$[\Delta] = [l] - nX$

两边同除以 n，得

$$\frac{[\Delta]}{n} = \frac{[l]}{n} - X \tag{5-2}$$

令 $L = \dfrac{[l]}{n}$，表示观测值的算术平均值；$\delta = \dfrac{[\Delta]}{n}$，表示算术平均值 L 的真误差，即观测值真误差的平均值。则式(5-2) 可写为

$$\delta = L - X$$

根据偶然误差的第四特性有

$$\lim_{n \to \infty} \frac{[\Delta]}{n} = 0$$

由此得

$$\lim_{n \to \infty} L = X$$

这说明了对某量的观测次数无限增加时，观测值的算术平均值趋近于该量的真值。但在实际工作中，对任何一个量都不可能进行无限次观测，因此，算术平均值就不等于真值，此时，算术平均值与真值只相差一个很小的量，故算术平均值很接近于真值，是该量的最可靠的结果，所以又称算术平均值为最或是值。

5.3　衡量精度的标准

精度又称精密度，它是指在对某一量的多次观测中，各个观测值之间的离散程度。由于精度主要取决于偶然误差，这样就可以把在相同观测条件下得到的一组观测误差排列起来进行比较，以确定精度高低。通常用以下几种精度指标作为评定精度的标准。

5.3.1　平均误差

在等精度的观测系列中，平均误差用 θ 表示，即

$$\theta = \frac{|\Delta_1| + |\Delta_2| + \cdots + |\Delta_n|}{n} = \frac{[|\Delta|]}{n} \tag{5-3}$$

5.3.2　中误差

在等精度的观测系列中，各真误差的平方和取平均值后的平方根，称为中误差（或均方误差），用 m 表示，即

$$m = \pm\sqrt{\frac{\Delta_1^2 + \Delta_2^2 + \cdots + \Delta_n^2}{n}} = \pm\sqrt{\frac{[\Delta\Delta]}{n}} \tag{5-4}$$

式中　Δ_1、Δ_2、$\cdots$、Δ_n——观测值的真误差；

　　　　n——观测次数。

【例 5-1】　设有两组等精度观测值，其真误差分别为：

第一组：$-4''$、$-2''$、$0''$、$-4''$、$+3''$

第二组：$+6''$、$-5''$、$0''$、$+1''$、$-1''$

求其平均误差和中误差，并比较其观测精度。

解：按式(5-3)得

$$\theta_1 = \frac{|-4| + |-2| + |0| + |-4| + |+3|}{5} = 2.6''$$

$$\theta_2 = \frac{|+6| + |-5| + |0| + |+1| + |-1|}{5} = 2.6''$$

按式(5-4)得

$$m_1 = \pm\sqrt{\frac{(-4)^2 + (-2)^2 + 0^2 + (-4)^2 + 3^2}{5}} = \pm 3.0''$$

$$m_2 = \pm\sqrt{\frac{(+6)^2 + (-5)^2 + 0^2 + (+1)^2 + (-1)^2}{5}} = \pm 3.5''$$

两组观测值的平均误差相同，均为 $2.6''$，这就难以辨别两组观测值的精确程度。而两组观测值的中误差为 $m_1 = \pm 3.0''$、$m_2 = \pm 3.5''$。显然，第一组的观测精度较第二组的观测精度高。

由此可以看出，虽然两组观测值的平均误差相等，但第二组的观测误差比较离散，相应的中误差就大，精度就低。因此，在测量工作中，通常情况下采用中误差作为衡量精度的

标准。

应该指出的是：中误差 m 是表示一组观测值的精度。例如，m_1 是表示第一组观测值的精度，故 m_1 表示了第一组中每一次观测值的精度；同样，m_2 表示了第二组中每一次观测值的精度。通常称 m 为观测值中误差。

5.3.3 允许误差

允许误差又称极限误差。由偶然误差的性质可知，在一定的观测条件下，偶然误差的绝对值不会超过一定的限值。从大量的测量实践中得出，在一系列等精度的观测误差中，绝对值大于两倍中误差的偶然误差出现的概率为 4.5%；绝对值大于三倍中误差的偶然误差出现的概率仅为 0.3%，可以视作不可能出现的事件。所以，通常以三倍的中误差作为偶然误差的允许值，即

$$f_允 = 3m \tag{5-5}$$

在测量实践中，也有采用 $2m$ 作为允许误差的情况。

在测量规范中，对每一项测量工作，根据不同的仪器和不同的测量方法，分别规定了允许误差的值，在进行测量工作时必须遵循。如果个别误差超过了允许值，就被认为是错误的，此时，应舍去相应的观测值，并重测或补测。

5.3.4 相对误差

上面提到的平均误差、中误差和允许误差，均与被观测的量的大小无关，都是带有测量单位的有名数，统称为绝对误差。而当测量精度与被测量的量的大小有关时，若再用绝对误差来衡量成果的精度，就会出现不明显或不可靠的情况。例如，分别丈量了 1000m 及 80m 的两段距离，设观测值的中误差均为 ± 0.1m，能否说两段距离的丈量精度相同呢？显然不能。因为，两者虽然从表面上看误差相同，但就单位长度而言，两者的精度却并不相同。为了更客观地衡量精度，必须引入与观测值大小有关的相对误差。把误差的绝对值与其相应的观测量之比称为相对误差，它是无名数，通常以分子为 1 的分数表示。本例中，丈量 1000m 的距离，其相对误差为 $\frac{0.1}{1000} = \frac{1}{10000}$，而后者（丈量 80m）为 $\frac{0.1}{80} = \frac{1}{800}$。

对于真误差与极限误差，也有用相对误差来表示的。例如，在经纬仪导线测量中所规定的导线全长相对闭合差不得超过 $\frac{1}{2000}$，其中的 $\frac{1}{2000}$ 就是相对极限误差；而实测中所产生的相对闭合差就是相对真误差。

要注意的是：相对误差不能用作衡量角度观测的精度指标。

5.4 误差传播定律

有些未知量往往不便于直接测定，而是由观测值间接计算出来的。例如，地面上两点间的坐标增量是根据实测的边长 D 与方位角 α，用下面的公式间接计算出来的。

$$\Delta x = D\cos\alpha$$

$$\Delta y = D\sin\alpha$$

也就是说坐标增量是边长 D 与方位角 α 的函数。

因为直接观测值包含有误差，所以它的函数也必然要受其影响而存在误差，阐述函数的中误差与观测值中误差之间关系的定律称为误差传播定律。

下面按线性函数关系和非线性函数关系分别进行讨论。

5.4.1 线性函数的中误差

线性函数关系的一般表达式为

$$F = k_1 x_1 \pm k_2 x_2 \pm \cdots \pm k_n x_n \tag{5-6}$$

式中 x_1、x_2、$\cdots$、x_n——n 个互相独立的观测值；

$\qquad$ k_1、k_2、$\cdots$、k_n——独立观测值 x_i 的常系数。

式(5-6) 实质是倍函数的和差关系式。为便于说明问题，现以观测值的倍函数与观测值的和差函数两种关系分别进行讨论，然后再推导出线性函数的中误差。

(1) 观测值的倍函数

设有函数

$$F = kx \tag{5-7}$$

式中 k——常数；

$\qquad$ x——观测值。

若观测值中误差为 m_x，求函数 F 的中误差 m_F。

用 Δ_x 和 Δ_F 分别表示 x 和 F 的真误差，则

$$F + \Delta_F = k(x + \Delta_x)$$

将上式减去式(5-7)，得

$$\Delta_F = k\Delta_x$$

这就是函数的真误差与观测值真误差之间的关系式。

设 x 共观测了 n 次，则与上式相似的关系式可得 n 个：

$$\Delta_{F1} = k\Delta_{x1}$$
$$\Delta_{F2} = k\Delta_{x2}$$
$$\cdots$$
$$\Delta_{Fn} = k\Delta_{xn}$$

将等式两边平方，并求其总和，得

$$\Delta_{F_1}^2 = k^2 \Delta_{x_1}^2$$
$$\Delta_{F_2}^2 = k^2 \Delta_{x_2}^2$$
$$\cdots$$
$$\Delta_{F_n}^2 = k^2 \Delta_{x_n}^2$$
$$[\Delta_F^2] = k^2 [\Delta_x^2]$$

两边同除以 n，得

$$\frac{[\Delta_F^2]}{n} = k^2 \frac{[\Delta_x^2]}{n}$$

根据式(5-4)，得

$$\frac{[\Delta_F^2]}{n} = m_F^2 \; ; \quad \frac{[\Delta_x^2]}{n} = m_x^2$$

故 $$m_F^2 = k^2 m_x^2$$

或 $$m_F = km_x \qquad (5-8)$$

这就是观测值倍函数的中误差公式。

【例 5-2】 在 1∶1000 比例尺的地形图上量得某线段长度为 202.4mm，其中误差 $m_d = \pm 0.1$mm，求该线段的实际长度 D 及其中误差 m_D。

解：$D = M \times d = 1000 \times 202.4\text{mm} = 202.4\text{m}$

$m_D = km_d = 1000 \times (\pm 0.1\text{mm}) = \pm 0.1\text{m}$

最后结果写为 $D = 202.4 \pm 0.1(\text{m})$

（2）观测值的和或差函数

设两观测值之和或差的函数为

$$F = x \pm y \qquad (5-9)$$

以 Δ_x 与 Δ_y 表示观测值 x 与 y 的真误差，Δ_F 表示函数 F 的真误差。则

$$F + \Delta_F = (x + \Delta_x) \pm (y + \Delta_y)$$

将上式减去式(5-9)，得

$$\Delta_F = \Delta_x \pm \Delta_y$$

这就是真误差的关系式。设两个观测值各观测了 n 次，则与上式相似的关系式有 n 个：

$$\Delta_{F_1} = \Delta_{x_1} \pm \Delta_{y_1}$$
$$\Delta_{F_2} = \Delta_{x_2} \pm \Delta_{y_2}$$
$$\cdots$$
$$\Delta_{F_n} = \Delta_{x_n} \pm \Delta_{y_n}$$

将等式两边平方，并求其总和，得

$$\Delta_{F_1}^2 = \Delta_{x_1}^2 + \Delta_{y_1}^2 \pm 2\Delta_{x_1}\Delta_{y_1}$$
$$\Delta_{F_2}^2 = \Delta_{x_2}^2 + \Delta_{y_2}^2 \pm 2\Delta_{x_2}\Delta_{y_2}$$
$$\cdots$$
$$\Delta_{F_n}^2 = \Delta_{x_n}^2 + \Delta_{y_n}^2 \pm 2\Delta_{x_n}\Delta_{y_n}$$
$$[\Delta_F^2] = [\Delta_x^2] + [\Delta_y^2] \pm 2[\Delta_x\Delta_y]$$

两边同除以 n，得

$$\frac{[\Delta_F^2]}{n} = \frac{[\Delta_x^2]}{n} + \frac{[\Delta_y^2]}{n} \pm \frac{2[\Delta_x\Delta_y]}{n} \qquad (5-10)$$

根据式(5-4)，得

$$\frac{[\Delta_F^2]}{n} = m_F^2; \quad \frac{[\Delta_x^2]}{n} = m_x^2; \quad \frac{[\Delta_y^2]}{n} = m_y^2$$

因为 Δ_{x_1}、Δ_{x_2}、$\cdots$、Δ_{x_n} 及 Δ_{y_1}、Δ_{y_2}、$\cdots$、Δ_{y_n} 都是偶然误差，它们的乘积 $\Delta_{x_1}\Delta_{y_1}$、$\Delta_{x_2}\Delta_{y_2}$、$\cdots$、$\Delta_{x_n}\Delta_{y_n}$ 同样具有偶然误差的特性。当 n 很大时，则

$$\lim_{n \to \infty} \frac{[\Delta_x\Delta_y]}{n} = 0$$

式(5-10) 中的最后一项 $\pm \dfrac{2[\Delta_x\Delta_y]}{n}$ 可以认为等于零。

将上述这些关系式代入式(5-10)，得

$$m_F^2 = m_x^2 + m_y^2$$

或

$$m_F = \pm\sqrt{m_x^2 + m_y^2} \tag{5-11}$$

这就是两个观测值的和或差函数的中误差公式。

如果

$$m_x = m_y = m$$

则

$$m_F = m\sqrt{2} \tag{5-12}$$

如果函数 F 等于 n 个观测值的和或差，即

$$F = x_1 \pm x_2 \pm \cdots \pm x_n$$

根据前面推导的方法可以得到相应的函数中误差公式为

$$m_F = \pm\sqrt{m_{x1}^2 + m_{x2}^2 + \cdots + m_{xn}^2} \tag{5-13}$$

【例 5-3】 自水准点 BM_1 向水准点 BM_2 进行水准测量（图 5-2），设各段所测高差及中误差分别为：

$$h_1 = +2.851m \pm 5mm$$
$$h_2 = +4.011m \pm 3mm$$
$$h_3 = +8.348m \pm 4mm$$

求：BM_1、BM_2 两点间的高差及其中误差。

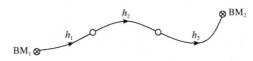

图 5-2 例 5-3 示意图

解： 两点间高差 $h = h_1 + h_2 + h_3 = 15.210m$；两点间高差中误差为

$$m_h = \pm\sqrt{m_1^2 + m_2^2 + m_3^2} = \pm\sqrt{5^2 + 3^2 + 4^2} = \pm7.1\,(mm)$$

(3) 线性函数的中误差

由式(5-8) 及式(5-13) 可直接得出线性函数的一般式(5-6) 的函数中误差为

$$m_F = \pm\sqrt{k_1^2 m_{x1}^2 + k_2^2 m_{x2}^2 + \cdots + k_n^2 m_{xn}^2} \tag{5-14}$$

5.4.2 非线性函数的中误差

非线性函数的一般表达式为

$$F = f(x_1, x_2, \cdots, x_n) \tag{5-15}$$

式中 $x_1, x_2, \cdots, x_n$ —— n 个互相独立的观测值。

对式(5-15) 取全微分，得

$$dF = \frac{\partial F}{\partial x_1}dx_1 + \frac{\partial F}{\partial x_2}dx_2 + \cdots + \frac{\partial F}{\partial x_n}dx_n \tag{5-16}$$

式(5-16) 中 dF 为函数 F 的真误差，dx_1、dx_2、$\cdots$、dx_n 分别为观测值 x_1、x_2、$\cdots$、x_n 的真误差，因此，真误差关系式为

$$\Delta_F = \frac{\partial F}{\partial x_1}\Delta_{x_1} + \frac{\partial F}{\partial x_2}\Delta_{x_2} + \cdots + \frac{\partial F}{\partial x_n}\Delta_{x_n} \tag{5-17}$$

式中，$\dfrac{\partial F}{\partial x}$ 为函数对各自变量的偏导数，是常数。

令
$$\frac{\partial F}{\partial x_1}=k_1,\frac{\partial F}{\partial x_2}=k_2,\cdots,\frac{\partial F}{\partial x_n}=k_n \qquad (5\text{-}18)$$

将式（5-18）代入式（5-17），得 $\quad \Delta_F=k_1\Delta_{x_1}+k_2\Delta_{x_2}+\cdots+k_n\Delta_{x_n}$

这是一个线性函数的真误差关系式，按式（5-14），变为中误差的关系式为
$$m_F^2=k_1^2 m_{x_1}^2+k_2^2 m_{x_2}^2+\cdots+k_n^2 m_{x_n}^2$$

所以
$$m_F=\pm\sqrt{\left(\frac{\partial F}{\partial x_1}\right)^2 m_{x_1}^2+\left(\frac{\partial F}{\partial x_2}\right)^2 m_{x_2}^2+\cdots+\left(\frac{\partial F}{\partial x_n}\right)^2 m_{x_n}^2} \qquad (5\text{-}19)$$

式（5-19）为非线性函数中误差的计算公式。

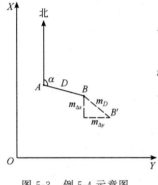

图 5-3　例 5-4 示意图

【例 5-4】　一直线 AB 的长度 $D=206.125\text{m}\pm0.003\text{m}$，方位角 $\alpha=119°45'00''\pm4''$，求直线端点 B 的点位中误差（图 5-3）。

解： 坐标增量的函数式为 $\Delta x=D\cos\alpha$，$\Delta y=D\sin\alpha$，设 $m_{\Delta x}$、$m_{\Delta y}$、m_D、m_α 分别为 Δx、Δy、D 及 α 的中误差。将以上两式对 D 及 α 求偏导数，得

$$\frac{\partial(\Delta x)}{\partial D}=\cos\alpha\,;\frac{\partial(\Delta x)}{\partial\alpha}=-D\sin\alpha$$

$$\frac{\partial(\Delta y)}{\partial D}=\sin\alpha\,;\frac{\partial(\Delta y)}{\partial\alpha}=D\cos\alpha$$

由式（5-15）得

$$m_{\Delta x}^2=(m_D\cos\alpha)^2+\left[-D(\sin\alpha)\frac{m_\alpha}{\rho''}\right]^2$$

$$m_{\Delta y}^2=(m_D\sin\alpha)^2+\left[D(\cos\alpha)\frac{m_\alpha}{\rho''}\right]^2$$

由图 5-3 可知 B 点的点位中误差为

$$m^2=m_{\Delta x}^2+m_{\Delta y}^2=m_D^2+\left(D\frac{m_\alpha}{\rho''}\right)^2$$

$$m=\pm\sqrt{m_D^2+\left(D\frac{m_\alpha}{\rho''}\right)^2}$$

因
$$m_D=\pm3\text{mm},m_\alpha=\pm4'',\rho''=206265'',D=206.125\text{m}$$

所以
$$m=\pm\sqrt{3^2+\left(206.125\times1000\times\frac{4}{206265}\right)^2}=\pm5(\text{mm})$$

5.5　观测值及算术平均值的中误差

5.5.1　等精度观测值的中误差

用公式 $m=\pm\sqrt{\dfrac{[\Delta\Delta]}{n}}$ 求同精度观测值中误差时，需要知道观测值的真误差 Δ_1、

Δ_2、…、Δ_n。真误差是各观测值与真值的差。在实际工作中，观测值的真值往往是难以得到的，因此，用真误差来计算观测值的中误差是不可能的。但是，对于同精度的一组观测值的最或是值即算术平均值是可以求得的。如果在每一个观测值上加一个改正数，使其等于最或是值，即改正数为算术平均值与观测值之差，则观测值的中误差就可以利用改正数来计算。

设在相同观测条件下，一个量的观测值为 l_1、l_2、…、l_n，其真值为 X，算术平均值为 L，真误差为 Δ_i，改正数（或称最或是误差）为 V_i，则

$$\begin{cases}\Delta_1 = l_1 - X \\ \Delta_2 = l_2 - X \\ \cdots \\ \Delta_n = l_n - X\end{cases} \tag{5-20}$$

$$\begin{cases}V_1 = L - l_1 \\ V_2 = L - l_2 \\ \cdots \\ V_n = L - l_n\end{cases} \tag{5-21}$$

将式(5-20)、式(5-21) 对应相加，得

$$\begin{cases}\Delta_1 + V_1 = L - X \\ \Delta_2 + V_2 = L - X \\ \cdots \\ \Delta_n + V_n = L - X\end{cases} \tag{5-22}$$

令 $L - X = \delta$，代入式（5-22），并整理得

$$\begin{cases}\Delta_1 = -V_1 + \delta \\ \Delta_2 = -V_2 + \delta \\ \cdots \\ \Delta_n = -V_n + \delta\end{cases} \tag{5-23}$$

式(5-23) 两边分别平方得

$$\begin{cases}\Delta_1^2 = V_1^2 - 2V_1\delta + \delta^2 \\ \Delta_2^2 = V_2^2 - 2V_2\delta + \delta^2 \\ \cdots \\ \Delta_n^2 = V_n^2 - 2V_n\delta + \delta^2\end{cases} \tag{5-24}$$

式(5-24) 两边相加，并同除以 n，得

$$\frac{[\Delta\Delta]}{n} = \frac{[VV]}{n} - 2\delta\frac{[V]}{n} + \delta^2 \tag{5-25}$$

由式(5-21) 可得

$$[V] = nL - [l]$$

因 $L = \dfrac{[l]}{n}$，即 $nL = [l]$，所以 $[V] = 0$。即对同一个量进行多次观测，取其算术平均值作为最或是值，则最或是误差的总和等于零。于是式(5-25) 可写成

$$\frac{[\Delta\Delta]}{n}=\frac{[VV]}{n}+\delta^2 \tag{5-26}$$

又因为

$$\delta=L-X=\frac{[l]}{n}-X=\frac{[l-X]}{n}=\frac{[\Delta]}{n}$$

所以

$$\delta^2=\frac{[\Delta]^2}{n^2}=\frac{1}{n^2}(\Delta_1+\Delta_2+\cdots+\Delta_n)^2$$

$$=\frac{1}{n^2}(\Delta_1^2+\Delta_2^2+\cdots+\Delta_n^2+2\Delta_1\Delta_2+2\Delta_1\Delta_3+\cdots)$$

$$=\frac{1}{n^2}[\Delta^2]+\frac{2}{n^2}(\Delta_1\Delta_2+\Delta_1\Delta_3+\cdots)$$

式中，$\Delta_1\Delta_2$、$\Delta_1\Delta_3$、$\cdots$同样具有偶然误差的特性，即当 $n\to\infty$ 时，其总和应等于零。当 n 有限时，其值很小，可以忽略。故式(5-26) 可近似地写成

$$\frac{[\Delta\Delta]}{n}=\frac{[VV]}{n}+\frac{[\Delta\Delta]}{n^2}$$

将式(5-4) 代入上式，得
$$m=\pm\sqrt{\frac{[VV]}{n-1}} \tag{5-27}$$

式(5-27) 即为用观测值的改正数求观测值中误差的公式。

5.5.2 算术平均值的中误差

算术平均值的函数式为

$$L=\frac{[l]}{n}=\frac{1}{n}l_1+\frac{1}{n}l_2+\cdots+\frac{1}{n}l_n$$

式中，观测值 $l_1,l_2,\cdots,l_n$ 是同精度观测；$\frac{1}{n}$ 为常数。设各观测值的中误差均等于 m，根据式(5-14) 可得算术平均值 L 的中误差 M 为

$$M=\pm\sqrt{\left(\frac{1}{n}m\right)^2+\left(\frac{1}{n}m\right)^2+\cdots+\left(\frac{1}{n}m\right)^2}$$

故
$$M=\frac{m}{\sqrt{n}} \tag{5-28}$$

式中 m——观测值中误差；

n——观测次数。

将式(5-27) 代入式(5-28) 中即得用观测值改正数求算术平均值中误差的公式：

$$M=\pm\sqrt{\frac{[VV]}{n(n-1)}} \tag{5-29}$$

从式(5-28) 可以看出，算术平均值中误差与观测次数的平方根成反比。

【例 5-5】 对某距离 AB 丈量了五次，其观测值列在表 5-2 中，求观测值的中误差 m 及算术平均值中误差 M。

解：计算过程及计算结果列于表 5-2 中。

表 5-2　观测值及算术平均值中误差计算表

观测次序	观测值 l_i /m	V/cm^2	VV/cm^2	计算
1	342.50	−4	16	$L=342.40+\dfrac{1}{5}(0.1+0.02+0.06+0.04+0.08)=342.46(m)$
2	342.42	+4	16	
3	342.46	0	0	$m=\pm\sqrt{\dfrac{[VV]}{n-1}}=\pm\sqrt{\dfrac{40}{5-1}}=\pm0.032(m)$
4	342.44	+2	4	$M=\dfrac{m}{\sqrt{n}}=\pm\dfrac{0.032}{\sqrt{5}}=\pm0.014(m)$
5	342.48	−2	4	
	$L=342.46$	$[V]=0$	$[VV]=40$	观测成果:342.46m±0.014m

【例 5-6】　用同一台经纬仪对某水平角进行了六次观测,观测值分别为 $93°23'52''$、$93°24'03''$、$93°23'56''$、$93°23'54''$、$93°23'46''$、$93°24'05''$,中误差均为 $\pm8.5''$,试求该角的算术平均值及其中误差。

解:在实际工作中,计算算术平均值的公式可改写为

$$L=l_0+\frac{1}{n}(l_1'+l_2'+\cdots+l_n')$$

式中,l_0 为各观测值的基数;l_1'、l_2'…、l_n' 分别为各观测值 l_1、l_2、$\cdots$、l_n 与基数 l_0 的差值。因此,该角的算术平均值为

$$L=93°24'00''+\frac{1}{6}\left[(-8'')+3''+(-4'')+(-6'')+(-14'')+5''\right]=93°23'56''$$

按式(5-29)得算术平均值的中误差:

$$M=\pm\frac{8.5''}{\sqrt{6}}=\pm3.5''$$

【例 5-7】　一角度观测 9 次,算术平均值中误差为 $\pm2.5''$,若要使算术平均值中误差达到 $\pm1.8''$,需要观测多少次?

解:设角度观测中误差为 m,观测次数为 n,则

$$m=M\sqrt{n}=\pm2.5''\sqrt{9}=\pm7.5''$$
$$n=\frac{m^2}{M^2}=\frac{(7.5'')^2}{(1.8'')^2}=18$$

5.6　不等精度观测

在实际测量中,除了同精度观测外,还有不同精度观测。如图 5-4 所示,当进行水准测量时,由高级水准点 A、B、C、D 分别经过不同长度的水准路线,测得 E 点的高程为 H_{E1}、H_{E2}、H_{E3}、H_{E4}。在这种情况下,即使所使用的仪器和方法相同,但由于水准路线的长度不同,因而测得的高程观测值的中误差彼此不相同,也就是说,四个高程观测值的可靠程度不同。一般来说,水准路线愈长,可靠程度愈低。因此,不能简单地取四个高程观测值的算术平均值来作为最或是值。那么,怎样根据这些不同精度的观测结果来求 E 点的最或是值 H_E,又怎样来衡量它的精度呢?这就需要引入“权”的概念。

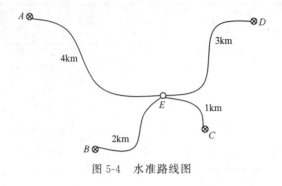

图 5-4　水准路线图

5.6.1　权

测量上所谓的权，就是一个表示观测结果可靠程度的相对性数值，用 P 来表示。

（1）权的性质

权具有如下性质：

① 权愈大，表示观测值愈可靠，即精度愈高；

② 权始终取正号；

③ 由于权是一个相对性数值，因此，对于单独一个观测值来讲无意义；

④ 同一问题中的权，可以用同一个数去乘或除，而不会改变其性质。

（2）确定权的常用方法

1）利用观测值中误差来确定权的大小　设一组不同精度观测值为 l_1、l_2、$\cdots$、l_n，其相应的中误差为 m_1、m_2、$\cdots$、m_n。由于中误差愈小，观测值精度愈高，权愈大，并根据权的性质，测量上规定由下列公式来计算权的数值：

$$P_1 = \frac{\lambda}{m_1^2}, P_2 = \frac{\lambda}{m_2^2}, \cdots, P_n = \frac{\lambda}{m_n^2}$$

式中，λ 为任意常数，不论取什么数值，都不会改变权的性质，即它们相互间的比值不变。

例如，某两个不同精度的观测值 l_1 和 l_2，l_1 的中误差 $m_1 = \pm 2''$，l_2 的中误差 $m_2 = \pm 8''$，则它们各个的权可以确定为

$$P_1 = \frac{\lambda}{m_1^2} = \frac{\lambda}{2^2} = \frac{\lambda}{4}$$

$$P_2 = \frac{\lambda}{m_2^2} = \frac{\lambda}{8^2} = \frac{\lambda}{64}$$

若取 $\lambda = 4$，则 $P_1 = 1$，$P_2 = \frac{1}{16}$；

若取 $\lambda = 64$，则 $P_1 = 16$，$P_2 = 1$。

而

$$P_1 : P_2 = 1 : \frac{1}{16} = 16 : 1$$

2）从实际观测情况出发来确定权的大小　在水准测量中，由于实际上存在着水准路线

愈长，测站数愈多，观测结果的可靠程度就愈低的情况，因此，可以取不同的水准路线长度 L 的倒数或测站数 N_i 的倒数来定权，可记作

$$P_1 = \frac{C}{L_1}, P_2 = \frac{C}{L_2}, \cdots, P_n = \frac{C}{L_n}$$

或

$$P_1 = \frac{C}{N_1}, P_2 = \frac{C}{N_2}, \cdots, P_n = \frac{C}{N_n}$$

式中　C——任意常数。

为说明上述关系，设水准测量每公里的高差中误差为 m_0，按和函数的误差传播关系可得各条水准路线的高差中误差为

$$m_1 = m_0 \sqrt{L_1}$$
$$m_2 = m_0 \sqrt{L_2}$$
$$\cdots$$
$$m_n = m_0 \sqrt{L_n}$$

按中误差与权的关系：

$$P_i = \frac{\lambda}{m_i^2}$$

得

$$P_1 = \frac{\lambda}{m_0^2 L_1}, P_2 = \frac{\lambda}{m_0^2 L_2}, \cdots, P_n = \frac{\lambda}{m_0^2 L_n}$$

若令任意常数 $\lambda = Cm_0^2$，则

$$P_1 = \frac{C}{L_1}, P_2 = \frac{C}{L_2}, \cdots, P_n = \frac{C}{L_n}$$

同理可证明

$$P_1 = \frac{C}{N_1}, P_2 = \frac{C}{N_2}, \cdots, P_n = \frac{C}{N_n}$$

5.6.2　不等精度观测的最或是值

不同精度观测时，考虑到各观测值的可靠程度，采用加权平均的办法计算观测最后结果的最或是值。

设对某量进行了 n 次不同精度观测，观测值、中误差及权分别为：

观测值　　　　　　　　　　　　l_1、l_2、$\cdots$、l_n

中误差　　　　　　　　　　　　m_1、m_2、$\cdots$、m_n

权　　　　　　　　　　　　　　P_1、P_2、$\cdots$、P_n

其加权平均值为

$$L = \frac{P_1 l_1 + P_2 l_2 + \cdots + P_n l_n}{P_1 + P_2 + \cdots + P_n} = \frac{[Pl]}{[P]} \tag{5-30}$$

5.6.3 不等精度观测的中误差

权是表示不同精度观测值的相对可靠程度，因此，可取任一观测值的权作为标准，以求其他观测值的权。在权与中误差关系式 $P_i = \dfrac{\lambda}{m_i^2}$ 中，设以 P_1 为标准，并令其为1，即取 $\lambda = m_1^2$，则

$$P_1 = \frac{m_1^2}{m_1^2} = 1, P_2 = \frac{m_1^2}{m_2^2}, \cdots, P_n = \frac{m_1^2}{m_n^2}$$

等于1的权称为单位权，权等于1的观测值中误差称为单位权中误差。设单位权中误差为 μ，则权与中误差的关系为

$$P_i = \frac{\mu^2}{m_i^2} \tag{5-31}$$

单位权中误差 μ 可按式(5-32)计算：

$$\mu = \pm \sqrt{\frac{[PVV]}{n-1}} \tag{5-32}$$

式中　V——观测值的改正数；

　　　n——观测值的个数。

不同精度观测值的最或是值即加权平均值 L 的中误差为

$$M_L = \frac{\mu}{\sqrt{[P]}} \tag{5-33}$$

【例5-8】　对某一角度，采用不同测回数，进行了四次观测，其观测值列于表5-3中，求该角度的观测结果及其中误差。

表 5-3　不等精度观测最后结果及其中误差计算表

次数	观测值 L	测回数	权 P	V	PV	PVV
1	73°44′54″	6	6	+5″	+30	150
2	73°45′02″	5	5	−3″	−15	45
3	73°44′59″	4	4	0″	0	0
4	73°45′04″	3	3	−5″	−15	75
	73°44′59″		$[P]=18$		$[PV]=0$	$[PVV]=270$

解：
$$L = 73°44'54'' + \frac{6 \times 0'' + 5 \times 8'' + 4 \times 5'' + 3 \times 10''}{6+5+4+3}$$
$$= 73°44'59''$$

$$\mu = \pm \sqrt{\frac{[PVV]}{n-1}} = \pm \sqrt{\frac{270}{4-1}} = \pm 9.5''$$

$$M_L = \frac{\mu}{\sqrt{[P]}} = \pm \frac{9.5''}{\sqrt{18}} = \pm 2.2''$$

该角的最后观测结果为 $73°44'59'' \pm 2.2''$。

📁 思考题

1. 偶然误差与系统误差有何区别？偶然误差具有哪些特性？

2. 评定精度的指标有哪些？

3. 用经纬仪测量水平角，一测回的中误差 $m = \pm 10''$，欲使测角精度达到 $\pm 2.5''$，问需要测几个测回？

4. 在水准测量中，设一个测站的高差中误差为 $\pm 5\,mm$，若 $1\,km$ 设 15 个测站，求 $1\,km$ 的高差中误差和 $K\,km$ 的高差中误差。

5. 用钢尺丈量距离，丈量结果为 $516.591\,m$、$516.555\,m$、$516.561\,m$、$516.542\,m$、$516.553\,m$、$516.577\,m$，试求该组观测值中误差与算术平均值中误差及其最后结果。

6. 同一个角度有甲、乙两组观测值：

甲组：$98°24'38.4''$、$98°24'34.3''$、$98°24'35.0''$、$98°24'39.9''$、$98°24'36.4''$、$98°24'40.3''$

乙组：$98°24'37.4''$、$98°24'36.8''$、$98°24'38.2''$、$98°24'35.9''$、$98°24'36.4''$、$98°24'37.5''$

试求甲、乙两组观测值的中误差与算术平均值中误差及观测结果，并比较哪组测量更精确。

7. 什么叫同精度观测？什么叫不同精度观测？试举例说明。什么叫权？不同精度观测为什么要用权来衡量？

8. 用三台不同的经纬仪观测某角，观测值及其中误差为

$\beta_1 = 138°25'30'' \pm 4''$

$\beta_2 = 138°25'36'' \pm 6''$

$\beta_3 = 138°25'24'' \pm 8''$

试求观测结果及其中误差。

第二部分

测定与测设

·小区域控制测量·
·地形图·
·数字化测图·
·测设的基本知识·
·GNSS 测量·

第6章

小区域控制测量

内容提示

1. 控制测量的原理及方法；
2. 闭合、附合导线测量的施测和计算；
3. 三（四）等水准测量和三角高程测量的施测和计算。

教学目标

1. 理解控制测量的基本原理和方法，熟悉平面和高程控制测量的施测和计算；
2. 能够应用数学和工程科学的基本原理，识别、表达、分析复杂工程问题，以获得有效结论；
3. 能够针对复杂工程问题，开发、选择与使用恰当的技术、资源、现代工程工具和信息技术工具，包括对复杂工程问题的预测与模拟，并能够理解其局限性。

6.1 控制测量概述

为了限制误差的积累和传播，保证测图和施工的精度及速度，测量工作必须遵从"从整体到局部""先控制后碎部"的原则。其涵义就是在测区内，先建立测量控制网，用来控制全局，然后根据控制网测定控制点周围的地形或进行建筑施工放样测量。这样不仅可以保证整个测区有一个统一的、均匀的测量精度，而且可以增加作业面，从而加快测量速度。控制测量的实质就是测量控制点的平面位置和高程。测定控制点的平面位置工作，称为平面控制测量；测定控制点的高程工作，称为高程控制测量。

6.1.1 控制测量的概念

（1）控制网

在测区范围内选择若干有控制意义的点（称为控制点），按一定的规律和要求构成网状几何图形，称为控制网。控制网有国家控制网、城市控制网和小地区控制网等。

（2）控制测量

测定控制点位置的工作，称为控制测量。

测定控制点平面位置（x、y）的工作，称为平面控制测量。测定控制点高程（H）的工作，称为高程控制测量。

6.1.2 平面控制网

（1）国家平面控制网

在全国范围内建立的平面控制网，称为国家平面控制网。它是全国各种比例尺测图的基本控制，并为确定地球形状和大小提供研究资料。国家平面控制网是用精密测量仪器和方法，依照施测精度按一、二、三、四等四个等级建立的，它的低级点受高级点逐级控制。

我国原有的国家平面控制网首先是一等天文大地锁网，在全国范围内大致沿经线和纬线方向布设，形成间距约 200km 的格网，三角形的平均边长约 20km，如图 6-1 所示。在格网中部用平均边长约 13km 的二等全面网填充，如图 6-2 所示。一、二等三角网构成全国的全面控制网。然后用平均边长约为 8km 的三等网和边长为 2～7km 的四等网逐步加密，主要为满足测绘全国性的 1∶10000～1∶5000 地形图的需要。

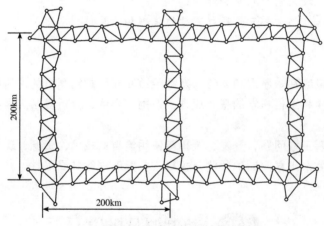

图 6-1　国家一等三角锁

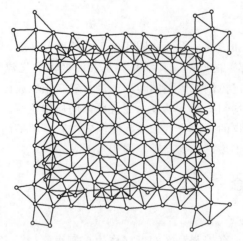

图 6-2　国家二等全面三角网

三、四等三角网为二等三角网的进一步加密，以插网或插点的方式布设（图 6-3），平均边长分别为 8km 和 4km。

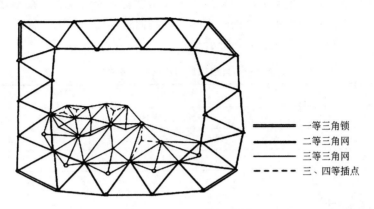

图 6-3　三、四等三角网

国家三角网测量的技术要求见表 6-1。

表 6-1　国家三角网测量技术要求

等级	平均边长/km	测角中误差/(″)	三角形最大闭合差/(″)	起始边相对中误差
一等网	20～25	±0.7	±2.5	1∶350000
二等网	13	±1.0	±3.5	1∶350000
三等网	8	±1.8	±7.0	1∶150000
四等网	2～6	±2.5	±9.0	1∶80000

（2）城市平面控制网

在城市地区，为测绘大比例尺地形图、进行市政工程和建筑工程放样，在国家平面控制网的控制下而建立的控制网，称为城市平面控制网。

城市平面控制网分为二、三、四等和一、二级小三角网，或一、二、三级导线网。最后，再布设直接为测绘大比例尺地形图所用的图根小三角和图根导线。

直接供地形测图使用的控制点，称为图根控制点，简称图根点。测定图根点位置的工作，称为图根控制测量。图根控制点的密度（包括高级控制点），取决于测图比例尺和地形的复杂程度。平坦开阔地区图根点的密度一般不低于表 6-2 的规定；地形复杂地区、城市建筑密集区和山区，可适当加大图根点的密度。

表 6-2　图根点的密度

测图比例尺	1∶500	1∶1000	1∶2000	1∶5000
图根点密度/(点/km²)	150	50	15	5

（3）小地区平面控制网

在面积小于 15km² 范围内建立的平面控制网，称为小地区平面控制网。

建立小地区平面控制网时，应尽量与国家（或城市）已建立的高级控制网联测，将高级控制点的坐标和高程，作为小地区平面控制网的起算和校核数据。如果周围没有国家（或城市）控制点，或附近有这种国家控制点而不便联测时，可以建立独立控制网。此时，控制网的起算坐标和高程可自行假定，坐标方位角可用测区中央的磁方位角代替。

小地区平面控制网，应根据测区面积的大小按精度要求分级建立。在全测区范围内建立的精度最高的控制网，称为首级控制网；直接为测图而建立的控制网，称为图根控制网。首级控制网和图根控制网的关系如表 6-3 所示。

表 6-3　首级控制网和图根控制网

测区面积/km²	首级控制网	图根控制网
1～10	一级小三角或一级导线	二级图根
0.5～2	二级小三角或二级导线	二级图根
0.5 以下	图根控制	

6.1.3　高程控制网

高程控制网的建立主要用水准测量方法。布设的原则也是从高级到低级，从整体到局部，逐步加密。国家水准网分为一、二、三、四等，一、二等水准测量称为精密水准测量，一等水准网在全国范围内沿主要干道和河流等布设成格网形的高程控制网，然后用二等水准网进行加密，作为全国各地的高程控制。三、四等水准网按各地区的测绘需要而布设。

城市水准测量分为二、三、四等，根据城市的大小及所在地区国家水准点的分布情况，从某一等开始布设。在四等水准以下，再布设直接为测绘大比例尺地形图所用的图根水准网。

城市二、三、四等水准网的设计规格应满足表 6-4 的规定。二、三、四等水准测量和图根水准测量的主要技术指标如表 6-5 所示。

表 6-4　城市水准测量设计规格　　　　　　　单位：km

水准点间距（测段长度）	建筑区	1～2
	其他地区	2～4
闭合线路或附合线路的最大长度	二等	400
	三等	45
	四等	15

表 6-5　水准测量主要技术指标

等级	每公里高差中误差/mm	附合路线长度/km	水准仪的级别	测段往返测高差不符值/mm	附合路线或环线闭合差/mm	
					平地	山地
二等	±2	400	DS_1	$±4\sqrt{R}$	$±4\sqrt{L}$	—
三等	±6	45	DS_2	$±12\sqrt{R}$	$±12\sqrt{L}$	$±4\sqrt{n}$
四等	±10	15	DS_3	$±20\sqrt{R}$	$±20\sqrt{L}$	$±6\sqrt{n}$
图根	±20	8	DS_3	—	$±40\sqrt{L}$	$±12\sqrt{n}$

注：表中 R 为测段长度，L 为环线或附合线路长度，均以 km 为单位；n 为测段数。

随着电子全站仪和 GPS 技术的普及使用，三角高程测量、GNSS 高程测量可代替四等水准测量。

<table><tr><td>6.2</td><td>导线测量</td></tr></table>

6.2.1 导线测量概述

导线测量是平面控制测量的一种方法。所谓导线就是由测区内选定的控制点组成的连续折线，如图 6-4 所示。折线的转折点 A、B、C、E、F 称为导线点；转折边 D_{AB}、D_{BC}、D_{CE}、D_{EF} 称为导线边；水平角 β_B、β_C、β_E 称为转折角，其中 β_B、β_E 在导线前进方向的左侧，叫做左角，β_C 在导线前进方向的右侧，叫做右角；α_{AB} 称为起始边 D_{AB} 的坐标方位角。导线测量主要是测定导线边长及其转折角，然后根据起始点的已知坐标和起始边的坐标方位角，计算各导线点的坐标。

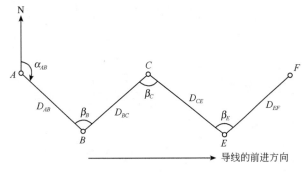

图 6-4　导线示意图

(1) 导线的布设形式

根据测区的情况和要求，导线可以布设成以下几种常用形式。

1）闭合导线　如图 6-5（a）所示，由某一高级控制点出发最后又回到该点，组成一个闭合多边形。它适用于面积较宽阔的独立地区的测图控制。

2）附合导线　如图 6-5（b）所示，自某一高级控制点出发最后附合到另一高级控制点

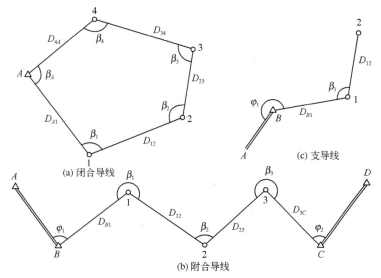

图 6-5　导线的布设形式

上的导线。它适用于带状地区的测图控制，此外也广泛用于公路、铁路、管道、河道等工程的勘测与施工控制点的建立。

3）支导线 如图6-5（c）所示，从一控制点出发，即不闭合也不附合于另一控制点上的单一导线。这种导线没有已知点进行校核，错误不易被发现，所以导线的点数不得超过2～3个。

（2）导线的等级

导线测量根据所使用的仪器、工具的不同，可分为经纬仪钢尺量距导线和光电测距导线两种。它是建立小地区平面控制网的主要方法之一，其等级及技术要求见表6-6。

表6-6　钢尺量距与光电测距导线的主要技术要求

等级		导线长度/km	平均边长/m	测角中误差/(")	量距较差相对误差或测距中误差	测回数		方位角闭合差/(")	导线全长相对闭合差
						DJ$_2$	DJ$_6$		
钢尺量距	一级	2.5	250	≤5	≤1/20000	2	4	$10\sqrt{n}$	≤1/10000
	二级	1.8	180	≤8	≤1/15000	1	3	$16\sqrt{n}$	≤1/7000
	三级	1.2	120	≤12	≤1/10000	1	2	$24\sqrt{n}$	≤1/5000
	图根	≤1.0M/1000	≤1.5最大视距	≤20	≤1/3000		1	$40\sqrt{n}$	≤1/2000
光电测距	一级	3.6	300	≤5	≤±15cm	2	4	$10\sqrt{n}$	≤1/14000
	二级	2.4	200	≤8	≤±15cm	1	3	$16\sqrt{n}$	≤1/14000
	三级	1.5	120	≤12	≤±15cm	1	2	$24\sqrt{n}$	≤1/10000 ≤1/6000
	图根	≤1.5M/1000	—	≤20	≤±15cm		1	$40\sqrt{n}$	≤1/4000

注：M为测图比例尺分母；n为测站数。

6.2.2　导线测量的外业工作

导线测量的工作分外业和内业。外业工作一般包括选点、测角和量边；内业工作是根据外业的观测成果经过计算，最后求得各导线点的平面直角坐标。

（1）选点

导线点位置的选择，除了满足导线的等级、用途及工程的特殊要求外，选点前应进行实地踏勘，根据地形情况和已有控制点的分布等确定布点方案，并在实地选定位置。在实地选点时应注意下列几点：

① 导线点应选在地势较高、视野开阔的地点，便于施测周围地形；

② 相邻两导线点间要互相通视，便于测量水平角；

③ 导线应沿着平坦、土质坚实的地面设置，以便于丈量距离；

④ 导线边长要选得大致相等，相邻边长不应悬殊过大；

⑤ 导线点位置须能安置仪器，便于保存；

⑥ 导线点应尽量靠近路线位置。

导线点位置选好后要在地面上标定下来，一般方法是打一木桩并在桩顶中心钉一小铁钉。对于需要长期保存的导线点，则应埋入石桩或混凝土桩，桩顶刻凿十字或嵌入锯有十字的钢筋作标志。

为了便于日后寻找使用，最好将重要的导线点及其附近的地物绘成草图，注明尺寸，如

表 6-7 所示。

表 6-7 导线点之标记

草　　图	导线点	相关位置	
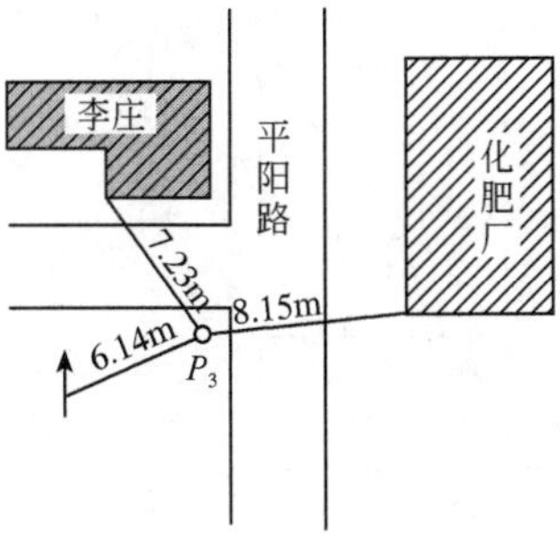		李　庄	7.23m
		化肥厂	8.15m
	P_3	独立树	6.14m

（2）测角

导线的水平角即转折角，是用经纬仪按测回法进行观测的。在导线点上可以测量导线前进方向的左角或右角。一般在附合导线中测量导线的左角，在闭合导线中均测内角。当导线与高级点连接时，需测出各连接角，如图 6-5（b）中的 φ_1、φ_2 角。如果是在没有高级点的独立地区布设导线，测出起始边的方位角以确定导线的方向，或假定起始边方位角。

（3）量距

导线测量有条件时，最好采用光电测距仪测量边长，一、二级导线可采用单向观测，2 测回，各测回较差应≤15mm，三级及图根导线 1 测回。图根导线也可用检定过的钢尺，往返丈量导线边各一次，往返丈量的相对精度在平坦地区应不低于 1/3000，起伏变化稍大的地区也不应低于 1/2000，特殊困难地区允许到 1/1000，如符合限差要求，可取往返中数为该边长的实长。

6.2.3　导线测量的内业计算

导线测量的最终目的是要获得各导线点的平面直角坐标，因此外业工作结束后就要进行内业计算，以求得导线点的坐标。

（1）坐标和坐标增量

在测量工作中，高斯平面直角坐标系是以投影带的中央子午线投影为坐标纵轴，用 X 表示，赤道线投影为坐标横轴，用 Y 表示，两轴交点为坐标原点。两坐标轴将平面分为四个部分，即四个象限，从北东开始，按顺时针方向依次编为 Ⅰ、Ⅱ、Ⅲ、Ⅳ象限。由坐标原点向上（北）、向右（东）为正方向，反之则为负。某点的坐标就是该点到坐标纵、横轴的垂直距离。如图 6-6 中 P 点的位置，即 P 点的纵坐标 x_P、横坐标 y_P。

平面上两点的直角坐标值之差称为坐标增量。纵坐标增量用 Δx_{ij} 表示，横坐标增量用 Δy_{ij} 表示。坐标增量是有方向性的，下标 i、j 的顺序表示坐标增量的方向。如图 6-7 所示，设 A、B 两点的坐标分别为 A（x_A，y_A）、B（x_B，y_B），则 A 至 B 点的坐标增量为

$$\begin{cases} \Delta x_{AB} = x_B - x_A \\ \Delta y_{AB} = y_B - y_A \end{cases}$$

而 B 至 A 点的坐标增量为

$$\begin{cases} \Delta x_{BA} = x_A - x_B \\ \Delta y_{BA} = y_A - y_B \end{cases}$$

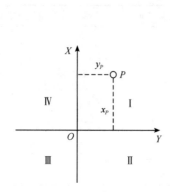

图 6-6 点的坐标

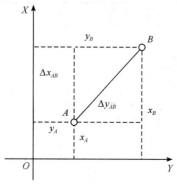

图 6-7 坐标增量

很明显，A 至 B 与 B 至 A 的坐标增量，绝对值相等，符号相反。可见，直线上两点的坐标增量的符号与直线的方向有关。坐标增量的符号与直线方向的关系如表 6-8 所示。由于坐标增量和坐标方位角均有方向性，务必注意下标的书写。

表 6-8 坐标增量的符号与直线方向的关系

直线方向		坐标增量符号	
坐标方位角区间	相应的象限	Δx	Δy
$(0°, 90°)$	Ⅰ（北东）	＋	＋
$(90°, 180°)$	Ⅱ（南东）	－	＋
$(180°, 270°)$	Ⅲ（南西）	－	－
$(270°, 360°)$	Ⅳ（北西）	＋	－

（2）坐标正算

根据直线的起点坐标及该点至终点的水平距离和坐标方位角，来计算直线终点坐标，称为坐标正算。

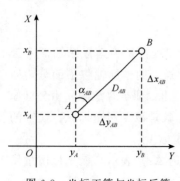

图 6-8 坐标正算与坐标反算

如图 6-8 所示，已知 A（x_A，y_A）、D_{AB}、α_{AB}，求 B 点坐标（x_B，y_B）。由图根据数学公式，可得其坐标增量为

$$\begin{cases} \Delta x_{AB} = D_{AB} \times \cos\alpha_{AB} \\ \Delta y_{AB} = D_{AB} \times \sin\alpha_{AB} \end{cases} \quad (6\text{-}1)$$

按式（6-1）求得增量后，加起算点 A 点坐标可得未知点 B 点的坐标：

$$\begin{cases} x_B = x_A + \Delta x_{AB} = x_A + D_{AB} \times \cos\alpha_{AB} \\ y_B = y_A + \Delta y_{AB} = y_A + D_{AB} \times \sin\alpha_{AB} \end{cases} \quad (6\text{-}2)$$

式（6-2）是以方位角在第一象限导出的公式，当方位角在其他象限时，其公式仍适用。坐标增量计算公式中的方位角决定了坐标增量的符号，计算时无需再考虑坐标增量的符号。如图 6-8 所示，$\Delta x_{BA} = D_{BA} \times \cos\alpha_{BA}$ 是负值，$\Delta y_{BA} = D_{BA} \times \sin\alpha_{BA}$ 也是负值，A 点坐标仍为

$$\begin{cases} x_A = x_B + \Delta x_{BA} \\ y_A = y_B + \Delta y_{BA} \end{cases}$$

【例 6-1】 已知 N 点的坐标为 $x_N = 376996.541\text{m}$，$y_N = 36518528.629\text{m}$，$NP$ 的水平距离 $D_{NP} = 484.759\text{m}$，NP 的坐标方位角 $\alpha_{NP} = 259°56'12''$，试求 P 点的坐标 x_P、y_P。

解：由坐标正算公式即式(6-1)、式(6-2) 得

$$\Delta x_{NP} = 484.759 \times \cos 259°56'12'' = -84.705(\text{m})$$

$$\Delta y_{NP} = 484.759 \times \sin 259°56'12'' = -477.301(\text{m})$$

$$x_P = x_N + \Delta x_{NP} = 376996.541 + (-84.705) = 376911.836(\text{m})$$

$$y_P = y_N + \Delta y_{NP} = 36518528.629 + (-477.301) = 36518051.328(\text{m})$$

(3) 坐标反算

根据直线起点和终点的坐标，求两点间的水平距离和坐标方位角，称为坐标反算。

如图 6-8 所示，已知 A、B 两点坐标分别为 $(x_A，y_A)$、$(x_B，y_B)$，求 AB 直线的坐标方位角 α_{AB} 和水平距离 D_{AB}。由于反三角函数计算结果具有多值性，而有些计算器的反三角函数运算结果仅给出小于 $90°$ 的角值，因此，计算坐标方位角 α_{AB} 时，需先计算直线的象限角 R_{AB}。由图 6-8 可得

$$\tan R_{AB} = \frac{|\Delta y_{AB}|}{|\Delta x_{AB}|} = \frac{|y_B - y_A|}{|x_B - x_A|}$$

则

$$R_{AB} = \arctan \frac{|\Delta y_{AB}|}{|\Delta x_{AB}|} = \arctan \frac{|y_B - y_A|}{|x_B - x_A|} \tag{6-3}$$

按照式(6-3) 计算得 AB 直线的象限角后，依照 Δy_{AB} 和 Δx_{AB} 的正负号来确定 AB 直线的坐标方位角所在的象限，然后，根据所在象限中方位角与象限角之间的关系，将求得的象限角换算成相应的坐标方位角。

利用两点坐标计算其水平距离的公式如下：

$$D_{AB} = \frac{\Delta y_{AB}}{\sin \alpha_{AB}} = \frac{\Delta x_{AB}}{\cos \alpha_{AB}} \text{ 或 } D_{AB} = \sqrt{(x_B - x_A)^2 + (y_B - y_A)^2} \tag{6-4}$$

实际反算距离时，可用式(6-4) 中的某一式计算，用另外两个计算公式进行计算检核。

【例 6-2】 已知 A、B 两点的坐标分别为：$x_A = 70025.283\text{m}$，$y_A = 18065.642\text{m}$；$x_B = 69891.879\text{m}$，$y_B = 18257.454\text{m}$。试求 AB 的水平距离 D_{AB} 和坐标方位角 α_{AB}。

解：

$$\Delta x_{AB} = x_B - x_A = 69891.879 - 70025.283 = -133.404(\text{m})$$

$$\Delta y_{AB} = y_B - y_A = 18257.454 - 18065.642 = 191.812(\text{m})$$

$$R_{AB} = \arctan \frac{|\Delta y_{AB}|}{|\Delta x_{AB}|} = \arctan \left(\frac{|191.812|}{|-133.404|} \right) = 55°10'54''$$

由于 Δx_{AB} 符号为负，Δy_{AB} 符号为正，所以直线 AB 的方位角在第二象限，根据第二象限方位角与象限角的关系可得

$$\alpha_{AB} = 180° - R_{AB} = 180° - 55°10'54'' = 124°49'06''$$

$$D_{AB} = \sqrt{(x_B - x_A)^2 + (y_B - y_A)^2} = \sqrt{(-133.404)^2 + (191.812)^2} = 233.642(\text{m})$$

检核计算：$D_{AB} = \dfrac{\Delta y_{AB}}{\sin \alpha_{AB}} = \dfrac{191.812}{\sin 124°49'06''} = 233.642 \text{ (m)}$。

在测量工作中，我们常用的函数计算器，一般都有极坐标与直角坐标互相换算的功能，很方便进行坐标正算和反算。由此功能计算的方位角直接是该直线的边长和坐标方位角。

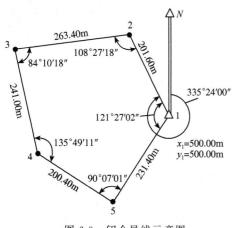

图 6-9　闭合导线示意图

（4）闭合导线的坐标计算

现以图 6-9 所示的图根导线为例，介绍导线内业计算的步骤，具体运算过程及结果见表 6-9。

计算前，首先将点号、角度观测值、边长量测值以及起始边的方位角、起始点坐标填入表中。

1）角度闭合差的计算与调整　闭合导线从几何上看，是一 n 边形，其内角和在理论上应满足下列关系：

$$\sum_1^n \beta_{理} = 180° \times (n-2) \tag{6-5}$$

但由于测角时不可避免地有误差存在，使实测得内角之和不等于理论值，这样就产生了角度闭合差，以 f_β 来表示，则：

$$f_\beta = \sum_1^n \beta_{测} - \sum_1^n \beta_{理} = \sum_1^n \beta_{测} - 180° \times (n \pm 2) \tag{6-6}$$

式中　n——闭合导线的转折角数；

$\sum \beta_{测}$——观测角的总和。

算出角度闭合差之后，如果 f_β 值不超过允许误差的限度（一般为 $\pm 40\sqrt{n}$，n 为角个数），说明角度观测符合要求，即可进行角度闭合差调整，使调整后的角值满足理论上的要求。

由于导线的各内角是采用相同的仪器和方法，在相同的条件下观测的，所以对于每一个角度来讲，可以认为它们是等精度观测，产生的误差大致相同，因此在调整角度闭合差时，可将闭合差按相反的符号平均分配于每个观测内角中。设以 $v_{\beta i}$ 表示各观测角的改正数，$\beta_{测 i}$ 表示观测角，β_i 表示改正后的角值，则：

$$v_{\beta_1} = v_{\beta_2} = \cdots = v_{\beta_n} = -\frac{f_\beta}{n}$$

$$\beta_i = \beta_{测 i} + v_{\beta i} \quad (i=1,2,\cdots,n)$$

当上式不能整除时，则可将余数凑整到导线中短边相邻的角上，这是因为在短边测角时由于仪器对中、照准所引起的误差较大。

各内角的改正数之和应等于角度闭合差，但符号相反，即 $\sum v_\beta = -f_\beta$。改正后的各内角值之和应等于理论值，即 $\sum \beta_i = (n-2) \times 180°$。

2）坐标方位角推算　根据起始边的坐标方位角 α_{AB} 及改正后（调整后）的内角值 β_i，按顺序依次推算各边的坐标方位角。

3）坐标增量的计算　如图 6-10 所示，在平面直角坐标系中，A、B 两点坐标分别为 A（X_A，Y_A）和 B（X_B，Y_B），它们相应的坐标差称为坐标增量，分别以 ΔX 和 ΔY 表示，从图中可以看出：

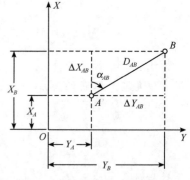

图 6-10　坐标增量计算示意图

表6-9　闭合导线坐标计算

点号	角度观测值 (° ′ ″)	改正数 (″)	改正后角度 (° ′ ″)	方位角 (° ′ ″)	水平距离 m	纵坐标增量 (Δx) 计算值/m	纵坐标增量 改正数/cm	纵坐标增量 改正后值/m	横坐标增量 (Δy) 计算值/m	横坐标增量 改正数/cm	横坐标增量 改正后值/m	坐标 X/m	坐标 Y/m	点号
1	2	3	4	5	6	7	8	9	10	11	12	13	14	15
1				335 24 00	201.60	183.30	+5	183.35	−83.92	+2	−83.90	500.00	500.00	1
2	108 27 18	−10	108 27 08	263 51 08	263.40	−28.21	+8	−28.13	−261.89	+2	−261.87	683.35	416.10	2
3	84 10 18	−10	84 10 08	168 01 16	241.00	−235.75	+6	−235.69	50.02	+2	50.04	655.22	154.27	3
4	135 49 11	−10	135 49 01	123 50 17	200.40	−111.59	+5	−111.54	166.46	+1	166.47	419.53	204.25	4
5	90 07 01	−10	90 06 51	33 57 08	231.40	191.95	+6	192.01	129.24	+2	129.26	307.99	370.74	5
1	121 27 02	−10	121 26 52	335 24 00								500.00	500.00	1
Σ	540 00 50	−50	540 00 00		1137.80	−0.30	+30	0	−0.09	+9	0			

辅助计算

$f_\beta = \sum \beta_测 - (n-2) \times 180° = 540°00'50'' - 540° = +50''$

$f_{\beta容} = \pm 40''\sqrt{n} = \pm 89''$

$f_x = \sum \Delta x = -0.30\text{m}$　　$f_y = \sum \Delta y = -0.09\text{m}$

$f_D = \sqrt{f_x^2 + f_y^2} = 0.31\text{m}$

$K = \dfrac{f_D}{\sum S} = \dfrac{1}{3633} < \dfrac{1}{2000}$

$$\begin{cases} X_B - X_A = \Delta X_{AB} \\ Y_B - Y_A = \Delta Y_{AB} \end{cases}$$

即
$$\begin{cases} X_B = X_A + \Delta X_{AB} \\ Y_B = Y_A + \Delta Y_{AB} \end{cases} \tag{6-7}$$

导线边 AB 的距离为 D_{AB}，其方位角为 α_{AB}，则：

$$\begin{cases} \Delta X_{AB} = D_{AB} \times \cos\alpha_{AB} \\ \Delta Y_{AB} = D_{AB} \times \sin\alpha_{AB} \end{cases} \tag{6-8}$$

ΔX_{AB}、ΔY_{AB} 的正负号从图 6-11 中可以看出，当导线边 AB 位于不同的象限时，其纵、横坐标增量的符号也不同。即当 α_{AB} 在区间（0°，90°）（即第一象限）时，ΔX、ΔY 的符号均为正；当 α_{AB} 在区间（90°，180°）（第二象限）时，ΔX 为负，ΔY 为正；当 α_{AB} 在区间（180°，270°）（第三象限）时，它们的符号均为负；当 α_{AB} 在区间（270°，360°）（第四象限）时，ΔX 为正，ΔY 为负。

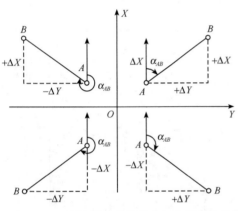

图 6-11　不同象限中导线边坐标方位角示意图

4）坐标增量闭合差的计算与调整

① 坐标增量闭合差的计算：

如图 6-12 所示，导线边的坐标增量可以看成是在坐标轴上的投影线段。从理论上讲，闭合多边形各边在 X 轴上的投影，其 $+\Delta X$ 的总和与 $-\Delta X$ 的总和应相等，即各边纵坐标增量的代数和应等于零。同样在 Y 轴上的投影，其 $+\Delta Y$ 的总和与 $-\Delta Y$ 的总和也应相等，即各边横坐标增量的代数和也应等于零。也就是说闭合导线的纵、横坐标增量之和在理论上应满足下述关系：

$$\begin{cases} \sum \Delta X_{理} = 0 \\ \sum \Delta Y_{理} = 0 \end{cases} \tag{6-9}$$

但因测角和量距都不可避免地有误差存在，因此根据观测结果计算的 $\sum \Delta X_{算}$、$\sum \Delta Y_{算}$ 都不等于零，而等于某一个数值 f_x 和 f_y。即

$$\begin{cases} \sum \Delta X_{算} = f_x \\ \sum \Delta Y_{算} = f_y \end{cases} \tag{6-10}$$

式中　f_x——纵坐标增量闭合差；

　　　f_y——横坐标增量闭合差。

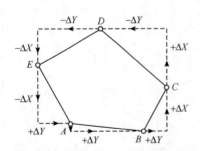

图 6-12　闭合导线坐标增量示意图

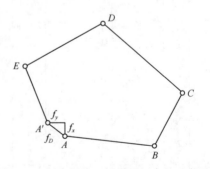

图 6-13　闭合导线坐标增量闭合差示意图

从图 6-13 中可以看出 f_x 和 f_y 的几何意义。f_x 和 f_y 的存在使得闭合多边形出现了一个缺口，起点 A 和终点 A' 没有重合，设 AA' 的长度为 f_D，称为导线的全长闭合差，而 f_x 和 f_y 正好是 f_D 在纵、横坐标轴上的投影长度。所以

$$f_D = \sqrt{f_x^2 + f_y^2} \tag{6-11}$$

② 导线精度的衡量：

导线全长闭合差 f_D 的产生，是由于测角和量距中有误差存在的缘故，所以一般用它来衡量导线的观测精度。可是导线全长闭合差是一个绝对闭合差，且导线愈长，所量的边数与所测的转折角数就愈多，影响全长闭合差的值也就愈大，因此，须采用相对闭合差来衡量导线的精度。设导线的总长为 $\sum D$，则导线全长相对闭合差 K 为

$$K = \frac{f_D}{\sum D} = \frac{1}{\sum D / f_D} \tag{6-12}$$

若 $K \leqslant K_允$，则表明导线的精度符合要求，否则应查明原因进行补测或重测。

③ 坐标增量闭合差的调整：

如果导线的精度符合要求，即可将增量闭合差进行调整，使改正后的坐标增量满足理论上的要求。由于是等精度观测，所以增量闭合差的调整原则是将它们以相反的符号按与边长成正比例分配在各边的坐标增量中。设 $v_{\Delta Xi}$、$v_{\Delta Yi}$ 分别为纵、横坐标增量的改正数，即

$$\begin{cases} v_{\Delta Xi} = \dfrac{-f_x}{\sum D} \times D_i \\ v_{\Delta Yi} = \dfrac{-f_y}{\sum D} \times D_i \end{cases} \tag{6-13}$$

式中　$\sum D$——导线边长总和；

　　D_i——导线某边长（$i = 1, 2, \cdots, n$）。

所有坐标增量改正数的总和，其数值应等于坐标增量闭合差，而符号相反，即：

$$\begin{cases} \sum v_x = -f_x \\ \sum v_y = -f_y \end{cases} \tag{6-14}$$

5）坐标推算　用改正后的坐标增量，就可以从导线起点的已知坐标依次推算其他导线点的坐标，即

$$\begin{cases} x_{i+1} = x_i + \Delta x_{i,i+1} + v_{x_{i,i+1}} \\ y_{i+1} = y_i + \Delta y_{i,i+1} + v_{y_{i,i+1}} \end{cases} \tag{6-15}$$

利用式(6-15) 依次计算出各点坐标，最后再次重新计算起算点坐标应等于已知值，否则，说明在 f_x、f_y、v_x、v_y、x、y 的计算过程中有差错。应认真查找错误原因并改正，使其等于已知值。

必须指出，当边长测量中存在系统性的、与边长成比例的误差时，即使误差值很大，闭合导线仍能以相似形闭合。或未参加闭合差计算的连接角观测有错时，导线整体方向发生偏转，导线自身也能闭合。也就是说，这些误差不能反映在闭合导线的 f_β、f_x、f_y 上。因此布设导线时，应考虑在中间点上，以其他方式做必要的点位检核。

（5）附合导线的坐标计算

附合导线的坐标计算方法与闭合导线基本上相同，但由于布置形式不同，且附合导线两端与已知点相连，因而只是角度闭合差与坐标增量闭合差的计算公式有些不同。下面介绍这

两项的计算方法。

1) 角度闭合差的计算　如图 6-14 所示，附合导线连接在高级控制点 A、B 和 C、D 上，已知 B、C 的坐标，起始边坐标方位角 α_{AB} 和终边坐标方位角 α_{CD}。从起始边方位角 α_{AB} 可推算出终边的方位角 α'_{CD}，此方位角应与给出的方位角（已知值）α_{CD} 相等。由于测角有误差，推算的 α'_{CD} 与已知的 α_{CD} 不可能相等，其差数即为附合导线的角度闭合差 f_β，即

$$f_\beta = \alpha'_{CD} - \alpha_{CD} \tag{6-16}$$

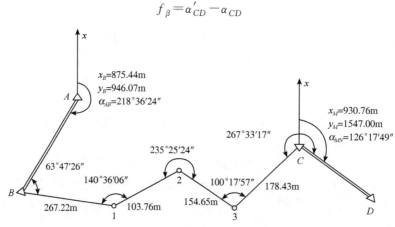

图 6-14　附合导线示意图

用观测导线的左角来计算方位角，其公式为

$$\alpha'_{CD} = \alpha_{AB} - n \times 180° + \sum \beta_{左} \tag{6-17}$$

式中　n——转折角的个数。

用观测导线的右角来计算方位角，其公式为

$$\alpha'_{CD} = \alpha_{AB} + n \times 180° - \sum \beta_{右} \tag{6-18}$$

附合导线角度闭合差的调整方法与闭合导线相同。需要注意的是，在调整过程中，转折角的个数应包括连接角，当观测角为右角时，改正数的符号应与闭合差相同。用调整后的转折角和连接角所推算的终边方位角应等于反算求得的终边方位角。

2) 坐标增量闭合差的计算　如图 6-15 所示，附合导线各边坐标增量的代数和在理论上应等于起、终两已知点的坐标值之差，即

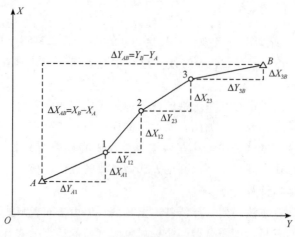

图 6-15　附合导线坐标增量示意图

$$\sum \Delta X_{\text{理}} = X_B - X_A$$

$$\sum \Delta Y_{\text{理}} = Y_B - Y_A$$

由于测角和量边有误差存在，所以计算的各边纵、横坐标增量代数和不等于理论值，产生纵、横坐标增量闭合差，其计算公式为

$$\begin{cases} f_X = \sum \Delta X_{\text{算}} - (X_B - X_A) \\ f_Y = \sum \Delta Y_{\text{算}} - (Y_B - Y_A) \end{cases} \tag{6-19}$$

附合导线坐标增量闭合差的调整方法以及导线精度的衡量均与闭合导线相同。

表 6-10 为附合导线坐标计算全过程的一个算例，可供参考。

（6）支导线平差

支导线因终点为待定点，不存在附合条件。但为了进行检核和提高精度，一般采取往返观测，致使有了多余观测，因观测存在误差，所以产生方位角闭合差和坐标闭合差。

支导线因采取往返测，故又称复测支导线。复测支导线的平差计算过程与附合导线基本相同。计算的方法简述如下。

1）方位角闭合差的计算与角度平差　方位角闭合差终止边往测方位角与终止边返测方位角之差，即

$$f_\beta = \alpha_{\text{往}} - \alpha_{\text{返}} \tag{6-20}$$

其限差为

$$f_{\beta \text{限}} = \pm 2m_\beta \sqrt{2n} \tag{6-21}$$

式中　　m_β——测角中误差；

　　　　$2n$——往返观测的总测站数。

当 $f_\beta \leqslant f_{\beta \text{限}}$ 时，进行角度闭合差的平差，往返测量所测水平角的改正数绝对值相等，符号相反，即

$$\begin{cases} v_{\beta \text{往}} = -\dfrac{f_\beta}{2n} \\ v_{\beta \text{返}} = +\dfrac{f_\beta}{2n} \end{cases} \tag{6-22}$$

2）坐标闭合差的平差　坐标闭合差为终止点往返测量坐标之差，即

$$\begin{cases} f_x = \sum \Delta x_{\text{往}} - \sum \Delta x_{\text{返}} \\ f_y = \sum \Delta y_{\text{往}} - \sum \Delta y_{\text{返}} \end{cases} \tag{6-23}$$

导线全长闭合差为

$$f_s = \sqrt{f_x^2 + f_y^2}$$

导线全长相对闭合差为

$$K = \frac{f_s}{\sum D_{\text{往}} + \sum D_{\text{返}}} \tag{6-24}$$

导线全长相对闭合差小于限差时，进行坐标增量改正数的计算，即

往测：

$$\begin{cases} v_{\Delta x_{ij}} = -\dfrac{f_x}{\sum D_{\text{往}} + D_{\text{返}}} \times D_{ij\text{往}} \\ v_{\Delta y_{ij}} = -\dfrac{f_y}{\sum D_{\text{往}} + D_{\text{返}}} \times D_{ij\text{往}} \end{cases} \tag{6-25}$$

表 6-10　附合导线坐标计算

点号	角度观测值 (° ′ ″)	改正数 (″)	改正后角度 (° ′ ″)	方位角 (° ′ ″)	水平距离 m	纵坐标增量 (Δx) 计算值/m	改正数/cm	改正后值/m	横坐标增量 (Δy) 计算值/m	改正数/cm	改正后值/m	坐标 X/m	Y/m	点号
1	2	3	4	5	6	7	8	9	10	11	12	13	14	15
B	63 47 26	+15	63 47 41									875.44	946.07	B
				218 36 24	267.22	-57.39	+3	-57.36	260.98	-6	260.92			
1	140 36 06	+15	140 36 21									818.08	1206.99	1
				102 24 05	103.76	47.09	+1	47.10	92.46	-2	92.44			
2	235 25 24	+15	235 15 39									865.18	1299.43	2
				63 00 26	154.65	-73.63	+1	-73.62	135.99	-3	135.96			
3	100 17 57	+15	100 18 12									791.56	1435.39	3
				118 26 05	178.43	139.18	+2	139.20	111.65	-4	111.61			
C	267 33 17	+15	267 33 22									930.76	1547.00	C
				38 44 17										
D				126 17 49										D
Σ	807 40 10	+65	807 41 25		704.06	55.25	+7	55.32	601.08	-15	600.93			

辅助计算

$\alpha'_{CD} = \alpha_{AB} + \sum\beta_测 - 5\times180° = 126°16'34''x$

$f_\beta = \alpha'_{CD} - \alpha_{CD} = -75''$

$f_{\beta容} = \pm40''\sqrt{n} = \pm89''$

$f_x = \sum\Delta x_测 - (x_C - x_B) = 55.25 - (930.76 - 875.44) = -0.07$ （m）

$f_y = \sum\Delta y_测 - (y_C - y_B) = 601.08 - (1547.00 - 946.07) = +0.15$ （m）

$f_D = \sqrt{f_x^2 + f_y^2} = 0.17$m

$K = \dfrac{f_D}{\sum S} = \dfrac{1}{4253} < \dfrac{1}{2000}$

返测：
$$\begin{cases} v_{\Delta x_{ij}} = +\dfrac{f_x}{\sum D_{往} + D_{返}} \times D_{ij返} \\ v_{\Delta y_{ij}} = +\dfrac{f_y}{\sum D_{往} + D_{返}} \times D_{ij返} \end{cases} \qquad (6\text{-}26)$$

6.3 交会法定点

进行平面控制测量时，当测区内布设的控制点密度还不能满足测图或施工放样的要求时，可采用交会定点的方法来加密。常用的方法有前方交会、侧方交会、后方交会、距离交会等（见图 6-16）。

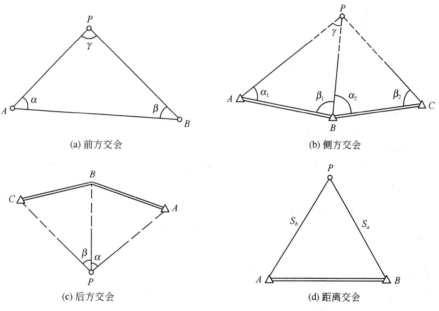

(a) 前方交会　　　(b) 侧方交会

(c) 后方交会　　　(d) 距离交会

图 6-16　交会定点

6.3.1 前方交会

图 6-16(a) 中，A、B 为已知坐标的控制点，P 为待求点。用经纬仪测得 α、β 角，则根据 A、B 点的坐标，即可求得 P 点的坐标，这种方法称测角前方交会。

按余切公式计算 P 点的坐标，可得（略去推导过程）：
$$\begin{cases} x_P = \dfrac{x_A \times \cot\beta + x_B \times \cot\alpha + (y_B - y_A)}{\cot\alpha + \cot\beta} \\ y_P = \dfrac{y_A \times \cot\beta + y_B \times \cot\alpha + (x_B - x_A)}{\cot\alpha + \cot\beta} \end{cases} \qquad (6\text{-}27)$$

在使用式(6-27) 时要注意，△ABP 以逆时针编号，否则公式中的加、减号将有改变。为了检核，一般要求由三个已知坐标点来向 P 点观测，组成两组前方交会；交会角不小于 $30°$，亦不应大于 $150°$。

6.3.2 侧方交会

如图 6-16(b) 所示，分别在已知点 A 和待求点 P 上安置仪器，测出 α_1、γ 角，并由此推算出 β_1 角后，用前方交会公式 [式(6-27)]求出 P 点坐标。侧方交会与前方交会都是测出三角形的两个内角，P 点坐标计算方法相同。为了检核，它亦需要测出第三个已知点 C 的 ε 角。

6.3.3 后方交会

如图 6-16(c) 所示，后方交会是在待求点 P 上安置仪器，观测三个已知点 A、B、C 之间的夹角 α、β；然后根据已知点的坐标，按式(6-28) 计算 P 点的坐标，即

$$\begin{cases} x_P = x_B + \Delta x_{BP} \\ y_P = y_B + \Delta y_{BP} \end{cases} \tag{6-28}$$

式中

$$\Delta x_{BP} = \frac{(y_B - y_A)(\cot\alpha - \tan\alpha_{BP}) - (x_B - x_A)(1 + \cot\alpha\tan\alpha_{BP})}{1 + \tan^2\alpha_{BP}} \tag{6-29}$$

$$\Delta y_{BP} = \Delta x_{BP}\tan\alpha_{BP} \tag{6-30}$$

$$\tan\alpha_{BP} = \frac{(y_B - y_A)\cot\alpha + (y_B - y_C)\cot\beta + (x_A - x_C)}{(x_B - x_A)\cot\alpha + (x_B - x_C)\cot\beta + (y_A - y_C)} \tag{6-31}$$

式中，α_{BP} 为 BP 边坐标方位角。

在计算时，应将点号 P、A、B、C 按逆时针方向排列，为了检核，在实际工作中往往要求观测 4 个已知点，组成两个后方交会图形。由于后方交会只需在待求点上设站，因而外业工作量较前方交会、侧方交会的少。

后方交会法中，若 P、A、B、C 位于同一个圆周上，则 P 点虽然在圆周上移动，而由于 α、β 值不变，故 x_P，y_P 值不变，因而 P 点坐标产生错误，这一个圆称为危险圆。P 点应该离开危险圆附近，一般要求 α、β 和 B 点内角之和不应为 $160°\sim200°$。

6.3.4 距离（测边）交会

由于全站仪的普及，现在也常常采用距离交会的方法来加密控制点。图 6-16(d) 中，已知 A、B 点的坐标及 AP、BP 的边长 $(S_b，S_a)$，求待定点 P 的坐标。

首先利用坐标反算公式计算 AB 边的坐标方位角 α_{AB} 和边长 s：

$$\begin{cases} \alpha_{AB} = \arctan\dfrac{y_B - y_A}{x_B - x_A} \\ s = \sqrt{(x_B - x_A)^2 + (y_B - y_A)^2} \end{cases} \tag{6-32}$$

根据余弦定理求出 $\angle A$：

$$\angle A = \arccos^{-1}\left(\frac{s^2 + b^2 - a^2}{2bs}\right)$$

而

$$\alpha_{AP} = \alpha_{AB} - \angle A$$

于是有：

$$\begin{cases} x_P = x_A + b \times \cos\alpha_{AP} \\ y_P = x_A + b \times \sin\alpha_{AP} \end{cases} \tag{6-33}$$

式中，a、b 即为图 6-16(d) 中的 S_a、S_b。

以上是两边交会法。工程中为了检核和提高 P 点的坐标精度，通常采用三边交会法。三边交会观测三条边，分两组计算 P 点坐标进行核对，最后取其平均值。

6.4　高程控制测量

高程控制测量通常采用水准测量或三角高程测量的方法进行。本节仅就三、四等水准测量和三角高程测量予以介绍。

6.4.1　三、四等水准测量

三、四等水准测量，除用于国家高程控制网的加密外，一般也可用于在小区域建立首级高程控制网。

关于三、四等水准测量的外业工作和等外水准测量基本上一样。三、四等水准点可以是单独埋设标石，也可用平面控制点标志代替，即平面控制点和高程控制点共用。三、四等水准测量应由二等水准点上引测。现将三、四等水准测量的要求和施测方法介绍如下。

6.4.1.1　三、四等水准测量对水准尺的要求

通常是双面尺，两根标尺黑面的底数均为 0，红面的底数一根为 4.687m，另一根为 4.787m。两根标尺应成对使用。

6.4.1.2　主要技术要求

视线长度和读数误差的限差规定见表 6-11，高差闭合差的规定见表 6-12。

表 6-11　视线长度和读数误差限差规定表

等级	标准视线长度/m	前后视距差/m	前后视距累计差/m	红黑面读数差/mm	红黑面高差之差/mm
三	≤75	≤3.0	≤5.0	≤2.0	≤3.0
四	≤100	≤5.0	≤10.0	≤3.0	≤5.0

表 6-12　高差闭合差规定表

等级	每公里高差中误差/mm	附合路线长度/km	水准仪型号	水准尺	往返较差或环线闭合差	
					平地	山地
三	±6	≤45	DS$_3$	双面	$\pm 12\sqrt{L}$	$\pm 4\sqrt{n}$
四	±10	≤15	DS$_3$	双面	$\pm 20\sqrt{L}$	$\pm 6\sqrt{n}$

注：L 为距离，单位为 km；n 为测站数。

6.4.1.3　三、四等水准测量的外业工作

(1) 一个测站上的观测顺序（见表 6-13）

① 后视黑面尺，读上、下丝读数（1）、（2）及中丝读数（3）（括号中的数字代表观测

和记录顺序）；

② 前视黑面尺，读取下、上丝读数（4）、（5）及中丝读数（6）；

③ 前视红面尺，读取中丝读数（7）；

④ 后视红面尺，读取中丝读数（8）。

这种"后—前—前—后"的观测顺序，主要是为了抵消水准仪与水准尺下沉产生的误差。四等水准测量每站的观测顺序也可以为"后—后—前—前"，即"黑—红—黑—红"。表中各次中丝读数（3）、（6）、（7）、（8）是用来计算高差的，因此，在每次读取中丝读数前，都要注意使符合气泡严密重合。

表 6-13　三（四）等水准测量观测手簿

测站编号	点号	后尺	下丝	前尺	下丝	方向及尺号	中丝水准尺读数/m		$K+$黑$-$红/mm	高差中数/m	备注
			上丝		上丝		黑面	红面			
		后视距离		前视距离							
		前后视距差		累积差							
		(1)		(4)		后	(3)	(8)	(14)		
		(2)		(5)		前	(6)	(7)	(13)	(18)	
		(9)		(10)		后一前	(15)	(16)	(17)		
		(11)		(12)							
1	$A\sim Z_1$	1.426		0.801		后 K_1	1.211	5.998	0		
		0.995		0.371		前 K_2	0.526	5.273	0	+0.6250	
		43.1		43.0		后一前	+0.625	+0.725	0		
		+0.1		+0.1							
2	$Z_1\sim Z_2$	1.812		0.570		后 K_2	1.554	6.241	0		$K_1=4.787$ $K_2=4.687$
		1.296		0.052		前 K_1	0.311	5.097	+1	+1.2435	
		51.6		51.8		后一前	+1.243	+1.144	−1		
		−0.2		−0.1							
3	$Z_2\sim Z_3$	0.889		1.713		后 K_1	0.698	5.486	−1		
		0.507		1.333		前 K_2	1.523	6.210	0	−0.8245	
		38.2		38.0		后一前	−0.825	−0.724	−1		
		+0.2		+0.1							
4	$Z_3\sim B$	1.891		0.758		后 K_2	1.708	6.395	0		
		1.525		0.390		前 K_1	0.574	5.361	0	+1.1340	
		36.6		36.8		后一前	+1.134	+1.034	0		
		−0.2		−0.1							

(2) 测站的计算、检核与限差

1）视距计算

后视距离(9)＝[(1)−(2)]×100。

前视距离(10)＝[(4)−(5)]×100。

前、后视距差(11)＝(9)−(10)，三等水准测量，不得超过±3m；四等水准测量，不得超过±5m。

前后视距累积差(12)＝本站（11）＋前站（12），三等不得超过±5m，四等不得超过±10m。

2）黑、红面读数差

前尺：(13)＝(6)＋K－(7)。

后尺：(14)＝(3)＋K－(8)。

K_1、K_2分别为前尺、后尺的红黑面常数差。三等不得超过±2mm，四等不得超过±3mm。

3）高差计算

黑面高差(15)＝(3)－(6)。

红面高差(16)＝(8)－(7)。

检核计算(17)＝(14)－(13)＝(15)－(16)±0.100，三等不得超过 3mm，四等不得超过 5mm。

高差中数(18)＝[(15)＋(16)±0.100]/2。

上述各项记录、计算见表 6-13。观测时若发现本测站某项限差超限，应立即重测本测站。只有各项限差均检查无误后，方可搬站。

（3）每页计算的总检核

在每测站检核的基础上，应进行每页计算的检核。

$\sum(15)=\sum(3)-\sum(6)$。

$\sum(16)=\sum(8)-\sum(7)$。

$\sum(9)-\sum(10)=$本页末站(12)－前页末站(12)。

$\sum(18)=\dfrac{1}{2}[\sum(15)+\sum(16)]$，测站数为偶数。

$\sum(18)=\dfrac{1}{2}[\sum(15)+\sum(16)]\pm0.100$，测站数为奇数。

（4）水准路线测量成果的计算、检核

三、四等附合或闭合水准路线高差闭合差的计算、调整方法与普通水准测量相同，其高差闭合差的限差见表 6-12。

6.4.2 三角高程测量

当两点间地形起伏较大而不便于施测水准时，可应用三角高程测量的方法测定两点间的高差而求得高程。该法较水准测量精度低，常用作山区各种比例尺测图的高程控制。

（1）三角高程测量的原理

三角高程测量的原理如图 6-17 所示，已知 A 点的高程 H_A，欲求 B 点高程 H_B。可将仪器安置在 A 点，照准 B 点目标，测得竖角 α，量取仪器高 i 和目标高 v。

如果用测距仪测得 AB 两点间的斜距 D'，则高差：

$$h_{AB}=D'\times\sin\alpha+i-v \qquad (6-34)$$

如果已知 AB 两点间的水平距离 D，则高差：

$$h_{AB}=D\times\tan\alpha+i-v \qquad (6-35)$$

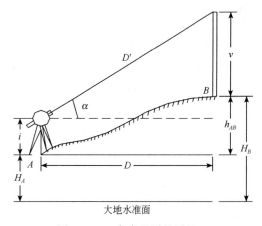

图 6-17 三角高程测量原理

B 点高程为

$$H_B = H_A + h_{AB} \tag{6-36}$$

（2）三角高程测量的观测与计算

进行三角高程测量，当 $v=i$ 时，计算方便。当两点间距大于 300m 时，应考虑地球曲率和大气折光对高差的影响。为了消除这个影响，三角高程测量应进行往、返观测，即所谓的对向观测。也就是由 A 观测 B，又由 B 观测 A。往、返所测高差之差不大于限差时［对向观测较差 $f_{h容} \leqslant \pm 0.1D$ m（D 为平距，单位 km）］，取平均值作为两点间的高差，可以抵消地球曲率和大气折光差的影响。

三角高程测量的内容与步骤如下：

① 安置仪器于测站点上，量取仪器的高度 i 和目标高 v，精确至 1mm。两次读数差不大于 3mm 时，取平均值。

② 瞄准标尺顶端，测竖直角 α，用 J_6 级经纬仪测 1～2 个测回，为了减少折光影响，目标高应大于 1m。

③ 若是经纬仪三角高程测量，则水平距离 D 已知；若是光电测距三角高程测量，距离 S 由测距仪测出。

④ 计算高差。表 6-14 是三角高程测量观测与计算实例。

表 6-14　三角高程测量的高差计算

起算点	A		B	
欲求点	B		C	
	往	返	往	返
水平距离 D/m	577.157	577.137	417.653	417.697
竖直角 α	$+3°24'15''$	$-3°22'47''$	$+0°27'32''$	$-0°25'58''$
仪器高 i/m	1.565	1.537	1.581	1.601
目标高 v/m	1.695	1.680	1.713	1.708
球气差改正 f/m	0.022	0.022	0.012	0.012
高差/m	$+34.163$	-34.145	$+3.225$	-3.250
平均高差/m	$+34.154$		$+3.238$	

思考题

1. 小区域控制测量中，导线的布设形式有几种？各适用于什么情况？

2. 导线测量的外业工作主要包括哪些？现场选点时应注意哪些问题？

3. 回答下列问题：

（1）说明闭合导线计算步骤，写出计算公式。

（2）闭合导线计算中，要计算哪些闭合差，如何处理？

（3）用各折角观测值先推算各边方位角，再计算方位角闭合差可以吗？此时闭合差应如何处理？

（4）如果连接角观测有误，又没有检核条件，会产生什么结果？

（5）如果在边长测量时，仪器带有与距离成正比的系统误差，能否反映在闭合差上？

4. 试述图根导线外业工作的主要内容，敷设图根导线最少需要哪些起算数据？外业需观测哪些数据？连接角有何作用？

5.图根点点位的选择有哪些基本要求？

6.某附合导线如图 6-18 所示，控制点 A(1746.336,616.596)、B(998.072,1339.891)、C(1081.796,5208.429)、D(2303.321,6123.749)。根据图中所示观测数据，计算图根附合导线各点坐标。

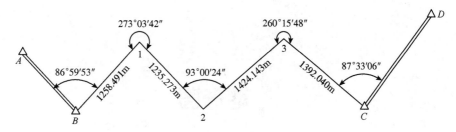

图 6-18　习题 6

7.角度前方交会观测数据如图 6-19 所示，已知 $x_A=1112.342$m、$y_A=351.727$m、$x_B=659.232$m、$y_B=355.537$m、$x_C=406.593$m、$y_C=654.051$m，求 P 点坐标。

8.距离交会观测数据如图 6-20 所示，已知 $x_A=1223.453$m，$y_A=462.838$m，$x_B=770.343$m，$y_B=466.648$m，$x_C=517.704$m，$y_C=765.162$m，求 P 点坐标。

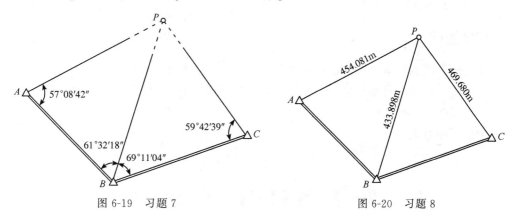

图 6-19　习题 7　　　　　　　　图 6-20　习题 8

9.如图 6-21 所示，已知 CA 边的坐标方位角 $\alpha_{AC}=274°16'04''$，$\beta_1=29°52'34''$，$\beta_2=80°46'12''$，求 AB 边的坐标方位角。

10.如图 6-22 所示，已知 $x_B=1250.50$m，$y_B=2536.25$m，计算 1 点的坐标。

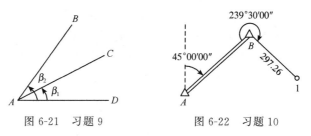

图 6-21　习题 9　　　　　图 6-22　习题 10

11.画图说明三角高程测量原理。

第7章

地形图

内容提示

1.地形图的基本知识；
2.地形图的应用。

教学目标

1.掌握地形图的基本知识，理解地物符号的作用，熟练阅读地图；

2.能够应用数学、自然科学和工程科学的基本原理，识别、表达并通过文献研究分析复杂工程问题，以获得有效结论；

3.增强版图意识。

7.1 地形图的基本知识

地形图测绘的主要任务就是使用测量仪器，按照一定的测量程序和方法，将地物和地貌及其地理元素测量出来并绘制成图。地形图测绘的主要成果就是要得到各种不同比例尺的地形图。而大比例尺的地形图测绘所研究的主要问题就是在局部地区根据工程建设的需要，将客观存在于地表上的地物和地貌的空间位置以及它们之间的相互关系，通过合理的取舍，真实准确地测绘到图纸上。其特点是测区范围小、精度要求高、比例尺大，因而在如何真实准确地反映地表形态方面具有其特殊性。

7.1.1 概述

地球表面千姿百态，极为复杂，有高山、峡谷，有河流、房屋等，但总的来说，这些可以分为地物和地貌两大类。地物是指地球表面上的各种固定性物体，可分自然地物和人工地物，如房屋、道路、江河、森林等。地貌是地球表面起伏形态的统称，如高山、平原、盆地、陡坎等。按照一定的比例尺，将地物、地貌的平面位置和高程表示在图纸上的正射投影图，称为地形图。

测图比例尺不同，成图方法和要求也不一样。通常大比例尺测图的特点是测区范围较小，精度要求高，成图时间短，主要采用平板仪、经纬仪等常规直接测图方法；中比例尺地形图常用航测法成图；小比例尺地形图是根据大比例尺地形图和其他测量资料编绘而成的。

大比例尺地形图可供各种工程设计使用。不同性质的工程设计对地形图的内容与精度要求也不相同。例如，在城镇区进行园林、建筑测图，对地物平面位置要求高；在水利工程及农田灌溉等设计中，对地面高程要求严；林业规划设计，则强调植被种类及覆盖面积。故在地形测量中，应根据专业特点、工程性质等方面合理地选择测图比例尺，做到既满足精度要求，又经济合理。

地形测量的任务，是准确地确定地物、地貌特征点的平面位置和高程，然后描绘地物和地貌。测绘地物和地貌称为地形测量，地形测量是各种基本测量方法（如量距、测角、测高、视距等）和各种测量仪器（如皮尺、经纬仪、水准仪、平板仪等）的综合应用，是平面和高程的综合性测量。地形图上的内容较多，为了识别和正确使用地形图，国家测绘总局制定了各种比例尺的地形图图式，它是测绘和使用地形图的技术文件，其中对地形图的格式、符号、注记等作了统一的规定，在测绘内容和精度要求等方面也有一定的要求和标准。测绘单位都应遵守执行，以保证成图的质量。在单张的地形图上，常把图上的符号和注记写在图上适当位置，以方便用图，这种专用的符号和注记称为图例。

7.1.2 地形图比例尺

地形图上一段直线的长度与地面上相应线段的实际水平长度之比，称为地图比例尺。地图比例尺表示了实际地理事物在地图上缩小的程度，如比例尺为 1∶10000，就是说地图上 1cm，相当于实地距离 100m。

(1) 比例尺的种类

1) 数字比例尺 数字比例尺一般取分子为 1，分母为整数的分数表示。设图上某一直线长度为 d，地面上相应线的水平长度为 D，则图的比例尺为

$$\frac{d}{D} = \frac{1}{M} \tag{7-1}$$

或写成 1∶M。分母越大，分数值越小，则比例尺就越小，反之则比例尺就越大。地图比例尺有大小之别。同一个地理事物在地图上表示得越大，则说明地图的比例尺就越大。

为满足经济建设和国防建设的需要，根据比例尺大小不同，地形图分大、中、小三种比例尺图。一般将 1∶500～1∶10000 比例尺地形图称为大比例尺地形图；1∶25000～1∶100000 比例尺的称为中比例尺地形图；小于 1∶100000 比例尺的称为小比例尺地形图。根据国家颁布的测量规范、图式和比例尺系统测绘或编绘的地形图，称国家基本图，也称基本比例尺地形图。各国使用的地形图比例尺系统不尽一致，我国把 1∶5000、1∶10000、1∶25000、1∶50000、1∶100000、1∶200000、1∶500000 和 1∶1000000 八种比例尺的地形图规定为基本比例尺地形图。

2) 图示比例尺 为了用图方便，以及减小由于图纸伸缩而引起的使用中的误差，在绘制地形图时，常在图上绘制图示比例尺，最常见的图示比例尺为直线比例尺，也就是线段比例尺，如图 7-1 所示。

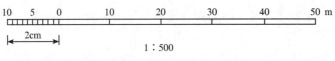

1:500

图7-1　直线比例尺

（2）比例尺精度

人们用肉眼能分辨的图上最小距离为0.1mm，因此一般在图上量度或者实地测图描绘时，就只能达到图上0.1mm的精确性。因此我们把图上0.1mm所表示的实地水平长度称为比例尺精度。可以看出，比例尺越大，其比例尺精度也越高。不同比例尺的比例尺精度见表7-1。

表7-1　比例尺精度

比例尺	1:500	1:1000	1:2000	1:5000	1:10000
比例尺精度/m	0.05	0.1	0.2	0.5	1.0

比例尺精度的概念，对测绘和用图有重要意义。例如在测1:50000图时，实地量距只需取到5m，因为若量得再精细，在图上是无法表示出来的。此外，当设计规定需在图上能量出的最短长度时，根据比例尺的精度，可以确定测图比例尺。例如某项工程建设，要求在图上能反映地面上10cm的精度，则采用的比例尺不得小于1:1000。

7.1.3　地形图的分幅与编号

为了便于测绘、管理和使用地形图，需要将大区域内的各种比例尺的地形图进行统一的分幅和编号。地形图的分幅方法有两种：一种是国家基本图的分幅，是按经度、纬度划分的梯形分幅法；另一种是用于工程建设上的大比例尺地形图的分幅，是按坐标网格划分的正方形或矩形分幅法。

（1）梯形分幅与编号

地形图的梯形分幅又称为国际分幅，由国际统一规定的经线为图幅的东西边界，统一的纬线为图幅的南北边界。由于子午线收敛于南、北两极，所以整个图幅呈梯形，其编号方法随比例尺不同而不同。

1）1:100万比例尺地形图的分幅与编号　1:100万比例尺地形图的分幅编号采用国际统一的规定。做法是将整个地球表面用子午线分成60个6°的纵列，由经度180°起，自西向东用阿拉伯数字1～60编列号数。同时，由赤道起分别向南、向北直至纬度88°止，以每隔4°的纬度圈分成许多横行，这些横行用大写的拉丁字母A、B、C、…、V标明。以两极为中心，以纬度88°为界的圆，用Z标明。图7-2为北半球1:100万比例尺地形图的分幅与编号。在北半球和南半球的图幅，分别在编号前加N或S予以区别。

一张1:100万比例尺地形图，是由纬差4°的纬线和经差6°的子午线所围成的梯形。每一幅1:100万比例尺的梯形图号是由横行的字母与纵列的号数组成，如甲地的纬度为北纬39°56′23″，经度为东经116°22′53″，其所在1:100万比例尺的图幅编号为J-50。

2）1:50万、1:20万和1:10万比例尺地形图的分幅与编号

① 每幅1:100万地形图按纬差2°、经差3°分为4幅，即得1:50万地形图，分别以代码A，B，C，D表示。将1:100万图幅的编号加上字母，即为1:50万图幅的编号。

② 每幅1:100万地形图按纬差1°、经差1.5°分为16幅，即得1:25万地形图，分别

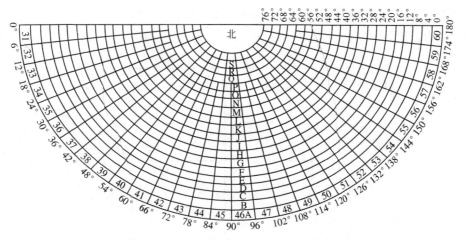

图 7-2　1：100 万比例尺地图的分幅与编号

用 [1]，[2]，…，[16] 代码表示。将 1：100 万图幅的编号加上代码，即为 1：50 万图幅的编号。

③ 每幅 1：100 万地形图按纬差 20′、经差 30′分为 144 幅，即得 1：10 万的图，分别用 1，2，…，144 代码表示。将 1：100 万图幅的编号加上代码，即为 1：25 万图幅的编号。

如图 7-3 所示，在 1：100 万地形图 J-50 图幅中，画斜线的阴影部分 1：50 万图幅的编号为 J-50-D；画点画线的阴影部分 1：25 万图幅的编号为 J-50-B [4]；画网格线的阴影部分 1：10 万图幅的编号为 J-50-78。

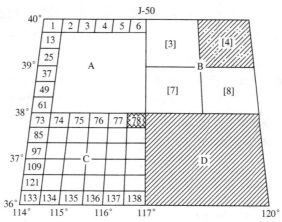

图 7-3　1：50 万、1：25 万、1：10 万比例尺地形图的分幅与编号

3）1：5 万、1：2.5 万、1：1 万比例尺地形图的分幅与编号　1：5 万、1：2.5 万、1：1 万地形图的分幅和编号，都是以 1：10 万地形图的分幅和编号为基础的。

每幅 1：10 万的地形图，可划分成 4 幅 1：5 万的地形图，分别用 A，B，C，D 代码表示；将 1：10 万图幅的编号加上代码，即为 1：5 万图幅的编号。每幅 1：5 万的地形图又可以分为 4 幅 1：2.5 万的地形图，分别用 1，2，3，4 代码表示；将 1：5 万图幅的编号加上代码，即为 1：2.5 万图幅的编号。

每幅 1：10 万的地形图可划分为 64 幅 1：1 万的地形图，分别以（1），（2），…，（64）代码表示；将 1：10 万图幅的编号加上代码，即为 1：1 万图幅的编号。

如图 7-4 所示，在 1：10 万地形图 J-50-78 图幅中，左上角 1：5 万图幅的编号为 J-50-

78-A；画斜线的阴影部分 1：2.5 万图幅的编号为 J-50-78-D-2；点填充的阴影部分 1：1 万图幅的编号为 J-50-78-(8)。

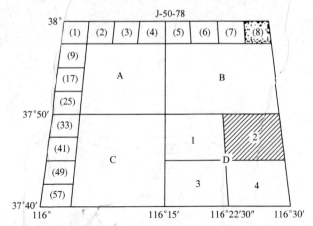

图 7-4 1：5 万，1：2.5 万，1：1 万比例尺地形图的分幅与编号

4）1：5000 和 1：2000 比例尺地形图的分幅与编号 每幅 1：1 万的地形图，可划分成 4 幅 1：5000 的地形图，分别用 A，B，C，D 代码表示；将 1：1 万图幅的编号加上代码，即为 1：5000 图幅的编号。将 1：5000 的地形图分成 9 幅，即得 1：2000 的地形图；在 1：5000 地形图的编号后加 1，2，…，9 的代码来表示，即为 1：2000 地形图图幅的编号。

（2）矩形分幅与编号

工程建设中所用大比例尺地形图多采用矩形分幅法。矩形分幅的编号方法有坐标编号法、流水编号法和行列编号法三种。

1）坐标编号法 坐标编号法一般采用图幅西南角纵横坐标的千米数来表示其编号，以 "纵坐标～横坐标" 的格式表示。例如，某幅图西南角的坐标 $x = 2604.0km$，$y = 1350.0km$，则其编号为 2604.0～1350.0。编号时注意，比例尺为 1：5000 的地形图取至整千米数；1：2000、1：1000 的地形图取至 0.1km；而 1：500 的地形图，坐标值取至 0.01km。

2）流水编号法 流水编号法一般是从左至右，由上到下用阿拉伯数值编号。

3）行列编号法 以 1：5000 的图为基础，取其图幅西南角的坐标值（以千米为单位）

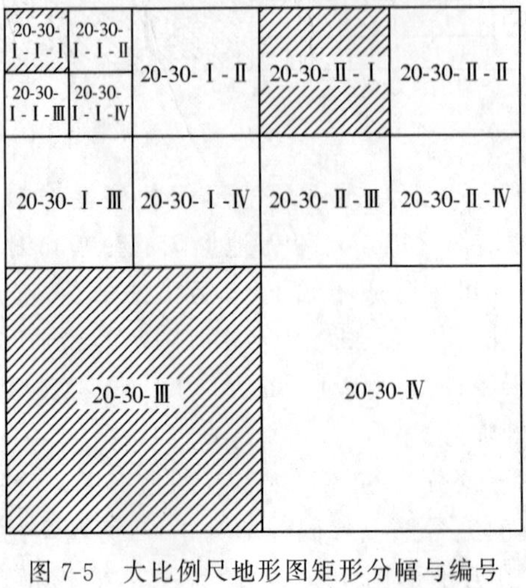

图 7-5 大比例尺地形图矩形分幅与编号

作为 1：5000 图的编号。如图 7-5 所示的 1：5000 图的编号为 20-30。每幅 1：5000 图可分成 4 幅 1：2000 图，分别以 Ⅰ、Ⅱ、Ⅲ、Ⅳ 编号。每幅 1：2000 图又分成 4 幅 1：1000 图，每幅 1：1000 图再分成 4 幅 1：500 图，它们的编号均用罗马数字 Ⅰ、Ⅱ、Ⅲ、Ⅳ 表示。另外，各种比例尺图的编号的编排顺序均为自西向东，自北向南，在图 7-5 中，绘有阴影线的 1：2000 图号为 20-30-Ⅲ，绘有阴影线的 1：1000 图号为 20-30-Ⅱ-Ⅰ，而绘有阴影线的 1：500 图号为 20-30-Ⅰ-Ⅰ-Ⅰ。它们图幅的大小如表 7-2 所示。

表 7-2　矩形分幅图廓规格

比例尺	图幅大小/(cm×cm)	实地面积/km²	1：5000 图幅包含数量	图廓西南角坐标/m
1：5000	40×40	4.0	1	1000 的倍数
1：2000	50×50	1.0	4	1000 的倍数
1：1000	50×50	0.25	16	500 的倍数
1：500	50×50	0.0625	64	50 的倍数

7.1.4　地形图的图外注记

地形图图外注记对于地图的可读性和修饰性起着重要的作用，一般包括图名和图号、接图表、比例尺和图廓线、数据获取方式、制图时间、坐标系统和高程系统等。

（1）图名和图号

图名和图号即本幅图的名称和编号，一般位于图幅的正上方中间位置，如图 7-6 所示。通常以图幅内最著名的地名、厂矿企业或村庄的名称作为图名；图号就是该图幅相应分幅方法的编号，详见 7.1.3 节内容。

图 7-6　图名和图号　　　　　　　　　图 7-7　接图表

（2）接图表

为了说明本幅图与相邻图幅之间的关系，便于索取相邻图幅，在图幅左上角列出相邻图幅图名，斜线部分表示本图位置，如图 7-7 所示。

（3）比例尺和图廓

比例尺供地图上量取距离和坡度时使用，一般位于地图的正下方，如图 7-8 所示。

图 7-8　地形图的比例尺

图廓是图幅四周的范围线，它有内图廓和外图廓之分。内图廓是地形图分幅时的坐标格网或经纬线。外图廓是在内图廓以外一定距离绘制的加粗平行线，仅起装饰作用。在内图廓外四角处注有坐标值，并在内图廓线内侧，每隔10cm绘有5mm的短线，表示坐标格网线的位置。在图幅内绘有间隔10cm的坐标格网交叉点。内图廓以内的内容是地形图的主体信息，包括坐标格网或经纬网、地物符号、地貌符号和注记。比例尺大于1：10万的只绘制坐标格网。在内、外图廓间注记坐标格网线的坐标，或图廓角点的经纬度。在内图廓和分度带之间的注记为高斯平面直角坐标系的坐标值（以km为单位），由此形成该平面直角坐标系的公里格网。地形图的图廓线如图7-9所示。

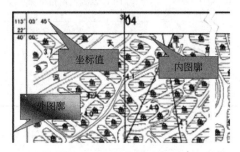

图 7-9　地形图的图廓线

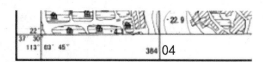

1994年10月—1995年1月航摄，1995年12月调绘。
1993年版图式，1996年出版。
1980西安坐标系。
1956年黄海高程系，等高距5米。

图 7-10　地图资料的说明信息

（4）数据获取方式、制图时间、坐标系统和高程系统

地形图左下角一般注有数据获取方式、制图时间、坐标系统和高程系统等，用来对地图所采用的资料进行说明，如图7-10所示。

此外，地形图图外注记还有地图版权单位、密级以及其他说明等信息。

7.2　地形图的符号与表示

为便于测图和用图，用各种符号将实地的地物和地貌在图纸上表示出来，这种符号统称为地形图图式。《地形图图式》由国家测绘总局统一制定，是测绘和使用地形图的重要工具。表7-3为1：500、1：1000、1：2000比例尺的一部分地形图图式示例。

表 7-3　常用地物地貌注记符号

1	无看台的露天体育场	体育场	5	经济作物地	0.8╎┇3.0 蔗 10.0 ├─10.0─┤
2	游泳池	泳	6	菜地	2.0 2.0 10.0 ├─10.0─┤
3	打谷场、球场	球	7	灌木林	0.5 1.0
4	旱地	1.0 2.0 10.0 ├─10.0─┤			

续表

8	高压线		21	等级公路	
9	低压线		22	简易公路	
10	通信线		23	大车路	
11	路灯		24	小路	
12	一般房屋 混——房屋结构		25	围墙 a. 依比例围墙 b. 不依比例围墙	
13	普通房屋 2——房屋层数		26	活树篱笆	
14	窑洞 1. 住人的 2. 不住人的 3. 地面下的		27	篱笆	
15	台阶		28	铁丝网	
16	旗杆		29	三角点 凤凰山——点名 394.468——高程	
17	加油站		30	水准点	
18	沟渠 1. 有堤岸的 2. 一般的 3. 有沟堑的		31	图根点 1. 埋石的 2. 不埋石的	
19	过街天桥				
20	高速公路				

续表

| 32 | GPS 控制点 | △ B 14
495.267
3.0 | 33 | 常年河
a. 水准线
b. 高水界
c. 流向
d. 潮流向
←〰〰 涨潮
→ 落潮 | |

7.2.1 地物符号

为了测图和用图的方便，对于地面上天然或人工形成的地物，按统一规定的图式符号在地形图上将它们表示出来。地物符号可分为比例符号、半比例符号、非比例符号与注记符号。

（1）比例符号

可按测图比例尺用规定的符号在地形图上绘出的地物符号称为比例符号。如地面上的房屋、桥梁、旱田等地物。

（2）半比例符号

某些线状延伸的地物，如铁路、公路、通信线、围墙、篱笆等，其长度可按比例尺绘出，但其宽度不能按比例尺表示，这类地物符号称为线性符号，也称为半比例符号。

（3）非比例符号

某些地物，如独立树、界碑、水井、电线杆、水准点等，无法按比例尺在图上绘出其形状。这种只能用其中心位置和特定的符号表示的地物符号称为非比例符号。非比例符号不仅其形状和大小不按比例尺绘出，而且符号的中心位置（定位点）与该地物实地中心位置的关系也随地物的不同而异，在测图和用图时应加以注意。

（4）注记符号

图上用文字和数字所加的注记和说明称为注记符号。如房屋的结构和层数、厂名、校名、路名、等高线高程以及用箭头表示的水流方向等。绘图的比例尺不同，则符号的大小和详略程度也有所不同。

7.2.2 地貌符号与表示

在地形图上用等高线和地貌符号来表示地面的高低起伏形态，即地貌。等高线就是地表高程相等的相邻点顺序连接而成的闭合曲线。

典型的地貌有平地、丘陵地、山地、盆地等。坡度 2° 以下称为平地，坡度在 2° 至 6° 之间称为丘陵地，6° 至 25° 称为山地，坡度大于 25° 的地方称为高山地。四周高而中间低的地方称为盆地，小的盆地也有人称为坝子，很小的称洼地。

地面的高低起伏，形成各种地貌形态的基本要素，主要包括山地、山脊、山坡、鞍部、山谷等。地貌的独立凸起称为山。山顶向一个方向延伸到山脚的棱线称为山脊，其棱线起分散雨水的作用，称为分水线，又称山脊线。山脊的两侧到山脚称为山坡。相邻两个山头之间呈马鞍形的低凹部分称为鞍部。两山坡相交，使雨水汇合形成合水线，经水流冲蚀形成山谷，合水线又称山谷线。山谷的搬运作用可在山谷口形成冲积三角洲。山脊线和山谷线称为地性线，代表地形的变化。地貌要素与等高线如图 7-11 所示。

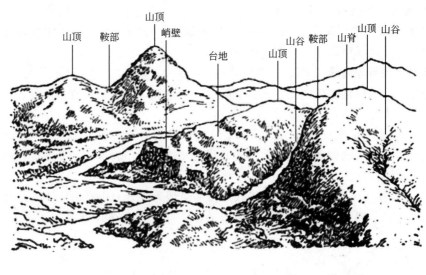

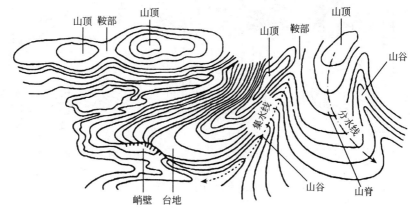

图 7-11　地貌要素与等高线

（1）等高线的类型

等高线是地面上高程相同的相邻点连成的闭合曲线。等高线通常可分为以下 4 类：

① 基本等高线（首曲线）。按基本等高距绘制的等高线。

② 加粗等高线（计曲线）。每隔四条首曲线加粗一条等高线，并在其上注记高程。

③ 半距等高线（间曲线）。在个别地方的地面坡度很小，用基本等高距的等高线不足以显示局部地貌特征时，按 1/2 基本等高距用虚线加绘半距等高线。

④ 助曲线。为了反映更详细的地貌，在间曲线和首曲线之间，用四分之一等高距绘制出一条等高线，称为辅助等高线，又称助曲线。

助曲线和间曲线用于表现局部细节地貌，允许不完全绘出一整条等高线。在大比例地形图中，由于等高距小，一般不用表现到四分之一等高距。

（2）等高线的特征

① 同一条等高线上各点的高程都相同。

② 等高线应是闭合曲线，若不在本图幅内闭合，则在相邻篇幅闭合。只有在遇到用符号表示的陡崖和悬崖时，等高线才能断开。

③ 除了悬崖和陡崖外，不同高程的等高线不能相交或重合。

④ 山脊线和山谷线与等高线正交。

⑤ 同一幅地形图上等高距相同。等高线平距越小，等高线越密，则地面坡度越陡；等高线平距越大，等高线越疏，则地面坡度越缓。

（3）典型地貌与等高线

尽管地球表面的高低起伏变化复杂，但不外乎由山头、盆地、山脊、山谷、鞍部等几种典型地貌组成。

① 山地与洼地（盆地）（图7-12）。典型地貌中地表隆起并高于四周的高地称为山地，其最高处为山头。山头的侧面为山坡，山地与平地相连处为山脚。洼地是四周较高而中间凹下的低地，较大的洼地称为盆地。

② 山脊与山谷（图7-13）。山地上线状延伸的高地为山脊，山脊的棱线称山脊线，即分水线。两山脊之间的凹地为山谷，山谷最低点的连线称山谷线或集水线。

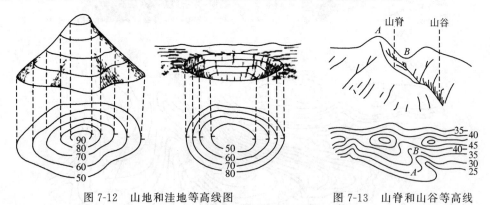

图7-12　山地和洼地等高线图　　　　　图7-13　山脊和山谷等高线

③ 鞍部（图7-14）。鞍部一般指山脊线与山谷线的交会之处，是在两山峰之间呈马鞍形的低凹部位。

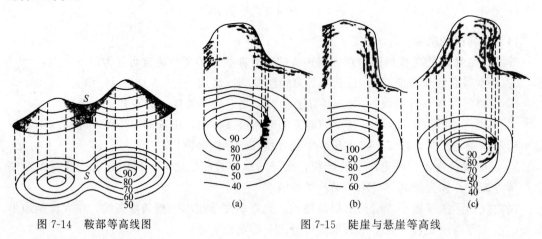

图7-14　鞍部等高线图　　　　　图7-15　陡崖与悬崖等高线

④ 陡崖与悬崖（图 7-15）。坡度在 70° 以上的山坡称为陡崖，陡崖处等高线非常密集甚至重叠，可用陡崖符号来代替等高线。下部凹进的陡崖称悬崖，悬崖的等高线投影到地形图上会出现相交情况。

7.3　地形图应用概述

7.3.1　地形图的主要用途

地形图是丰富的自然地理、人文地理和社会经济信息的载体，也是一种全面反映地面上的地物、地貌相互位置关系的图纸。它是进行工程建设项目可行性研究的重要资料，也是工程规划、设计和施工的重要依据。

在进行工程建设的规划和设计阶段，首先应对规划地区的情况做系统而周密的调查研究，其中，现状地形图是比较全面、客观地反映地面情况的可靠资料。因此，地形图是国土整治、资源勘察、城乡规划、土地利用、环境保护、工程设计、矿藏采掘、水利工程、军事指挥、武器发射等工作不可缺少的重要资料，需要从地形图上获取地物、地貌、居民点、水系、交通、通信、管线、农林等多方面的信息，作为设计的依据。

在地形图上，可以确定点位、点与点之间的距离和直线间的夹角；可以确定直线的方位，进行实地定向；可以确定点的高程、两点间的高差以及地面坡度；可以在图上勾绘出集水线和分水线，标出洪水线和淹没线；可以根据地形图上的信息计算出图上一部分地面的面积和一定厚度地表的体积，从而确定在生产中的用地量、土石方量、蓄水量、矿产量等；可以从图上了解到各种地物、地类、地貌等的分布情况，计算诸如村庄、树林、农田等数据，获得房屋的数量、质量、层次等资料；可以从图上决定各设计对象的施工数据；可以从图上截取断面，绘制剖面图，以确定交通、管线、隧道等的合理位置。利用地形图作底图，可以编绘出一系列专题地图，如地质图、水文图、农田水利规划图、土地利用规划图、建筑物总平面图、城市交通图和地籍图等。

7.3.2　地形图的阅读

大比例尺地形图是各项工程规划、设计和施工的重要地形资料，尤其是在规划设计阶段，不仅要以地形图为底图进行总平面的布设，而且还要根据需要，在地形图上进行一定的量算工作，以便因地制宜地进行合理的规划和设计。

为了能正确地应用地形图，首先要能看懂地形图。地形图用各种规定的符号和注记表示地物、地貌及其他有关资料，通过对这些符号和注记的识读，可使地形图成为展现在人们面前的实地立体模型，以判断其相互关系和自然形态。

（1）用图比例尺的选择

各种不同比例尺的地形图，所提供信息的详尽程度是不同的，要根据使用地形图的目的来选择。例如，对于一个城市的总体规划、一条河流的开发规划，涉及大片地区，需要的是宏观的信息，就得使用较小比例尺的地形图。对于居民小区和水利枢纽区的设计，则要用较大比例尺的地形图，以便在图上研究微地貌和安排各种各样的建筑物。

对于总体规划、厂址选择、区域布置、方案比较，多使用比例尺为 1∶10000 和 1∶5000 的图。详细规划和工程项目的初步设计，可以用 1∶2000 地形图。对于小区的详细规划、工程的施工图设计、地下管线和地下人防工程的技术设计、工程的竣工图、为扩建和管理服务的地形图、城镇建筑区的基本图，多使用比例尺为 1∶1000 和 1∶500 的图。当同一地区需要用到多种比例尺图时，可测其中比例尺最大的一种，其余靠缩编成图。

（2）读图注意事项

1）了解地形图的平面坐标系统和高程系统　对于国家基本图幅地形图，如 1∶500、1∶1000、1∶2000 梯形分幅的国家基本图，一般采用国家统一规定的高斯平面直角坐标系。要注意区分其坐标系统是"1954 年北京坐标系"，还是"1980 年国家大地坐标系"，亦或是"2000 国家大地坐标系"。有些城市地形图使用城市坐标系，有些工程建设使用的地形图是独立坐标系。至于高程系统，要注意区分高程基准是采用"1956 年黄海高程系统"还是"1985 国家高程基准"，亦或是其他高程系、假定高程系等。

判定和了解这些坐标系对于图幅所在工程与图幅外工程或地域的相关位置关系具有重要的决策意义。

2）熟悉图例，学会判读　地形图的信息是通过图例符号传达的，图例符号是地形图的语言。用图时，首先要了解该幅图使用的是哪一种图例，并对图例进行认真阅读，了解各种符号的确切含义。此外，若要正确判读地形图，还须在了解地形图符号的含义后，对其正确理解，将其具体化、形象化，使符号表达的地物、地貌在头脑中形成立体概念。

3）了解图的施测时间等要素　地形图反映的是测绘地形现状，读图用图时要注意图纸的测绘时间。对于未能在图纸上反映的地物、地貌变化，应予以修测、补测，原则上以选择最近测绘的、现实性强的图纸为好。另外还要注意图的类别，是基本图还是规划图、工程专用图，是详测图还是简测图等，注意区别这些图的精度和内容取舍的不同。

7.4　地形图应用的基本内容

地形图的应用十分广泛，而不同的专业对图的应用又有所侧重。下面介绍应用地形图解决问题的基本方法。

7.4.1　在地形图上确定任一点的平面坐标

在地形图上做规划设计时，经常需要用图解的方法量测一些设计点位的坐标。例如，在地形图上设计一幢房屋，为了控制和图上已有房屋之间的最小距离，则需要确定图上已有房屋离设计房屋最近一角点的坐标。由于确定点的坐标的精度要求不高，故仅用图解法在图上求解点的平面坐标即可。

如图 7-16 所示，欲求图上 A 点的平面坐标，可先过 A 点分别作平行于直角坐标纵线和横线的两条直线 fe、gh，然后用比例尺分别量取线段 ae 和 ag 的长度。为了防止错误，以及考虑图纸变形的影响，还应量出线段 ed 和 gb 的长度进行检核，即

$$ag + gb = ae + ed = 10\text{cm}$$

若无错误，则 A 点的坐标等于

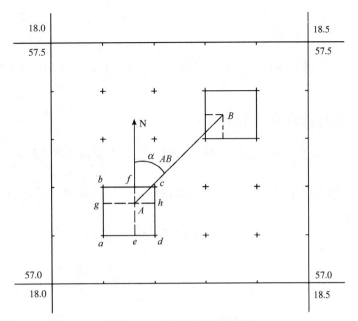

图 7-16　在图上求点的坐标

$$\begin{cases} X_A = X_a + ag \times M \\ Y_A = Y_a + ae \times M \end{cases} \tag{7-2}$$

式中　X_a，Y_a——A 点所在方格西南角点的坐标；

　　　　M——地形图比例尺的分母。

若图纸的伸缩过大，在图纸上量出方格边长（图上长度）不等于 10cm 时，为提高坐标的量测精度，就必须进行改正。这时 A 点的坐标可按式(7-3)计算：

$$\begin{cases} X_A = X_a + \dfrac{10}{ab} \times ag \times M \\ Y_A = Y_a + \dfrac{10}{ad} \times ae \times M \end{cases} \tag{7-3}$$

使用式(7-3)时，注意右端计算单位的一致。

7.4.2　求图上两点间的距离

欲求图上两点间的距离，可用以下两种方法。

（1）图解法

在地形图上量测两点间的水平距离，可用直尺先量得图上两点间的长度，乘以比例尺分母即得相应实地水平距离。例如，在 1:5 万地形图上量得两点间的长度 $d = 32.2\text{mm}$，则它的实地水平距离 $D = 32.2\text{mm} \times 50000 = 1610\text{m}$。

大比例尺地形图上可以直接用三棱比例尺量取两点间实地水平距离。为了消减图纸伸缩误差，在每幅小比例尺地形图的图廓下方都绘有直线比例尺，只要用卡规两脚在图上卡取两点位置，即可直接在直线比例尺上得出其对应的实地水平距离。

（2）解析法

若地形图上没有直线比例尺，且图纸变形较大，或是两点不在同一幅图内，此时，可用图解法分别求出直线端点 A、B 的平面直角坐标，再运用坐标反算公式计算两点间水平距，即

$$D_{AB} = \sqrt{(X_B - X_A)^2 + (Y_B - Y_A)^2} = \sqrt{\Delta X^2 + \Delta Y^2} \qquad (7\text{-}4)$$

在实际工作中，有时需要确定曲线的距离。最简便的方法是用一细线使之与图上待测的曲线吻合，在细线上作出两端点的标记，然后量取细线两标记之间的长度，再按比例尺确定曲线的实地距离。

7.4.3 求图上直线的坐标方位角

如图 7-16 所示，欲求 AB 直线的坐标方位角，有图解法和解析法两种方法。

（1）图解法

过 A、B 两点精确地作平行于坐标纵线的直线，然后用量角器量出 AB 的坐标方位角 α_{AB} 和 BA 的方位角 α_{BA}。

同一直线的正、反方位角之差为 180°。但是由于量测存在误差，设量测结果为 α'_{AB} 和 α'_{BA}，则可按式（7-5）计算 α_{AB}：

$$\alpha_{AB} = \frac{1}{2}(\alpha'_{AB} + \alpha'_{BA} \pm 180°) \qquad (7\text{-}5)$$

（2）解析法

先求出 A、B 两点的坐标，然后再按式（7-6）计算 AB 的坐标方位角：

$$\alpha_{AB} = \arctan \frac{(Y_B - Y_A)}{(X_B - X_A)} = \arctan \frac{\Delta Y_{AB}}{\Delta X_{AB}} \qquad (7\text{-}6)$$

当然，应根据 AB 直线所在的象限来确定坐标方位角的最后值。

7.4.4 在地形图上确定点的高程

在地形图上的任一点，可以根据等高线及高程标记确定其高程。如图 7-17 所示，p 点正好在等高线上，则其高程与所在的等高线高程相同，从图上看为 27m。如果所求点不在等高线上，如图中 k 点，则过 k 点作一条垂直于相邻等高线的线段 mn，量取 mn 的长度 d，再量取 mk 的长度 d_1，则 k 点的高程 H_k 可按比例内插求得：

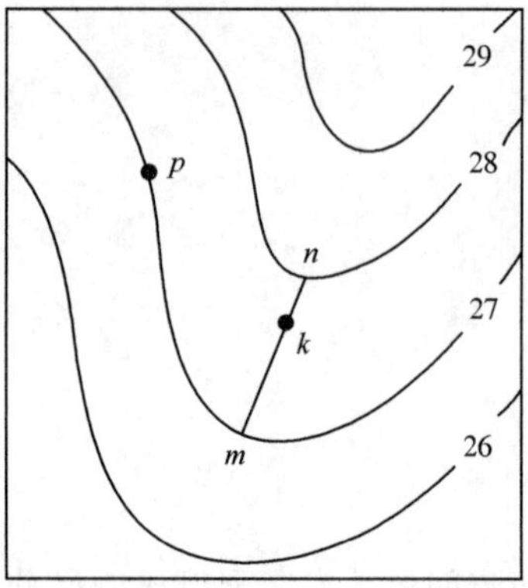

$$H_k = H_m + \Delta h = H_m + \frac{d_1}{d}h \qquad (7\text{-}7)$$

图 7-17 求图上某点的高程

式中，H_m 为 m 点的高程；h 为等高距，在图 7-17 中 $h = 1$m。

在图上求某点的高程时，通常可以根据相邻两等高线的高程目估确定。例如，图 7-17 中的 k 点的高程可以估计为 27.7m，因此，其高程精度低于等高线本身的精度。规范规定：在平坦地区，等高线的高程误差不应超过 $\frac{1}{3}$ 等高距；丘陵地区，不应超过 $\frac{1}{2}$ 等高距。由此可见，如果等高距为 1m，则平坦地区等高线的高程误差限值为 0.3m，山区可达 0.5m。所以，用目估确定点的高程是允许的。

7.4.5 在地形图上确定两点间的坡度

欲求地形图上两点间的坡度，首先必须求得两点间的水平距离 d 和高差 h，然后，按式

(7-8) 计算两点间的坡度：

$$i = \tan\delta = \frac{h}{d} \tag{7-8}$$

式中　δ——地面的倾角。

坡度 i 一般用百分率或千分率表示，有正负之分，"＋"为上坡，"－"为下坡。如果直线两端点间的各等高线平距相近，求得的坡度可以认为基本上符合实际坡度；如果两点间各等高线平距不等，则式(7-8) 所求地面坡度为两点的平均坡度。

7.4.6　在地形图上按设计坡度选择最短路线

在道路、管线、渠道等工程设计时，都要求线路在不超过某一限制坡度的条件下，选择一条最短路线或等坡度线。

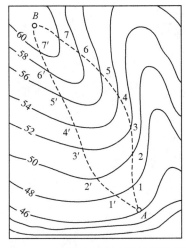

图 7-18　按设计坡度选择最短路线

如图 7-18 所示，A、B 为一段线路的两端点，要求从 A 点起按 5% 的坡度选两条路线到达 B 点，以便进行分析、比较，从中选定一条便于施工、费用低的最短路线。

首先要按照限定的坡度 i、等高距 h、地形图比例尺分母 M，求得该路线通过图上相邻两等高线之间的平距 d，即

$$d = \frac{h}{i \times M} \tag{7-9}$$

设等高距为 2m，图比例尺为 1：5000，则 $d = \frac{2}{0.05 \times 5000} = 0.008$。然后，以 A 点为圆心，d 为半径画弧，交 48m 等高线于点 1，再以 1 点为圆心，d 为半径画弧，交 50m 等高线于点 2，依次进行，直至 B 点为止。连接 A、1、2、…、B，便在图上得到符合限定坡度的路线。同法作出 A 点经 $1'$、$2'$、…、B 的另一条符合限定坡度的路线。

如果图上等高线平距大于 d，表明实地坡度小于限定坡度，线路可按两点间最短路线的方向绘出。

7.5　地形图在工程建设中的应用

7.5.1　绘制地形断面图

断面图是表现沿某一方向的地面起伏情况的一种图。它是以距离为横坐标，高程为纵坐标绘出的。在工程设计中，特别是各种线路工程的规划设计中，为了进行填挖方量的概算，以及合理确定线路的纵坡，都需要了解沿线路方向的地面起伏情况，为此，常需绘制沿指定方向的纵断面图。纵断面图可以在现场实测，也可以从地形图上获取资料而绘出。如图 7-19(a) 所示，现要绘制 ab 方向的断面图，步骤如下：

① 绘制直角坐标轴线，横坐标轴 D 表示水平距离，比例尺与图上比例尺相同；纵坐标

轴 H 表示高程，为能更好显示地面起伏形态，其比例尺是水平距离比例尺的 10 或 20 倍。并在纵轴上注明高程，高程的起始值选择要恰当，使断面图位置适中。

② 确定断面点，先用分规在地形图上分别量取 $M1$、$M2$、$\cdots$、MN 的距离，再在横坐标轴 D 上，以 M 为起点，量出长度 $M1$、$M2$、$\cdots$、MN 以定出 M、1、2、$\cdots$、N 点。通过这些点作垂线，就得到与相应高程线的交点，这些点为断面点。

③ 用光滑的曲线连接断面上的各点，即得 MN 方向的断面图，如图 7-19（b）所示。

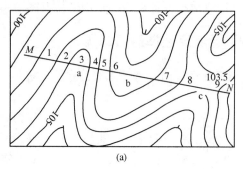

(a)

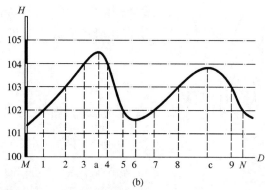

(b)

图 7-19　绘制断面图

7.5.2　确定汇水面积

在修建大坝、桥梁、涵洞和排水管道等工程时，都需要知道有多大面积的雨水、雪水向这个河道或谷地里汇集，以便在工程设计中计算流量，这个汇水范围的面积亦称为汇水面积（或称集雨面积）。

由于雨水是沿山脊线（分水线）向两侧山坡分流，所以汇水范围的边界线必然是由山脊线及与其相连的山头、鞍部等地貌特征点和人工构筑物（如坝和桥）等线段围成。如图 7-20 所示，欲在 A 处建造一个泄水涵洞。AE 为一山谷线，泄水涵洞的孔径大小应根据流经该处的水量决定，而水量又与山谷的汇水范围大小有关。从图 7-20 中可以看出，由山脊线 BC、CD、DE、EF、FG、GH 及道路 HB 所围成的边界，就是这个山谷的汇水范围。量算出该范围的面积即得汇水面积。

在确定汇水范围时应注意以下两点：

① 边界线（除构筑物 A 外）应与山脊线一致，且与等高线垂直。

② 边界线是经过一系列山头和鞍部的曲线，并与河谷的指定断面（如图中 A 处的直线）闭合。

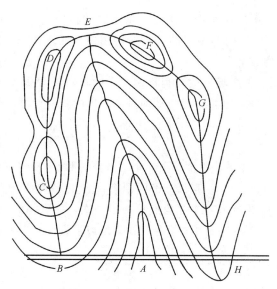

图 7-20 确定汇水面积边界线

根据汇水面积的大小，再结合气象水文资料，便可进一步确定流经 A 处的水量，从而对拟建于此处的涵洞大小提供设计依据。

7.5.3 填、挖土方量计算

在各种工程建设中，除对建筑物要做合理的平面布置外，往往还要对原地貌做必要的改造，以便适于布置各类建筑物、排除地面水以及满足交通运输和敷设地下管线等。这种地貌改造称为平整土地。在平整土地的工作中，常需估算土石方的工程量，其方法有多种，其中方格网法（或设计等高线法）是应用最广泛的一种。下面分两种情况介绍该方法。

（1）要求平整成水平面

假设要求将原地貌按挖填土石方量平衡的原则改造成水平面，如图 7-21 所示，其步骤如下。

1）在地形图上绘制方格网 在地形图上拟建场地内绘制方格网。方格网的大小取决于

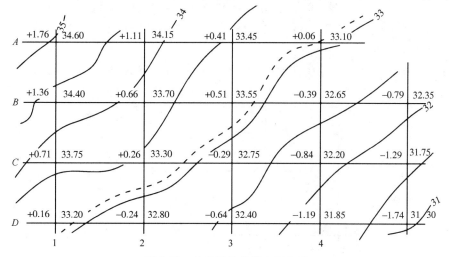

图 7-21 方格网法估算土石方量

地形复杂程度、地形图比例尺大小以及土石方量估算的精度要求，一般边长为实地 10m 或 20m。方格网绘制完后，根据地形图上的等高线，用内插法求出每一方格顶点的地面高程，并注记在相应方格顶点的右上方。

2）计算设计高程 平整后场地的高程称为"设计高程"。先取每一方格四个顶点的平均地面高程，再取所有方格平均地面高程的平均值，得出的就是设计高程 H_0：

$$H_0 = \frac{H_1 + H_2 + H_3 + \cdots + H_n}{n} \tag{7-10}$$

式中，H_n 为每一方格的平均地面高程；n 为方格总数。

从计算过程中可以看出，由于是取方格四顶点高程的平均值，所以每点的高程要乘以 1/4。再从图中可以看出，像 $A1$、$A4$ 等角点只用了一次，而像 $A2$、$B1$ 等边点则用了两次，拐点 $B4$ 用了三次，而像 $B2$、$C2$ 等中点要用四次，所以求设计高程 H_0 的计算公式可写成

$$H_0 = \frac{\sum H_角 + 2\sum H_边 + 3\sum H_拐 + 4\sum H_中}{4n} \tag{7-11}$$

这样计算出的设计高程，可使填土和挖土的数量大致相等。将图 7-21 中各方格点高程代入式(7-11)，求出设计高程为 33.04m。在图上内插绘出 33.04m 等高线（图中虚线），即为不填不挖的边界线，也称为零线。

3）计算挖（填）高度 用方格顶点的地面高程和设计高程，可计算出各方格顶点的挖（填）高度，即：挖（填）高度＝地面高程－设计高程。将挖（填）高度注记在各方格顶点的左上方，正号为挖方，负号为填方。

4）计算挖（填）土石方量 挖（填）土石方量可按角点、边点、拐点、中点分别按式 (7-12) 计算：

$$\begin{cases} 角点挖（填）土石方量＝挖（填）高度 \times \dfrac{1}{4}方格面积 \\[2mm] 边点挖（填）土石方量＝挖（填）高度 \times \dfrac{1}{2}方格面积 \\[2mm] 拐点挖（填）土石方量＝挖（填）高度 \times \dfrac{3}{4}方格面积 \\[2mm] 中点挖（填）土石方量＝挖（填）高度 \times 1 方格面积 \end{cases} \tag{7-12}$$

5）计算总填、挖土方量 检验挖方量和填方量是否相等，即：$V_{总挖} = V_{总填}$。满足"挖、填平衡"的要求。

如图 7-22 所示，设每一方格面积为 400m^2，计算的设计高程是 25.2m，每一方格的挖

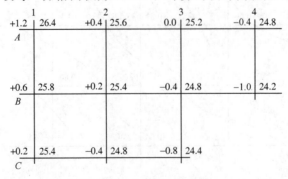

图 7-22 土方填、挖计算

深或填高数据分别利用"挖（填）高度＝地面高程－设计高程"计算出，并注记在方格顶点的左上方。于是，可按式(7-12)列表（见表7-4）分别计算出挖方量和填方量。从计算结果可以看出，挖方量和填方量是相等的，满足"挖、填平衡"的要求。

表 7-4 挖、填土方计算表

点号	挖深/m	填高/m	所占面积/m²	挖方量/m³	填方量/m³
A1	+1.2		100	120	
A2	+0.4		200	80	
A3	0.0		200	0	
A4		−0.4	100		40
B1	+0.6		200	120	
B2	+0.2		400	80	
B3		−0.4	300		120
B4		−1.0	100		100
C1	+0.2		100	20	
C2		−0.4	200		80
C3		−0.8	100		80
				∑:420	∑:420

（2）按设计要求整理成倾斜面

将原地形改造成某一坡度的倾斜面，一般可根据"填、挖平衡"的原则，绘出设计倾斜面的等高线。但是有时要求所设计的倾斜面必须包含不能改动的某些高程点（称为设计斜面的控制高程点），例如已有道路的中线高程点、永久性或大型建筑物的外墙地坪高程等。

计算土石方工程量的步骤如下：

① 确定设计等高线的平距；

② 确定设计等高线的方向；

③ 插绘设计倾斜面的等高线；

④ 计算填、挖土方量。

与前一方法（要求平整成水平面）相同，首先在图面上绘制方格网，并确定各方格顶点的挖深和填高。不同之处是各方格顶点的设计高程是根据等高线内插求得的，并注记在方格顶点的右下方。其填高和挖深量仍记在各顶点的左上方。挖方量和填方量的计算和前一方法相同。

7.5.4 图形面积量算

在规划设计中，常需要在地形图上量算一定轮廓范围内的面积。下面介绍几种常用的方法。

（1）图解法

图解法是将欲计算的复杂图形分割成简单图形如三角形、平行四边形、梯形等再量算。如果图形的轮廓线是曲线，则可把它近似当作直线看待，精度要求不高时，可采用透明方格网法。

如图 7-23 所示，在图纸上画出欲测面积的范围边界，用透明的方格纸蒙在欲测面积的图纸上，统计出图纸上所测面积边界所围方格的整格数和不完整格数。然后用目估法对不完整的格数凑整成整格数，再乘上每一小格所代表的实际面积，就可得到所测图形的实地面积。也可以把不完整格数的一半当成整格数参与计算。

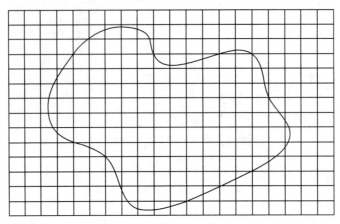

图 7-23   透明方格纸法

（2）坐标解析法

如果图形为任意多边形，且各顶点的坐标已在图上量出或已在实地测定，可利用各点坐标以解析法计算面积。解析法是根据图形边界线转折点的坐标来计算图形面积的大小。图形边界线转折点的坐标可以在地形图上通过坐标格网来量测，而有的图形边界线转折点的坐标是在外业实测的，可直接计算。

设四边形 1234 顶点的坐标为 (X_1, Y_1)、(X_2, Y_3)、(X_3, Y_3)、(X_4, Y_4)，由图 7-24 知其面积 S 为

$$S = \frac{(y_2 - y_1)}{2}(x_2 + x_1) + \frac{(y_3 - y_2)}{2}(x_3 + x_2) - \frac{(y_4 - y_1)}{2}(x_4 + x_1) - \frac{(y_3 - y_4)}{2}(x_3 + x_4)$$

整理后得

$$S = \frac{1}{2}\left[x_1(y_2 - y_4) + x_2(y_3 - y_1) + x_3(y_4 - y_2) + x_4(y_1 - y_3)\right] \tag{7-13}$$

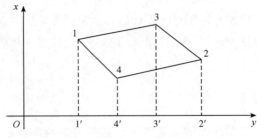

图 7-24   解析法求面积

推广至 n 边形：

$$S = \frac{1}{2}\sum_{i=1}^{n}\left[x_i(y_{i+1} - y_{i-1})\right] \tag{7-14}$$

或

$$S = \frac{1}{2} \sum_{i=1}^{n} \left[y_i (x_{i-1} - x_{i+1}) \right] \tag{7-15}$$

式中，i 为各顶点的序号。当 $i=1$ 时，$i-1=0$，这时取 $x_{i-1}=x_0=x_n$；当 $i=n$ 时，$i+1=n+1$，这时取 $x_{i+1}=x_{n+1}=x_1$。

📁 思考题

1. 什么是比例尺精度？1∶500、1∶2000 地形图的比例尺精度分别是多少？

2. 等高线有什么特性？

3. 地形图符号包括哪些类型？

4. 何谓地物？地物符号分为哪几类？每类符号能表示实际地物的哪些信息？

5. 什么是比例符号、非比例符号、半比例符号？各在什么情况下应用？

6. 在地形图上如何确定点的坐标和高程？如何确定直线的长度、坐标方位角和坡度？

7. 在地形图上如何确定汇水面积范围？

8. 在 1∶1000 的地形图上，若等高距为 1m，现要设计一条坡度为 2% 的等坡度最短路线，问路线上相邻等高线的最短间距应为多少？

第8章

数字化测图

内容提示

1. 数字化测图的基本方法；
2. 全站仪测图的基本过程；
3. 内业成图的过程。

教学目标

1. 掌握数字化测绘大比例尺地形图的方法和步骤；
2. 能够应用数学和工程科学的基本原理，识别、表达、分析复杂工程问题，以获得有效结论；
3. 能够设计针对复杂工程问题的解决方案，能够在设计环节中体现创新意识，考虑社会、健康、安全、法律、文化以及环境等因素。

8.1 数字化测图技术概述

数字化测图（Digital Surveying & Mapping，简称DSM），从广义上应包括：利用电子全站仪或其他测量仪器进行野外数字化测图；利用相关设备和软件对传统方法测绘的原图的数字化；以及借助解析测图仪或立体坐标量测仪对航空摄影、遥感影像进行数字化测图等技术。利用上述技术将采集到的地形数据传输到计算机，并由功能齐全的成图软件进行数据处理、成图显示，再经过编辑、修改，生成符合国家标准的地形图。最后将地形数据和地形图分类建立数据库，并用绘图仪或打印机完成地形图和相关数据的输出。

上述以电子计算机为核心，在外连输入、输出硬件设备和软件的支持下，对地形空间数据进行采集、传输、处理、编辑、入库管理和成图输出的整个系统，称为自动化数字测绘系统，图 8-1 所示为数字化测图的基本原理。

数字化测绘不仅仅是利用计算机辅助绘图，减轻测绘人员的劳动强度，保证地形图绘制

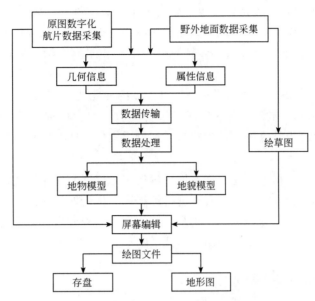

图 8-1　数字化测图的基本原理

质量，提高绘图效率，更具有深远意义的是：由计算机进行数据处理，并可以直接建立数字地面模型和电子地图，用存储器或网络提供数字地形图，便于传输和多用户共享，可以传输给工程设计单位直接进行计算机辅助设计（CAD）；可供地理信息系统建库使用；可以进行各种修改处理，可始终保持数字地形图的现势性，以供国家、城市和行业部门的现代化管理，以及工程设计人员进行计算机辅助设计使用。提供地图数字图像等信息资料已成为政府管理部门和工程设计、建设单位必不可少的工作，正越来越受到各行各业的普遍重视。

目前数字化测图野外数据采集工作以全站仪、GNSS 接收机、摄影测量与遥感等手段为主，本章以土木工程项目常用的全站仪为例进行介绍。

8.2　全站仪野外数据采集

8.2.1　野外数据采集概述

野外数据采集作业模式主要包括野外测量记录和室内计算机成图。由于地形图不是在现场测绘，而是依据电子手簿中存储的数据，由计算机软件自动处理，并控制数控绘图仪自动完成地形图的绘制。这就存在着野外采集的数据与实地或图形之间的对应关系问题。为使绘图人员或计算机能够识别所采集的数据，便于对其进行处理和加工，需要现场绘制草图，也可以对仪器实测的每一个碎部点给予一个确定的地形信息编码。

（1）地形信息编码的原则

由于数字化测图采集的数据信息量大、内容多、涉及面广，数据和图形应一一对应，构成一个有机的整体，它才具有广泛的使用价值，因此，必须对其进行科学的编码。编码的方法是多种多样的，但不管采用何种编码方式，应遵循的一般原则基本相同：

① 一致性。即非二义性，要求野外采集的数据或测算的碎部点坐标数据，在绘图时能唯一地确定一个点，并在绘图时符合图式规范。

② 灵活性。要求编码结构充分灵活，满足多用途数字测绘的需要，在地理信息管理和规划、建筑设计等后续工作中，为地形数据信息编码的进一步扩展提供方便。

③ 简易实用性。尊重传统方法，容易为野外作业和图形编辑人员理解、接受和正确记忆、方便地使用。

④ 高效性。能以尽量少的数据量承载尽可能多的外业地形信息。

⑤ 可识别性。编码一般由字符、数字或字符与数字组合而成，设计的编码不仅要求能够被人识别，还要求能被计算机用较少的机时加以识别，并能有效地对其管理。

（2）编码方法

在遵循编码原则的前提下，应根据数据采集使用的仪器、作业模式及数据的用途统一设计地形信息编码。如按照地形图图式分类进行编码的三位、四位编码，按照地物的拼音首字母进行编码等方法。目前，国内数字化测图系统的软件品种较多，所采用的地形信息编码的方法也很多，实际工作中可参阅有关测图软件说明书。

8.2.2 全站仪坐标测量模式

全站仪是一种集光、机、电为一体的高技术测量仪器，是集水平角、垂直角、距离（斜距、平距）、高差测量功能于一体的测绘仪器系统。本书第 3 章和第 4 章分别对全站仪测量角度和距离做了说明。图 8-2 为坐标测量模式下的屏幕情景，表 8-1 为坐标测量模式按键功能。

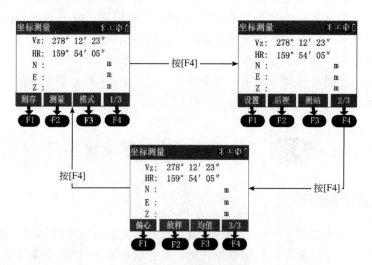

图 8-2　坐标测量模式

表 8-1　坐标测量模式按键功能

页面	软键	显示符号	功能
1	F1	测存	启动坐标测量，将测量数据记录到相对应的文件中（测量文件和坐标文件在数据采集功能中选定）
	F2	测量	启动坐标测量
	F3	模式	设置四种测距模式（单次精测/N 次精测/重复精测/跟踪）之一
	F4	1/3	显示第 2 页软键功能

续表

页面	软键	显示符号	功能
2	F1	设置	设置目标高和仪器高
	F2	后视	设置后视点的坐标，并设置后视角度
	F3	测站	设置测站点的坐标
	F4	2/3	显示第 3 页软键功能
3	F1	偏心	启动偏心测量功能
	F2	放样	启动坐标放样功能
	F3	均值	设置 N 次精测的次数
	F4	3/3	显示第 1 页软键功能

8.2.3　全站仪初始设置

(1) 设置垂直角和水平角的倾斜改正

当启动倾斜传感器时，将显示由于仪器不严格水平而需对垂直角自动施加改正。为了确保角度测量的精度，尽量选用倾斜传感器，其显示也可以用来更好地整平仪器。若出现"补偿超出"，则表明仪器超出自动补偿的范围，必须调整脚螺旋整平。

(2) 设置测距目标类型

全站仪可选用的反射体有棱镜、无棱镜及反光板。用户可根据作业需要自行设置。反射棱镜模式需要配合棱镜使用；无棱镜模式为立镜困难条件下测量提供了方便，但精度有所损失；反光板是全站仪与反射贴片配合使用时采用的模式，普遍用于建筑结构体的变形监测中。

(3) 设置反射棱镜常数

当使用棱镜作为反射体时，需在测量前设置好棱镜常数。通常棱镜转动中心标示的点是待测量点，而测量光线进入棱镜的等效折转点并不在此点上（如图 8-3 所示），设此二者的差值为 30mm，若折转点在待测点的后面，此时应设置棱镜常数为 -30，反之棱镜常数应设置为 +30。市面上目前流行的棱镜，其常数多为 -30、0 和其他。

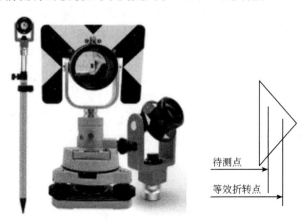

图 8-3　全站仪反射棱镜

（4）设置大气改正

进行坐标测量时，测量值会受当时大气条件的影响。为了降低大气条件的影响，测量时须使用气象改正参数进行改正。

气压：1013hPa

温度：20℃

大气改正的计算：

$$\Delta S = 277.825 - 0.29434P/(1+0.003661T)$$

式中，ΔS 为改正系数，10^{-6}；P 为气压，hPa；T 为温度，℃。

（5）大气折光和地球曲率

① 仪器在进行平距测量和高差测量时，可对大气折光和地球曲率的影响进行自动改正。大气折光和地球曲率的改正依下面所列的公式计算。

经改正后的平距：

$$D = S \times \left[\cos\alpha + \sin\alpha \times S \times \cos\alpha \times \frac{K-2}{2R_e}\right]$$

式中，$K=0.14$，为大气折光系数；$R_e=6371km$，为地球曲率半径；α（或 β）为水平面起算的竖角（垂直角）；S 为斜距。

经改正后的高差：

$$H = S \times \left[\sin\alpha + \cos\alpha \times S \times \cos\alpha \times \frac{1-K}{2R_e}\right]$$

② 若不进行大气折光和地球曲率改正，则计算平距和高差的公式分别为

$$D = S \times \cos\alpha$$
$$H = S \times \sin\alpha$$

（6）选择数据文件

全站仪使用中需要大量的数据，同时也产生大量数据。这些数据都以文件的形式存放在仪器的电子盘或 U 盘中。工作时提前选择好测量工作中所需要的文件是一个好的习惯。

8.2.4 坐标测量

全站仪坐标测量是依据已知点坐标和已知方向，根据仪器测量的角度和距离，经过计算自动得到未知点坐标的过程。坐标测量过程涉及仪器高、目标高、斜距、水平角、竖直角等基本内容，如图 8-4 所示。全站仪坐标测量一般包括测站设置、后视点测量和前视点测量三个步骤。

（1）测站设置

测站设置也叫设站，是将全站仪架设到测站点上，经过对中整平以后，输入测站点坐标和仪器高、目标高（棱镜模式）的过程，如图 8-5 所示。

（2）后视测量

后视测量是全站仪坐标测量中的重要环节，是输入后视点坐标，或瞄准已知方向，目的是为全站仪提供除测站点以外的另一个已知条件，从而使全站仪能够自动计算坐标方位角，做好采集数据的准备。通常情况下，通过已知后视点坐标测量的形式，需要测量后视点进行坐标检核。

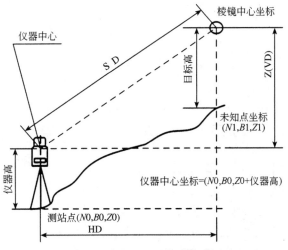

图 8-4　全站仪坐标测量形式

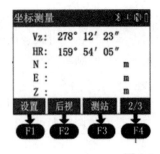
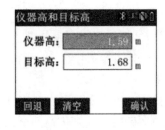

图 8-5　测站设置

（3）前视测量

前视测量即碎部点采集测量。设置好以上内容后，仪器操作人员和施镜人员即可进行碎部点采集工作，同时需要绘制草图或在测量每个碎部点时，在仪器中输入自定义编码信息，以便内业成图时参考。

8.3　草图法采集数据

8.3.1　草图法概述

草图法作业模式就是在全站仪采集数据的同时，绘制观测草图，记录所测地物的形状并注记测点顺序号，内业将观测数据通信至计算机，在测图软件的支持下，对照观测草图进行测点连线及图形编辑。此作业法通常需要一个有较强业务能力的人绘制观测草图，野外采集数据速度快，野外作业时间短，效率高。草图法测图工作流程如图 8-6 所示。

8.3.2　草图法野外数据采集步骤

在使用草图法进行野外数据采集之前，应做好充分的准备工作，主要包括两个方面：一是仪器工具的准备，二是图根点成果资料的准备。

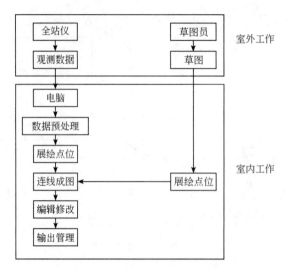

图 8-6　草图法测图工作流程

仪器工具方面的准备通常有：全站仪、三脚架、棱镜、对中杆、备用电池、充电器、数据线、钢尺（或皮尺）、小钢卷尺（量仪器高用）、记录用具、对讲机、测伞等。同时对全站仪的内存进行检查，确认有足够的内存空间，如果内存不够则需要删除一些无用的文件。如全部文件无用，可将内存初始化。

图根点成果资料的准备主要是备齐所要测绘范围内的图根点的坐标和高程成果表，必要时也可先将图根点的坐标高程成果传输到全站仪中，需要时调用即可。

具体步骤如下：

① 在高等级控制点或图根点上安置全站仪，完成仪器的对中和整平。

② 量取仪器高。

③ 全站仪开机，完成照明设置、气象改正、加常数改正、乘常数改正、棱镜常数设置、角度和距离测量模式设置等操作。

④ 进入全站仪的数据采集菜单，输入数据文件名。

⑤ 进入测站点数据输入子菜单，输入测站点的坐标和高程（或从已有数据文件中调用），输入仪器高。

⑥ 进入后视点数据输入子菜单，输入后视点坐标、高程或方位角（或从已有数据文件中调用），并在作为后视点的已知图根点上立棱镜进行定向。

⑦ 进入前视点坐标、高程测量子菜单，将已知图根点当作碎部点进行检核，确认各项设置正确后，方可开始测量碎部点。

⑧ 领尺员指挥跑尺员跑棱镜，观测员操作全站仪，并输入第一个立镜点的点号，按键进行测量，以采集碎部点的坐标和高程。第一点数据测量保存后，全站仪屏幕自动显示下一立镜点的点号。

⑨ 依次测量其他碎部点。

⑩ 领尺员绘制草图，直到本测站全部碎部点测量完毕。在一个测站上所有的碎部点测完后，要找一个已知点重测进行检核，以检查施测过程中是否存在误操作、仪器碰动或出故障等原因造成的错误。

⑪ 全站仪搬到下一站，再重复上述过程。

8.3.3　草图法野外数据采集注意事项

① 野外数据采集中，由于测站离测点可以比较远，观测员与立镜员或领尺员之间的联系离不开对讲机，测站与测点两处作业人员必须时时联络。观测完毕，观测员要及时将测点点号告知领图员或记录员，使草图标注的点号或记录手簿上点号与仪器观测点号一致。若两者不一致，应查找原因，及时更正。

② 在野外采集时，能测到的点要尽量测，实在测不到的点可利用皮尺或钢尺量距，将丈量结果记录在草图上；室内用交互编辑方法成图或利用电子手簿的量算功能，及时计算这些直接测测不到的点的坐标。

③ 若只使用全站仪内存记录，采集数据主要使用极坐标法，再在草图上记录一部分勘丈数据；若使用电子手簿记录，可充分利用电子手簿的测、量、算功能，尽可能多地测量碎部点，以满足内业绘图需要。

④ 在进行地貌采点时，可以用一站多镜的方法进行。一般在地性线上要有足够密度的点，特征点也要尽量测到。例如在山沟底测一排点，也应该在山坡边再测一排点，这样生成的等高线才真实。测量陡坎时，最好坎上坎下同时测点或准确记录坎高，这样生成的等高线才没有问题。在其他地形变化不大的地方，可以适当降低采点密度。

8.3.4　草图绘制

目前大多数数字测图系统在野外进行数据采集时，都要求绘制较详细的草图。如果测区有相近比例尺的地图，则可利用旧图或影像图并适当放大复制，裁成合适的大小（如 A4 幅面）作为工作草图。在这种情况下，作业员可先进行测区调查，对照实地将变化的地物反映在草图上，同时标出控制点的位置，这种工作草图也起到工作计划图的作用。

在没有合适的地图可作为工作草图的情况下，应在数据采集时绘制工作草图。工作草图应绘制地物的相关位置、地貌的地性线、点号、丈量距离记录、地理名称和说明注记等，如图 8-7 所示。草图可按地物的相互关系分块绘制，也可按测站绘制，地物密集处可绘制局部放大图。草图上点号标注应清楚正确，并与全站仪内存中记录的点号建立起一一对应的关系。

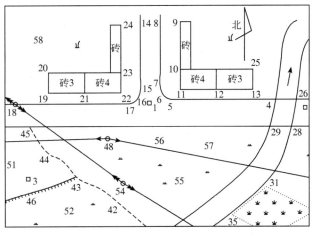

图 8-7　草图局部

8.3.5　数据传输

全站仪与计算机之间的数据通信一般包括串口通信、存储至 U 盘和直接将仪器视作移动存储设备等形式。

（1）从串口导出

选择串口导出数据类型选择窗口，如图 8-8 所示。

图 8-8　数据导出形式

以测量数据为例，按［1］键进入下一个界面，输入需要导出的测量文件或按［F2］键调用，也可以不加后缀名，导出时会默认为. MEA 文件，波特率自动获取。

导出文件时，外部计算机只需做好接收工作即可。导出的文件为 ASCII 码格式。

（2）导出到 U 盘

数据导出至 U 盘，可以提前将 U 盘插入全站仪 U 口，通过屏幕选择进入从 U 盘导出界面，自定义导出后保存的文件名。文件会存储在 U 盘 PROJECT 目录下，如果有同名文件，程序会进行提示。保存的文件为文本文件。

（3）存储器模式

将 MicroUSB（或 MiniUSB）连接线一头插入仪器，一头插入电脑，连接好后仪器开机，在电脑端，仪器被识别为 U 盘，之后可以进行文件的拷贝。工作文件和坐标文件可以拷贝后使用传输软件直接打开；在连接结束，直接拔掉连接线后，会继续运行程序。

8.4　计算机绘制地形图

8.4.1　软件及绘图

全站仪野外采集数据传输到计算机后，就可以借助成图软件进行地形图的绘制工作。目前较成熟的绘图软件包括广东南方数码科技有限公司的 CASS 软件和北京山维科技股份有限公司的清华山维 EPS 软件，如图 8-9 和图 8-10 所示。

以 CASS 软件为例，通过"绘图处理"—"展野外测点点号"，可以将带有点号的碎部点展绘到屏幕上，同时也可以通过"展野外测点代码"，将碎部点的代码展绘到屏幕上，以便于绘图；同时要将碎部点的高程信息通过"展高程点"一同调入，这样碎部点的三维信息就展绘完成。

接下来利用系统提供的符号库，依据《国家基本比例尺地图图式第 1 部分：1∶500、1∶1000、1∶2000 地形图图式》（GB/T 20257.1—2017）的规定，参照野外数据采集时的编码或草图，将碎部点绘制成为地形图，如图 8-11 所示。

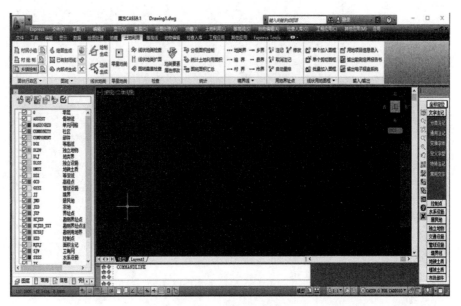

图 8-9　CASS 软件界面

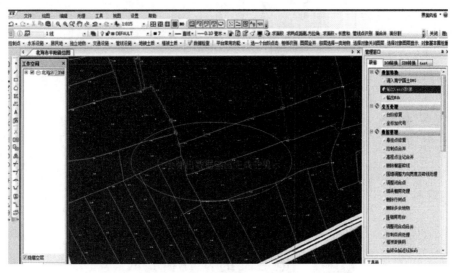

图 8-10　清华山维 EPS 软件界面

8.4.2　地形图分幅整饰

当原图经过拼接检查后，还应清绘和整饰，使图面更加合理、清晰、美观。整饰的顺序是先图内后图外、先地物后地貌、先注记后符号（主要指半比例、充填符号）。图上的标记、地物以及等高线均按规定的图式进行注记和绘制，但应注意等高线不能穿过注记或部分地物符号。最后，应按图式要求写出图名、图号、比例尺、坐标系统、高程系统、施测单位、测图方法、测绘者和测绘日期等（如图 8-12 所示）。

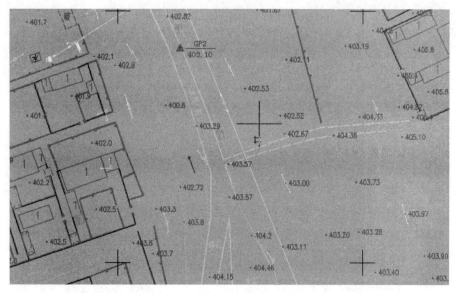

图 8-11　CASS 绘制地形图（部分）

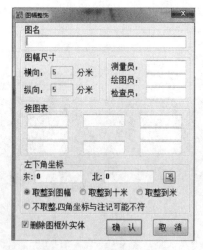

图 8-12　地形图分幅

8.5　地形图的检查和验收

8.5.1　地形图的检查

为了确保地形图的质量，除施测过程中加强检查外，在地形图测完后，必须对成图质量做一次全图的检查。

① 室内检查。室内检查的内容有：图上地物、地貌是否清晰易读；各种符号注记是否正确；等高线与地形点的高程是否相符，有无矛盾或可疑之处；图边拼接有无问题等。如发现错误或疑点，应到野外进行实地检查修改。

② 外业检查。根据室内检查的情况，有计划地确定巡视路线，进行实地对照查看。主

要检查地物、地貌有无遗漏，等高线是否逼真合理，符号、注记是否正确等。仪器设站检查：根据室内检查和巡视检查发现的问题，到野外设站检查，除对发现的问题进行修正和补测外，还要对本测站所测地形进行检查，看原测地形图是否符合要求。仪器检查量：每幅图一般为 10% 左右。

8.5.2　验收

验收是在检查的基础上进行的，以达到最后消除错误、鉴定各项成果是否合乎规范及有关技术指标的要求。验收时首先检查成果资料是否完全，然后在全部成果中抽取一部分再做全面的室内、外检查，室外检查时应当配合仪器打点检查，其余则进行一般性检查，以便对全部成果质量做出正确的评价。对成果质量的评价，一般分为合格与不合格两类。

8.5.3　地形图测绘的成果资料

地形图测绘应当提供的成果资料主要有：

① 所有图根控制点资料及点位分布图和点之记资料；

② 各测站的测量记录资料；

③ 地形图的检查、整饰、验收记录资料；

④ 地形图测绘的技术设计和技术总结资料等。

📁　思考题

1. 数字化测图的一般内容有哪些？

2. 请说明全站仪坐标测量的步骤。

3. 以 CASS 为例绘制必要的地形图地物和地貌信息。

第 9 章

测设的基本知识

内容提示

1. 测设高程、水平角和水平距离的基本方法；
2. 点位平面位置测设方法、步骤及适用情况。

教学目标

1. 掌握测设的基本原理和方法；
2. 能够应用数学和工程科学的基本原理，识别、表达、分析复杂工程问题，以获得有效结论；
3. 能够设计针对复杂工程问题的解决方案，能够在设计环节中体现创新意识，考虑社会、健康、安全、法律、文化以及环境等因素。

9.1 施工测量概述

在工程施工阶段进行的测量工作，是工程测量的重要内容。它包括施工控制网的建立、建筑物的放样、竣工测量和施工期间的变形观测等。

9.1.1 施工测量的主要内容

① 施工前建立施工控制网；
② 依据设计图纸要求进行建（构）筑物的放样及构件与设备安装的测量工作；
③ 每道施工工序完成后，通过测量检查各部位的平面位置和高程是否符合设计要求；
④ 随着施工的进展，对一些大型、高层或特殊建（构）筑物进行变形观测。

9.1.2 施工测量的特点与要求

① 施工测量虽与地形测量相反，但它同样遵循"从整体到局部，先控制后碎部"的

原则；

② 施工测量精度取决于建筑物的用途、大小、性质、材料、结构形式和施工方法；

③ 施工测量是工程建设的一部分，必须做好一系列准备工作；

④ 施工测量的质量将直接影响工程建设的质量，故施工测量应建立健全检查制度；

⑤ 施工现场交通影响大，地面震动大，各种测量标志应埋设稳固，一旦被毁，应及时恢复；

⑥ 施工现场工种多，交叉作业，干扰大，易发生差错和安全事故。

9.1.3　施工控制网

为工程建筑物的施工放样所布设的测量控制网，分为平面控制网和高程控制网。高程控制网大多是水准网；平面控制网一般布设成三角网、导线网、建筑方格网和建筑基线四种形式。

(1) 施工平面控制网形式

1) 三角网　对于地势起伏较大，通视条件较好的施工场地，可采用三角网。

2) 导线网　对于地势平坦，通视又比较困难的施工场地，可采用导线网。

3) 建筑方格网　对于建筑物多为矩形且布置比较规则和密集的施工场地，可采用建筑方格网。

4) 建筑基线　对于地势平坦，简单的小型施工场地，可采用建筑基线。

(2) 施工控制网的特点

与测图控制网相比，施工控制网具有控制范围小、控制点密度大、精度要求高及使用频繁等特点。

(3) 施工坐标系与测量坐标系的坐标换算

施工坐标系亦称建筑坐标系，其坐标轴与主要建筑物主轴线平行或垂直，以便用直角坐标法进行建筑物的放样。

施工控制测量的建筑基线和建筑方格网一般采用施工坐标系，而施工坐标系与测量坐标系往往不一致，因此，施工测量前常常需要进行施工坐标系与测量坐标系的坐标换算。

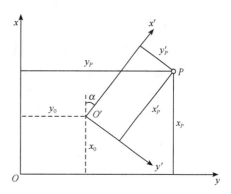

图 9-1　坐标之间关系

如图 9-1 所示，已知 P 点的施工坐标，则可按式(9-1)将其换算为测量坐标：

$$\begin{pmatrix} x_P \\ y_P \end{pmatrix} = \begin{pmatrix} x_0 \\ y_0 \end{pmatrix} + \begin{pmatrix} \cos\alpha & -\sin\alpha \\ \sin\alpha & \cos\alpha \end{pmatrix} \begin{pmatrix} x'_P \\ y'_P \end{pmatrix} \tag{9-1}$$

已知 P 点的测量坐标，则可按式(9-2)将其换算为施工坐标：

$$\begin{pmatrix} x'_P \\ y'_P \end{pmatrix} = \begin{pmatrix} \cos\alpha & \sin\alpha \\ -\sin\alpha & \cos\alpha \end{pmatrix} \begin{pmatrix} x_P - x_0 \\ y_P - y_0 \end{pmatrix} \tag{9-2}$$

9.2 点位测设的基本工作

9.2.1 测设已知水平距离

已知水平距离的测设，是从地面上一个已知点出发，沿给定的方向，量出已知（设计）的水平距离，在地面上定出这段距离另一端点的位置。

（1）钢尺测设法

1）一般方法　测设已知距离时，线段起点和方向是已知的（如图 9-2 所示）。若要求以一般精度进行测设，可在给定的方向，根据给定的距离值，从起点用钢尺丈量的一般方法，量得线段的另一端点。为检核起见，再往返丈量测设的距离，若在限差之内，取其平均值作为最后结果，然后与已知距离比较，对测设的端点进行修正。

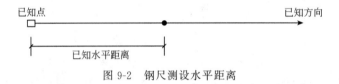

图 9-2　钢尺测设水平距离

2）精确方法　当测设精度要求较高时，应按钢尺量距的精密方法进行测设，具体作业步骤如下：

① 将经纬仪安置在起点 A 上，并标定给定的直线方向，沿该方向概量并在地面上打下尺段桩和终点桩。桩顶刻十字标志。

② 用水准仪测定各相邻桩桩顶之间的高差。

③ 按精密丈量的方法先量出整尺段的距离，并加尺长改正、温度改正和高差改正，计算每尺段的长度及各尺段长度之和，得最后结果为 D'。

④ 用已知应测设的水平距离 D 减去 D'，得余长 q，然后计算余长段应测设的距离 q'。

⑤ 根据地面上测设余长段，并在终点桩上作出标志，即为所测设的终点 B。当终点超过了原打的终点桩时，应另打终点桩。

（2）光电测距仪测设法（全站仪测设法）

如图 9-3 所示，安置红外测距仪（全站仪）于 A 点，瞄准已知方向。沿此方向移动反光棱镜位置，使仪器显示值略大于测设的距离 D，定出 C' 点。在 C' 点安置反光棱镜，测出反光棱镜的竖直角以及斜距（加气象改正）。计算水平距离，求出 D' 与应测设的水平距离 D 之差。根据差值的符号在实地用小钢尺沿已知方向改正 C' 至 C 点，并用木桩标定其点位。为了检核，应将反光棱镜安置于 C 点再实测 AC 的距离，若不符合应再次进行改正，直到测设的距离符合限差为止。

如果用具有跟踪功能的测距仪或电子速测仪测设水平距离，则更为方便，它能自动进行气象改正及将倾斜距离换算成平距并直接显示。测设时，将仪器安置在已知点 A，瞄准已知方向，测出气象要素（气温及气压），并输入仪器，此时按功能键盘上的测量水平距离和自动跟踪键（或

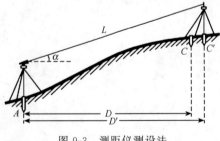

图 9-3　测距仪测设法

钮），一人手持反光棱镜杆（杆上圆水准气泡居中，以保持反光棱镜杆竖直）立在 C 点附近。只要观测者指挥手持棱镜者沿已知方向线前后移动棱镜，观测者即能在速测仪显示屏上测得瞬时水平距离。当显示值等于待测设的已知水平距离值时，即可定出 C 点。

9.2.2 测设已知水平角

（1）一般测设方法
当测设水平角的精度要求不高时，可用盘左、盘右取中数的方法。

设地面上已有 AB 方向线，欲在 AB 右侧测设已知水平角度值 β（如图 9-4 所示）。为此，将经纬仪安置在 A 点，用盘左瞄准 B 点，读取度盘数值；松开水平制动螺旋，旋转照准部，使度盘读数增加 β 角值，在此视线方向上定出 C' 点。为了消除仪器误差和提高测设精度，用盘右重复上述步骤，再测设一次，得 C'' 点，取 C' 和 C'' 的中点 C，则 AC 就是要测设的 β 角的另一边。此法又称盘左盘右分中法。

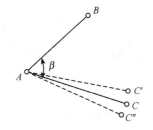

图 9-4 测设水平角一般方法

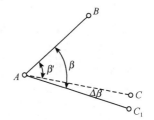

图 9-5 测设水平角精密方法

（2）精密测设方法
当测设水平角精度要求较高时，需在一般测设的基础上进行垂线改正（如图 9-5 所示），即测设水平角的精密方法。

精密测设水平角的步骤：
① 用一般方法测设水平角 β，得角另一边 AC；
② 精测 $\angle BAC$，观测结果为 β'；
③ 计算观测角 β' 与待测设水平角 β 之差，进而计算出改正数 CC_1；

$$\Delta\beta = \beta - \beta'$$
$$CC_1 = AC \times \tan\Delta\beta = AC \times \Delta\beta / \rho$$

式中，$\rho = 206265''$。
④ 根据 CC_1，现场将 C 改正至 C_1。

9.2.3 点的高程测设

测设由设计所给定的高程是根据施工现场已有的水准点引测的。它与水准测量不同之处在于：点的高程测设不是测定两固定点之间的高差，而是根据一个已知高程的水准点，测设设计所给定点的高程。在建筑设计和施工的过程中，为了计算方便，一般把建筑物的室内地坪用 ± 0.000 标高表示，基础、门窗等的标高都是以 ± 0.000 为依据，相对于 ± 0.000 测设的。

假设在设计图纸上查得建筑物的室内地坪高程为 $H = 18.500$m，而附近有一个水准点高程为 18.150m，现要求把建筑物的室内地坪标高测设到 B 点木桩上（如图 9-6 所示）。在 B 和水准点 A 之间安置水准仪，先在水准点上立尺，若尺上读数为 1.020m，则视线高程为 $18.150+1.020=19.170$（m）。根据视线高程和室内地坪高程即可算出 B 点桩尺上的应有读数为 $19.170-18.500=0.670$（m）。然后在 B 点立尺，使尺根紧贴木桩一侧上下移动，直至水准仪水平视线在尺上的读数为 0.670m 时，紧靠尺底在木桩上划一道红线，此线就是室内地坪±0.000 标高的位置。

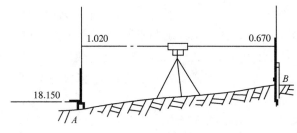

图 9-6 高程测设

标定测设点的方法很多，可根据工作要求及现有条件来定。在高程测设中，常遇到待测设点高程大于仪器视线高的情况，此时，根据现场条件，可将尺子倒立起来，使视线对准 B 尺上的读数 b，这时尺子零点的高程即为测设点的高程。

【例 9-1】 如图 9-7 所示，欲在深基坑内设置一点 B，使其高程为 $H_设$，附近一水准点 A 的高程为 H_A。施测时，用检定过的钢尺，挂一个与要求拉力相等的重锤，悬挂在支架上，零点一端向下，分别在高处和低处设站，读取图中所示水准尺读数 a_1、b_1 和 a_2、b_2，由此，可求得低处 B 点水准尺上的读数应为

$$b_应=(H_A+a_1)-(b_1-a_2)-H_设$$

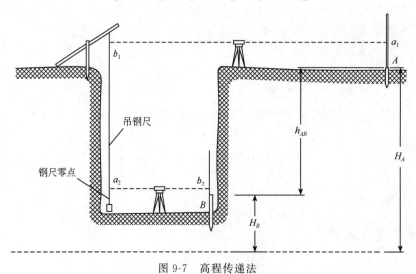

图 9-7 高程传递法

用同样的方法，可从低处向高处测设已知高程的点。

9.2.4 测设已知坡度

测设指定的坡度线，在道路建筑，敷设上、下水管道及排水沟等工程上应用较广泛。

根据已定坡度和 AB 两点间的水平距离计算出 B 点的高程，再用测设已知高程的方法，把 B 点的高程测设出来（如图 9-8 所示）。在坡度线中间的各点即可用经纬仪的倾斜视线进行标定。若坡度不大，也可用水准仪。

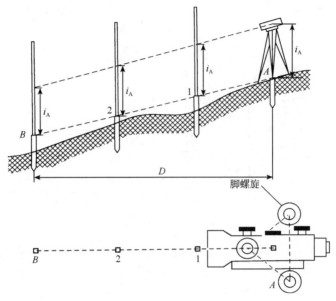

图 9-8　已知坡度测设

9.3　点位平面位置测设的方法

点位平面位置的测设方法有直角坐标法、极坐标法、角度交会法和距离交会法。至于采用哪种方法，应根据控制网的形式、地形情况、现场条件及精度要求等因素确定。

9.3.1　直角坐标法

直角坐标法是根据直角坐标原理，利用纵横坐标之差，来测设点的平面位置。直角坐标法适用于施工控制网为建筑方格网或建筑基线的形式，且量距方便的建筑施工场地。

（1）计算测设数据

如图 9-9 所示，Ⅰ、Ⅱ、Ⅲ、Ⅳ为建筑施工场地的建筑方格网点，a、b、c、d 为欲测设建筑物的四个角点。根据设计图上各点坐标值，可求出建筑物的长度、宽度及测设数据。

建筑物的长度 $= y_c - y_a = 580.00\text{m} - 530.00\text{m} = 50.00\text{m}$

建筑物的宽度 $= x_c - x_a = 650.00\text{m} - 620.00\text{m} = 30.00\text{m}$

a 点的测设数据（Ⅰ点与 a 点的纵横坐标之差）：

$\Delta x = x_a - x_{\text{I}} = 620.00\text{m} - 600.00\text{m} = 20.00\text{m}$

$\Delta y = y_a - y_{\text{I}} = 530.00\text{m} - 500.00\text{m} = 30.00\text{m}$

（2）点位测设方法

① 在Ⅰ点安置经纬仪，瞄准Ⅳ点，沿视线方向测设距离 30.00m，定出 m 点，继续向前测设 50.00m，定出 n 点。

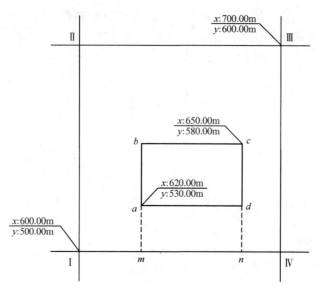

图 9-9　直角坐标法

② 在 m 点安置经纬仪，瞄准Ⅳ点，按逆时针方向测设 90°角，由 m 点沿视线方向测设距离 20.00m，定出 a 点，作出标志，再向前测设 30.00m，定出 b 点，作出标志。

③ 在 n 点安置经纬仪，瞄准Ⅰ点，按顺时针方向测设 90°角，由 n 点沿视线方向测设距离 20.00m，定出 d 点，作出标志，再向前测设 30.00m，定出 c 点，作出标志。

④ 检查建筑物四角是否等于 90°，各边长是否等于设计长度，其误差均应在限差以内。

测设上述距离和角度时，可根据精度要求分别采用一般方法或精密方法。

9.3.2　极坐标法

极坐标法是根据一个水平角和一段水平距离，测设点的平面位置。极坐标法适用于量距方便，且待测设点距控制点较近的建筑施工场地。

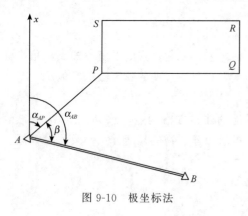

图 9-10　极坐标法

(1) 计算测设数据

如图 9-10 所示，A、B 为已知平面控制点，其坐标值分别为 $A(x_A,y_A)$、$B(x_B,y_B)$，P 点为建筑物的一个角点，其坐标为 $P(x_P,y_P)$。现根据 A、B 两点，用极坐标法测设 P 点，其测设数据计算方法如下：

① 计算 AB 边的坐标方位角 α_{AB} 和 AP 边的坐标方位角 α_{AP}，按坐标反算公式计算：

$$\alpha_{AB} = \arctan \frac{\Delta y_{AB}}{\Delta x_{AB}}$$

$$\alpha_{AP} = \arctan \frac{\Delta y_{AP}}{\Delta x_{AP}}$$

注意：对于每条边，在计算时应根据 Δx 和 Δy 的正负情况，判断该边所属象限。

② 计算 AP 与 AB 之间的夹角：

$$\beta = \alpha_{AB} - \alpha_{AP}$$

③ 计算 A、P 两点间的水平距离：

$$D_{AP} = \sqrt{(x_P - x_A)^2 + (y_P - y_A)^2} = \sqrt{\Delta x_{AP}^2 + \Delta y_{AP}^2}$$

【例 9-2】 已知 $x_P = 370.000\text{m}$，$y_P = 458.000\text{m}$，$x_A = 348.758\text{m}$，$y_A = 433.570\text{m}$，$\alpha_{AB} = 103°48'48''$，试计算测设数据 β 和 D_{AP}。

解： $\alpha_{AP} = \arctan \dfrac{\Delta y_{AP}}{\Delta x_{AP}} = \arctan \dfrac{458.000\text{m} - 433.570\text{m}}{370.000\text{m} - 348.758\text{m}} = 48°59'34''$

$\beta = \alpha_{AB} - \alpha_{AP} = 103°48'48'' - 48°59'34'' = 54°49'14''$

$D_{AP} = \sqrt{(370.000\text{m} - 348.758\text{m})^2 + (458.000\text{m} - 433.570\text{m})^2} = 32.374\text{m}$

（2）点位测设方法

① 在 A 点安置经纬仪，瞄准 B 点，按逆时针方向测设 β 角，定出 AP 方向。

② 沿 AP 方向自 A 点测设水平距离 D_{AP}，定出 P 点，作出标志。

③ 用同样的方法测设 Q、R、S 点。全部测设完毕后，检查建筑物四角是否等于 $90°$，各边长是否等于设计长度，其误差均应在限差以内。

同样，在测设距离和角度时，可根据精度要求分别采用一般方法或精密方法。

9.3.3　角度交会法

角度交会法适用于待测设点距控制点较远，且量距较困难的建筑施工场地。

（1）计算测设数据

其测设数据计算方法同极坐标法。

（2）点位测设方法

如图 9-11 所示，在 A、B 两点同时安置经纬仪，同时测设水平角 α 和 β 并定出两条视线，在两条视线相交处钉下一个大木桩，并在木桩上依 AP、BP 绘出方向线及其交点。

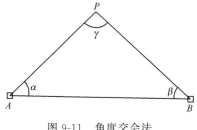

图 9-11　角度交会法

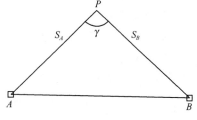

图 9-12　距离交会法

9.3.4　距离交会法

距离交会法是由两个控制点测设两段水平距离，交会得出测设点。如图 9-12 所示，AP、BP 的水平距离 S_A、S_B 计算方法与极坐标法相同，根据 S_A、S_B 交会定出点的平面位置。距离交会法适用于待测设点至控制点的距离不超过一尺段长，且地势平坦、量距方便的建筑施工场地。

建筑基线的测设

　　建筑基线是建筑场地的施工控制基准线，即在建筑场地布置一条或几条轴线。它适用于建筑设计总平面图布置比较简单的小型建筑场地。

　　（1）建筑基线的布设形式

　　建筑基线的布设形式，应根据建筑物的分布、施工场地地形等因素来确定。常用的布设形式有"一"字形、"L"形、"十"字形和"T"形（如图9-13所示）。

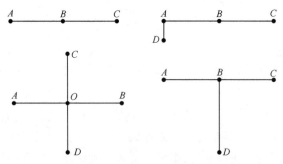

图9-13　建筑基线布设形式

　　（2）建筑基线的布设要求

　　① 建筑基线应尽可能靠近拟建的主要建筑物，并与其主要轴线平行，以便使用比较简单的直角坐标法进行建筑物的定位。

　　② 建筑基线上的基线点应不少于三个，以便相互检核。

　　③ 建筑基线应尽可能与施工场地的建筑红线相联系。

　　④ 基线点位应选在通视良好和不易被破坏的地方，为能长期保存，要埋设永久性的混凝土桩。

　　（3）建筑基线的测设方法

　　1）根据建筑红线测设建筑基线　由城市测绘部门测定的建筑用地界定基准线，称为建筑红线。根据设计的建筑基线与建筑红线的关系，测设建筑基线。有些情况下可以直接用建筑红线作为建筑基线。

　　2）根据附近已有控制点测设建筑基线　在新建筑区，可以利用建筑基线的设计坐标和附近已有控制点的坐标，用极坐标法测设建筑基线。

全站仪放样

　　全站仪坐标放样法充分利用了全站仪测角、测距和计算一体化的特点，只需知道待放样点的坐标，不需事先计算放样数据，就可以在现场放样，操作十分方便。由于目前全站仪应用已经普及，该方法已经成为施工放样的主要方法。

　　全站仪架在已知点 A 上，输入测站点 A 的坐标、后视点 B 的坐标，瞄准后视点 B，进行定向，然后输入待放样点 P 的坐标，按下放样键，仪器自动在屏幕上用左、右箭头提示应该将仪器往左还是往右旋转，这样就可以确定仪器到放样点的方向线。接着，通过测距离，仪器自动提示棱镜前后移动，直到放样出设计的距离，这样就能方便地完成点位的放样。若需要放样下一点，只要重新输入或调用下个待测点的坐标即可，按下放样键，仪器会自动提示旋转的角度和移动的距离。

用全站仪放样点位，可事先输入气象元素即现场温度和气压，仪器会自动进行气象改正。因此，用全站仪放样点位不但能保证精度，而且操作简单，速度快。

同野外数据采集相比，全站仪放样工作同样需要进行测站点设置和后视点测量工作，不同的是，全站仪放样时需要输入放样点坐标。利用仪器自带的程序，解算出放样元素。通过与屏幕互动，仪器操作人员与施镜人员相互配合，完成放样工作，如图 9-14 所示。

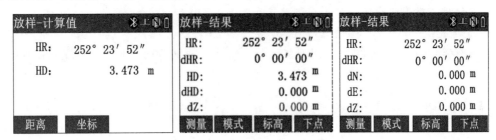

图 9-14　放样计算值和放样结果

"放样-计算值"界面中字母代表的含义如下：

HR：放样点的水平角计算值。

HD：仪器到放样点的水平距离计算值。

"放样-结果"界面中字母代表的含义如下：

HR：实际测量的水平角。

HD：实测的水平距离。

dHR：要对准放样点，仪器应转动的水平角＝实测水平角－计算的水平角。当 dHR＝$0°00'00''$时，即表明找到放样点的方向。

dHD：表示所测平距与期望放样的平距之差，如果为正，表示所测平距比期望的平距大，说明棱镜要向仪器移动。

dZ：表示高程之差，等于实测坐标（Z）减去放样坐标（Z）。

dN：表示 N 方向差值，等于实测坐标（N）减去放样坐标（N）。

dE：表示 E 方向差值，等于实测坐标（E）减去放样坐标（E）。

当显示值 dHR、dHD 和 dZ（dN、dE、dZ）均为 0 时，则放样点的测设已经完成。

此外，距离放样时，还有下列两个变量：

dSD：表示所测斜距与期望放样的斜距之差，如果为正，表示所测斜距比期望的斜距大，说明棱镜要向仪器移动。

dVD：表示所测高差与期望放样的高差之差，如果为正，表示所测高差比期望的高差大，说明棱镜要向下移动（挖方）。

当前，土木工程施工放样除了利用全站仪以外，在施工场地条件允许的情况下，GNSS放样也同样方便、快捷，具体内容详见第 10 章。

📁 思考题

1.施工放样的基本测设工作有哪些？与量距、测角、测高程的区别是什么？

2.平面位置放样的方法有哪些？各适用于何种情况？

3.水平角测设方法有哪些？精密测设水平角步骤为何？

4.简述用水准仪进行坡度测设的方法。

5.施工平面控制网有几种形式？各适合用于哪些场合？

6.建筑基线可布设成几种形式？其布设有哪些要求？

7.利用高程为 64.938m 的水准点，测设高程为 65.500m 的室内±0.000 标高。设尺立在水准点上时，按水准仪的水平视线在尺上画了一条线。问在该尺上的什么地方再画一条线，才能使视线对准此线时，尺子底部就在±0.000 高程的位置？

8.已知 $\alpha_{AB} = 300°20'$，点 A 的坐标为（44.25，116.73）。若要测设点 P（72.33，115.05），试计算仪器安置在 A 点时用极坐标法测设 P 点所需的数据，并简述测设步骤。

第10章

GNSS测量

内容提示

1. GNSS 概念及组成；

2. GNSS 控制测量过程；

3. GNSS-RTK、CORS 测量模式。

教学目标

1. 掌握 GNSS 的概念、测量的方法和步骤；

2. 能够应用数学和工程科学的基本原理，识别、表达、分析复杂工程问题，以获得有效结论；

3. 能够设计针对复杂工程问题的解决方案，能够在设计环节中体现创新意识，考虑社会、健康、安全、法律、文化以及环境等因素。

10.1 GNSS 的基本理论

10.1.1 GNSS 概述

全球导航卫星系统（global navigation satellite system，简称 GNSS）是利用一组卫星的伪距、星历、发射时间等观测量，同时结合用户钟差进行定位的技术，它能在地球表面或近地空间的任何地点为用户提供全天候的三维坐标、速度以及时间信息。它泛指所有的卫星导航系统，包括全球的、区域的和增强的，如美国的 GPS、俄罗斯的 GLONASS、欧洲的 Galileo、中国的北斗卫星导航系统；还包括相关的增强系统，如美国的 WAAS（广域增强系统）、欧洲的 EGNOS（欧洲静地导航重叠系统）和日本的 MSAS（多功能运输卫星增强系统）等。国际 GNSS 系统是一个多系统、多层面、多模式的复杂组合系统。

中国北斗卫星导航系统（BeiDou navigation satellite system，简称 BDS）是我国自行研制的全球卫星导航系统，也是继 GPS、GLONASS 之后的第三个成熟的卫星导航系统。

2020 年 3 月 9 日 19 时 55 分在西昌卫星发射中心，长征三号乙火箭成功将第 54 颗北斗卫星发射至预定轨道，也标志着北斗全球系统建设向全面完成又迈进了一大步。

GNSS 中应用最为广泛的当属美国的 GPS。1973 年 12 月，美国国防部出于军事目的批准其海陆空三军联合研制 GPS 系统，并投资 300 亿美元，在洛杉矶设立专门办公室开始研制。从 1978 年 2 月第一颗 GPS 试验卫星发射成功，至 1993 年 8 月已发射了 24 颗 GPS 工作卫星，从而建成了居于 2 万千米高空均匀分布在 6 个轨道平面内 21＋3 颗卫星组成的 GPS 工作星座。当地球自转 360°时，GPS 卫星绕地球运行两圈。在进行 GPS 定位时，为了解算测站点的三维坐标，必须观测 4 颗 GPS 卫星（定位星座）。应用 GPS 定位技术进行控制测量，具有精度高、速度快、费用低等优点。目前，GPS 测量方法正在取代三角测量，成为建立平面控制网的一种先进手段；此外，随着 GPS 理论和技术及有关数据处理软件的不断完善，再结合水准测量的部分成果，GPS 定位也将成为建立高程控制网的一种方法。下面以 GPS 为例，阐述 GNSS 测量的相关知识。

10.1.2　GPS 组成

GPS 包括空间部分、地面控制部分及用户设备部分，如图 10-1 所示。

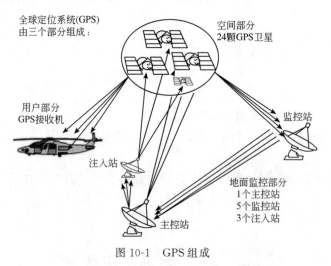

图 10-1　GPS 组成

（1）空间部分：GPS 卫星及其星座

卫星主体呈圆柱形，直径约 1.5m，重约 845kg，两侧各有一块双叶太阳能板。每颗卫星装有 4 台高精度原子钟，发射标准频率以提供精确时间标准。此外，卫星上还设有发动机和动力推进系统。

（2）地面控制部分

地面控制部分由 1 个设在美国科罗拉多的主控站，3 个分别设在大西洋、印度洋和太平洋美国军事基地的注入站和 5 个分设在夏威夷和主控站及注入站的监测站共同组成。监测站在主控站的直接控制下，对 GPS 卫星进行连续跟踪观测，将观测和处理的数据送到主控站。主控站根据这些数据求算出有关卫星的各种参数，再传输给注入站，而注入站再将这些参数注入卫星存储器中，供卫星向用户发送。

（3）用户设备部分：GPS 信号接收机

GPS 接收机的硬件主要包括主机、天线、微处理机及其终端设备、电源等。其主要功能是接收、跟踪、变换和测量 GPS 信号，再经过软件的数据处理，才能完成导航和定位任务。

10.1.3　GPS 定位的基本原理

GPS 测量有两种基本的观测量："伪距"和载波相位。接收机利用相关分析原理测定调制码由卫星传播至接收机的时间，再乘上电磁波传播的速度便得距离，由于所测距离受大气延迟和接收机时钟与卫星时钟不同步的影响，它不是几何距离，故称为"伪距"。载波相位测量是把接收到的卫星信号和接收机本身的信号混频，从而得到拍频信号，再进行相位差测量，由于相位测量装置只能测量载波波长的小数部分，因此所测的相位可看成是波长整数（未知），也称整周模糊度的"伪距"。由于载波的波长短（L_1 为 19.03cm，L_2 为 24.42cm），所以测量的精度比"伪距"高。

GPS 定位时，把卫星看成是"飞行"的已知控制点，利用测量的距离进行空间后方交会，便得到接收机的位置。卫星的瞬时坐标可以利用卫星的轨道参数计算。

GPS 定位包括单点定位和相对定位两种方式。单点定位确定点在地心坐标系中的绝对位置。相对定位则利用两台以上的接收机同时观测同一组卫星，然后计算接收机之间的相对位置。定位测量时，许多误差对同时观测的测站有相同的影响。因此在计算时，大部分误差相互抵消，从而大大地提高了相对定位的精度。影响 GPS 定位精度的因素有两个：一个是观测误差；另一个是定位时卫星位置的几何图形，称为定位几何因素，用 DOP（dilution of precision）表示。设 σ 为定位误差，σ_0 为测量误差，则有

$$\sigma = DOP \times \sigma_0$$

目前，GPS 单点定位的精度为几十米，而相对定位精度可达 $(1 \sim 0.01) \times 10^{-6}$。

10.1.4　GPS 接收机基本类型

按接收机工作原理不同，GPS 接收机可分为有码接收机和无码接收机两类。有码接收机直接利用 GPS 卫星的信息参数进行定位，而无码接收机不能直接获得导航信息参数，必须利用载波或码率波采集数据来进行定位。按接收机接收的卫星信号频率分类，其又可分为单频接收机和双频接收机两类。单频接收机虽然可利用导航信息参数，但数据处理中改正模型不完善，只能接收经调制的 L_1 信号，进行 10km 之内的相对定位。双频接收机可同时接收 L_1 和 L_2 信号，利用双频技术有效地减弱电离层折射影响，因此其定位精度较高，不受距离限制，并节省时间。图 10-2 所示为 GNSS 接收机。

卫星灯　　　　　　　　　　　数据灯

触控显示屏

图 10-2　GNSS 接收机

10.1.5 GPS 网的布设

我国《全球定位系统（GPS）测量规范》将 GPS 网依其精度分为 A 至 E 共 5 个等级。其精度标准如表 10-1 所示。

表 10-1　不同等级 GPS 网的精度标准

	A	B	C	D	E
固定误差/mm	≤5	≤8	≤10	≤10	≤10
比例误差系数	≤0.1	≤1	≤5	≤10	≤10
相邻点最小距离/km	100	15	5	2	1
相邻点最大距离/km	1000	250	40	15	10
相邻点平均距离/km	300	70	15～10	10～5	5～2

(1) 布网特点

GPS 网与传统的控制网布设之间存在很大区别：

① GPS 网大大淡化了"分级布网，逐级控制"的布设原则，不同等级间依赖关系不明显。高级网对低级网只起定位和定向作用，不再发挥整体控制作用。

② GPS 网中各控制点是彼此独立直接测定的，因此网中各起算元素、观测元素和推算元素无依赖关系。

③ GPS 网对点的位置和图形结构没有特别要求，不强求各点间通视。

④ 各接收机采集的是从卫星发出的各种信息数据，而不是常规方法获得的角度、距离、高差等观测数据，因此点位无需选在制高点，也不用建造觇标。

(2) 布网原则

① 新布设的 GPS 网应尽量与已有平面控制网联测，至少要联测 2 个已有控制点。

② 应利用已有水准点联测 GPS 点高程。

③ GPS 网应构成闭合图形，以便进行检核。

④ 当用常规测量方法进行加密控制时，GPS 网内各点尚需考虑通视问题。

10.2　GPS 坐标系统和高程系统

10.2.1 GPS 常用坐标系统

(1) WGS-84 坐标系

WGS-84 坐标系是目前 GPS 所采用的坐标系统，GPS 所发布的星历参数就是基于此坐标系统的。WGS-84 坐标系统的全称是 World Geodetic System-84（世界大地坐标系-84），它是一个地心地固坐标系统。WGS-84 坐标系统由美国国防部制图局建立，于 1987 年取代了当时 GPS 所采用的坐标系统——WGS-72 坐标系统而成为 GPS 之后所使用的坐标系统。WGS-84 坐标系的坐标原点位于地球的质心，Z 轴指向 BIH1984.0 定义的协议地球极方向，X 轴指向 BIH1984.0 的起始子午面和赤道的交点，Y 轴与 X 轴和 Z 轴构成右手系。WGS-84 坐标系统主要参数包括：

长半径：$a = 6378137 \pm 2$（m）；

地球引力和地球质量的乘积：$GM = 3986005 \times 10^8 \, \text{m}^3 \cdot \text{s}^{-2} \pm 0.6 \times 10^8 \, \text{m}^3 \cdot \text{s}^{-2}$；

正常化二阶带谐系数：$C20 = -484.16685 \times 10^{-6} \pm 1.3 \times 10^{-9}$；

地球重力场二阶带球谐系数：$J2 = 108263 \times 10^{-8}$；

地球自转角速度：$\omega = 7292115 \times 10^{-11} \, \text{rad} \cdot \text{s}^{-1} \pm 0.150 \times 10^{-11} \, \text{rad} \cdot \text{s}^{-1}$；

扁率：$f = 0.003352810664$。

（2）CGCS2000 坐标系

详见第 1 章。

（3）地方坐标系（任意独立坐标系）

它指在测量过程中，时常会遇到的一些某城市坐标系、某城建坐标系、某港口坐标系等，或为了测量方便而临时建立的独立坐标系。

10.2.2 GPS 高程系统

采用不同的基准面表示地面点的高低，或者对水准测量数据采取不同的处理方法而产生不同的系统，分为正高、正常高和大地高等系统。高程基准面基本上有两种：一是大地水准面，它是正高的基准面；二是椭球面，它是大地高程的基准面。此外，为了克服正高不能精确计算的困难，还采用正常高，以似大地水准面为基准面，它非常接近大地水准面。似大地水准面至地球椭球面的高度称为高程异常值，用 ξ 表示。

（1）大地高系统

大地高系统是以参考椭球面为基准面的高程系统。某点的大地高是该点到通过该点的参考椭球的法线与参考椭球面的交点间的距离。大地高也称为椭球高，一般用符号 H 表示。大地高是一个纯几何量，不具有物理意义，同一个点在不同的基准下具有不同的大地高。

（2）正高系统

正高系统是以大地水准面为基准面的高程系统。某点的正高是该点到通过该点的铅垂线与大地水准面的交点之间的距离，正高用符号 H_g 表示。

（3）正常高系统

正常高系统是以似大地水准面为基准的高程系统。某点的正常高是该点到通过该点的铅垂线与似大地水准面的交点之间的距离，正常高用 H_r 表示。我国 1985 国家高程基准采用的是正常高系统。

（4）高程系统之间的转换关系

$$H_r = H - \xi$$

$$H_g = H - h_g$$

式中，h_g 为大地水准面到参考椭球面的距离。

10.2.3 GPS 测高方法

（1）等值线图法

从高程异常图或大地水准面差距图分别查出各点的高程异常或大地水准面差距，可计算出正常高和正高。

在采用等值线图法确定点的正常高和正高时要注意等值线图所适用的坐标系统，在求解正常高或正高时，要采用相应坐标系统的大地高数据；采用等值线图法确定正常高或正高，其结果的精度在很大程度上取决于等值线图的精度。

（2）拟合法

1）基本原理　所谓高程拟合法就是利用在范围不大的区域中，高程异常具有一定的几何相关性这一原理，采用数学方法，求解正高、正常高或高程异常。

2）适用范围　上面介绍的高程拟合的方法，是一种纯几何的方法，因此，一般仅适用于高程异常变化较为平缓的地区（如平原地区），其拟合的准确度可达到分米以内。对于高程异常变化剧烈的地区（如山区），这种方法的准确度有限，这主要是因为在这些地区，高程异常的已知点很难将高程异常的特征表示出来。

3）选择合适的高程异常已知点　高程异常已知点的高程异常值一般是通过水准测量测定正常高、通过 GPS 测量测定大地高后获得的。在实际工作中，一般采用在水准点上布设 GPS 点或对 GPS 点进行水准联测的方法来实现。为了获得好的拟合结果，要求采用数量尽量多的已知点，它们应均匀分布，并且最好能够将整个 GPS 网包围起来。

4）高程异常已知点的数量　若要用零次多项式进行高程拟合，要确定 1 个参数，因此，需要 1 个以上的已知点；若要采用一次多项式进行高程拟合，要确定 3 个参数，需要 3 个以上的已知点；若要采用二次多项式进行高程拟合，要确定 6 个参数，则需要 6 个以上的已知点。

5）分区拟合法　若拟合区域较大，可采用分区拟合的方法，即将整个 GPS 网划分为若干区域，利用位于各个区域中的已知点分别拟合出该区域中各点的高程异常值，从而确定出它们的正常高。

10.3　静态 GPS 控制测量

10.3.1　GPS 定位分类

GPS 定位包括绝对定位和相对定位。

（1）绝对定位

绝对定位又叫单点定位，即利用 GPS 卫星和用户接收机之间的距离观测值直接确定用户接收机天线在 WGS-84 坐标系中相对于坐标系原点——地球质心的绝对位置。绝对定位又分为静态绝对定位和动态绝对定位。因为受到卫星轨道误差、钟差以及信号传播误差等因素的影响，静态绝对定位的精度约为米级，而动态绝对定位的精度为 $10\sim40\mathrm{m}$。两者精度只能用于一般导航定位中，远不能满足大地测量精密定位的要求。

（2）相对定位

相对定位是在多个测站上进行同步观测以测定测站之间相对位置的卫星定位。为确定测站点之间的三维或二维坐标差，采用载波相位测量可实现高精度的相对定位。相对定位又分为静态相对定位和动态相对定位。用两台接收机分别安置在基线的两个端点，其位置静止不动，同步观测相同的 4 颗以上卫星，确定两个端点在协议地球坐标系中的相对位置，这就叫做静态相对定位；动态相对定位是用一台接收机安置在基准站上固定不动，另一台接收机安置在运动载体上，两台接收机同时观测相同卫星，以确定运动点相对于基准站的实时位置。

相对定位可以消除或减弱一些具有系统性误差的影响，如卫星轨道误差、钟差和大气折射误差等；而绝对定位受卫星轨道误差、钟同步误差及信号传播误差等因素的影响，精度只能达到米级。因此相对定位方法是当前 GPS 测量定位中精度最高的一种方法，在大地测量、精密工程测量、地球动力学研究和精密导航等精度要求较高的测量工作中被普遍采用。

10.3.2 控制点的布设

为了达到 GPS 测量高精度、高效益的目的，减少不必要的耗费，在测量中遵循这样的原则：在保证质量的前提下，尽可能地提高效率、降低成本。所以对 GPS 测量各阶段的工作，都要精心设计，精心组织和实施。

（1）确定精度标准

在 GPS 网总体设计中，精度指标是比较重要的参数，它的数值将直接影响 GPS 网的布设方案、观测数据的处理以及作业的时间和经费。在实际设计工作中，可根据所作控制的实际需要和可能，合理地制定。既不能制定过低而影响网的精度，也不必盲目追求过高的精度造成不必要的支出。

（2）选点

选点即观测站位置的选择。在 GPS 测量中并不要求观测站之间相互通视，网的图形选择也比较灵活，因此选点比经典控制测量简便得多。但为了保证观测工作的顺利进行和可靠地保持测量结果，选点时应注意以下事项：

① 确保 GPS 接收机上方的天空开阔。GPS 测量主要利用接收机所接收到的卫星信号，接收机上空越开阔，则观测到的卫星数目越多。一般应该保证接收机所在平面 10°或 15°以上的范围内没有建筑物或者大树的遮挡（图 10-3）。

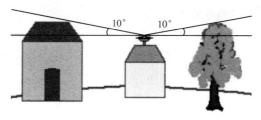

图 10-3 高度截止角

② 周围没有反射面，如大面积的水域，或对电磁波反射（或吸收）强烈的物体（如玻璃墙、树木等），不致引起多路径效应。

③ 远离强电磁场的干扰。GPS 接收机接收卫星广播的微波信号，微波信号都会受到电磁场的影响而产生噪声，降低信噪比，影响观测成果。所以 GPS 控制点最好离开高压线、微波站或者产生强电磁干扰的场所。邻近不应有强电磁辐射源，如无线电台、电视发射天线、高压输电线等，以免干扰 GPS 卫星信号。通常，在测站周围约 200m 的范围内不能有大功率无线电发射源（如电视台、电台、微波站等）；在 50m 内不能有高压输电线和微波无线电信号传递通道。

④ 观测站最好选在交通便利的地方以利于其他测量手段联测和扩展。

⑤ 地面基础稳固，易于点的保存。

（3）基线长度

GPS 接收机对收到的卫星信号量测可达毫米级的精度。但是，卫星信号在大气中传播时不可避免地受到大气层中电离层及对流层的扰动，导致观测精度的降低。因此在使用GPS 接收机测量时，通常采用差分的形式，用两台接收机来对一条基线进行同步观测。在同步观测同一组卫星时，大气层对观测的影响大部分都被抵消了。基线越短，抵消的程度越显著，因为这时卫星信号通过大气层到达两台接收机的路径几乎相同。同时，基线越长，起算点的精度对基线精度的影响也越大。起算点的精度常常影响基线的正常求解。

因此，建议用户在设计基线边时，应兼顾基线边的长度。通常，对于单频接收机而言，基线边应以 20km 范围以内为宜。基线边过长，一方面观测时间势必增加，另一方面由于距离增大，所以电离层的影响有所增强。

10.3.3　GPS 基线解算

（1）基线解算的步骤

基线解算的过程，实际上主要是一个利用最小二乘法进行平差的过程。平差所采用的观测值主要是双差观测值。在基线解算时，平差要分五个阶段进行。第一阶段，根据三差观测值，求得基线向量的初值。第二阶段，根据初值及双差观测值进行周跳修复。第三阶段，进行双差浮点解算，解算出整周未知数参数和基线向量的实数解。第四阶段，将整周未知数固定成整数，即整周模糊度固定。在第五阶段，将确定了的整周未知数作为已知值，仅将待定的测站坐标作为未知参数，再次进行平差解算，解求出基线向量的最终解——整数解。

（2）重复基线的检查

同一基线边观测了多个时段得到的多个基线边称为重复基线边。对于不同观测时段的基线边的互差，其差值应小于相应级别规定精度的 22 倍。而其中任一时段的结果与各时段平均值之差不能超过相应级别的规定精度。

（3）GPS 基线向量网平差

在一般情况下，多个同步观测站之间的观测数据经基线向量解算后，用户所获得的结果一般是观测站之间的基线向量及其方差与协方差。再者，在某一区域的测量工作中，用户可能投入的接收机数总是有限的，所以，当布设的 GPS 网点较多时，则需在不同的时段，按照预先的作业计划，多次进行观测。而 GPS 解算不可避免地会带来误差、粗差以及不合格解。在这种情况下，为了提高定位结果的可靠性，通常需将不同时段观测的基线向量连接成网，并通过观测量的整体平差，提高定位结果的精度。这样构成的 GPS 网，将含有许多闭合条件，整体平差的目的在于清除这些闭合条件的不符值，并建立网的基准。

根据平差所进行的坐标空间，可将 GPS 网平差分为三维平差和二维平差。根据平差时所采用的观测值和起算数据的数量和类型，可将平差分为无约束平差、约束平差和联合平差等。

所谓三维平差是指平差在空间三维坐标系中进行。其观测值为三维空间中的观测值，解算出的结果为点的三维空间坐标。GPS 网的三维平差，一般在三维空间直角坐标系或三维空间大地坐标系下进行。所谓二维平差，是指平差在二维平面坐标系下进行，其观测值为二维观测值，解算出的结果为点的二维平面坐标。

所谓无约束平差，指的是在平差时不引入会造成 GPS 网产生由非观测量引起的变形的外部起算数据。常见的 GPS 网的无约束平差，一般是在平差时没有起算数据或没有多余的起算数据。所谓约束平差，指的是平差时所采用的观测值完全是 GPS 基线向量，而且，在平差时引入了使得 GPS 网产生由非观测量引起的变形的外部起算数据。

GPS 网的联合平差，指的是平差时所采用的观测值除了 GPS 观测值以外，还采用了地面常规观测值，这些地面常规观测值包括边长、方向、角度等。

图 10-4 为 GPS 网无约束平差，图 10-5、图 10-6 为软件部分平差结果界面。

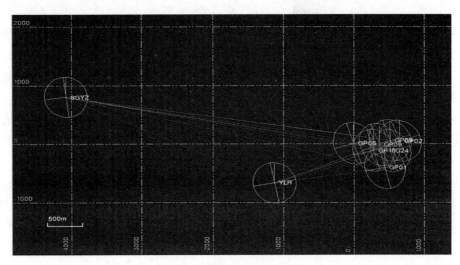

图 10-4　GPS 网无约束平差

平差网格坐标

点ID	东坐标 (米)	东坐标　误差 (米)	北坐标 (米)	北坐标　误差 (米)	高程 (米)	高程　误差 (米)	约束
G24	512520.362	?	4656518.844	?	158.474	?	ENe
GP01	512435.519	0.001	4656231.762	0.001	157.048	0.001	
GP02	512647.094	0.001	4656683.833	0.001	159.688	0.001	
GP06	511992.410	0.000	4656644.950	0.001	158.405	0.001	
GP08	512511.741	0.000	4656695.140	0.001	159.600	0.001	
GP09	512361.429	0.001	4656621.365	0.001	159.207	0.001	
GP10	512275.021	0.000	4656521.940	0.001	158.227	0.001	
SGYZ	507909.765	?	4657432.068	?	223.333	0.003	EN
YLH	510862.622	0.001	4655969.188	0.001	150.801	0.001	

图 10-5　平差网格坐标结果

平差大地坐标

点ID	纬度	经度	高度 (米)	高度　误差 (米)	约束
G24	N42° 02′ 37.79986″	E121° 39′ 04.40349″	160.959	?	ENe
GP01	N42° 02′ 28.50017″	E121° 39′ 00.69250″	159.531	0.001	
GP02	N42° 02′ 43.13998″	E121° 39′ 09.92678″	162.176	0.001	
GP06	N42° 02′ 41.91665″	E121° 38′ 41.45671″	160.881	0.001	
GP08	N42° 02′ 43.51423″	E121° 39′ 04.04219″	162.086	0.001	
GP09	N42° 02′ 41.13170″	E121° 38′ 57.50067″	161.689	0.001	
GP10	N42° 02′ 37.91411″	E121° 38′ 53.73598″	160.708	0.001	
SGYZ	N42° 03′ 07.61360″	E121° 35′ 43.97275″	225.737	0.003	EN
YLH	N42° 02′ 20.07380″	E121° 37′ 52.28613″	153.255	0.001	

图 10-6　平差大地坐标结果

10.4　GPS-RTK 测量

10.4.1　GPS-RTK 测量原理

RTK（real-time kinematic，实时动态）载波相位差分技术，是实时处理两个测量站载波相位观测量的差分方法，将基准站采集的载波相位发给用户接收机，进行求差解算坐标。静态、快速静态、动态测量都需要事后进行解算才能获得厘米级的精度，而 RTK 是能够在野外实时得到厘米级定位精度的测量方法，它采用了载波相位动态实时差分方法，是 GPS 应用的重大里程碑，它的出现为工程放样、地形测图，以及各种控制测量带来了新的测量原理和方法，极大地提高了作业效率。

在 RTK 作业模式下，基准站通过数据链将其观测值和测站坐标信息一起传送给流动站（移动站）。流动站不仅通过数据链接收来自基准站的数据，还要采集 GPS 观测数据，并在系统内组成差分观测值进行实时处理，同时给出厘米级定位结果，历时不足一秒。流动站可处于静止状态，也可处于运动状态；可在固定点上先进行初始化后再进入动态作业，也可在动态条件下直接开机，并在动态环境下完成整周模糊度的搜索求解。在整周未知数解固定后，即可进行每个历元的实时处理，只要能保持四颗以上卫星相位观测值的跟踪和必要的几何图形，则流动站可随时给出厘米级定位结果。GPS-RTK 测量原理如图 10-7 所示。

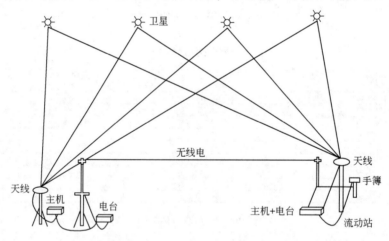

图 10-7　GPS-RTK 测量原理

10.4.2　GPS-RTK 碎部测量

（1）测量步骤

GPS-RTK 测量首先设置基准站部分和移动站。其操作步骤是先启动基准站，后进行移动站操作。

1）基准站部分

① 架好脚架于已知点上，对中整平（如任意点设站，则大致整平即可）。

② 接好电源线和发射天线电缆。

③ 打开主机和电台，主机调至基准站模式。

2）流动站部分

① 将移动站主机接在碳纤对中杆上，并将接收天线接在主机顶部，同时将手簿夹在对中杆的适合位置。

② 打开主机，调至流动站模式。

3）手簿部分

① 启动测量软件，蓝牙分别连接基准站和流动站。

② 设置基准站。主要设定基准站的工作参数，包括基准站坐标、基准站数据链等参数以及工程名称等。

③ 流动站连接。

④ 进入数据采集模式，开始测量碎部点。

4）数据下载

当数据采集结束后，将 GPS 手簿上的数据通过传输线、存储卡等模式，导入电脑，在成图软件中进行绘图。

（2）注意事项

1）参考站要求　参考站的点位选择必须严格。因为参考站接收机每次卫星信号失锁将会影响网络内所有流动站的正常工作。

① 周围应视野开阔，截止高度角应超过 15°，周围无信号反射物（大面积水域、大型建筑物等），以减少多路径干扰。并要尽量避开交通要道、过往行人的干扰。

② 参考站应尽量设置于相对制高点上，以方便播发差分改正信号。

③ 参考站要远离微波塔、通信塔等大型电磁发射源 200m 外，要远离高压输电线路、通信线路 50m 外。

④ RTK 作业期间，参考站不允许移动或关机又重新启动，若重新启动则必须重新校正。

⑤ 参考站连接必须正确，注意虚电池的正负极（红正黑负）。

⑥ 参考站主机开机后，需等到差分信号正常发射方可离开参考站。

2）流动站要求

① 在 RTK 作业前，应首先检查仪器内存容量能否满足工作需要，并备足电源。

② 在打开"工程之星"之后，首先要确保手簿与主机蓝牙连通。

③ 为了保证 RTK 的高精度，最好有三个以上平面坐标已知点进行校正，而且点精度要均等，并要均匀分布于测区周围，要利用坐标转换中误差对转换参数的精度进行评定。如果利用两点校正，一定要注意尺度比是否接近于 1。

④ 由于流动站一般采用缺省 2m 流动杆作业，当高度不同时，应修正此值。

⑤ 在信号受影响的点位，为提高效率，可将仪器移到开阔处或升高天线，待数据链锁定达到固定后，再小心无倾斜地移回待定点或放低天线，一般可以初始化成功。

10.4.3　GPS-RTK 放样

（1）收集测区的控制点资料

任何测量工作进入测区，首先一定要收集测区的控制点坐标资料，包括控制点的坐标、等级、中央子午线、坐标系等。

（2）求定测区转换参数

GPS（RTK）测量是在 WGS-84 坐标系中进行的，而各种工程测量和定位是在当地坐标或我国的北京54坐标上进行的，这之间存在坐标转换的问题。GPS静态测量中，坐标转换是在事后处理时进行的，而GPS（RTK）是用于实时测量的，要求立即给出当地的坐标，因此，坐标转换工作更显重要。

（3）工程项目参数设置

根据GPS实时动态差分软件的要求，输入的参数有：当地坐标系的椭球参数、中央子午线、测区西南角和东北角的大致经纬度、测区坐标系间的转换参数、放样点的设计坐标。

（4）野外作业

将基准站GPS接收机安置在参考点上，打开接收机，除了将设置的参数读入GPS接收机，还要输入参考点的当地施工坐标和天线高，基准站GPS接收机通过转换参数将参考点的当地施工坐标转化为WGS-84坐标，同时连续接收所有可视GPS卫星信号，并通过数据发射电台将其位置、观测值、卫星跟踪状态及接收机工作状态发送出去。流动站接收机在跟踪GPS卫星信号的同时，接收来自基准站的数据，进行处理后获得流动站的三维WGS-84坐标，再通过与基准站相同的坐标转换参数将WGS-84转换为当地施工坐标，并在流动站的手控器上实时显示。接收机可将实时位置与设计值相比较，指导放样。

10.5　连续运行（卫星定位服务）参考站

10.5.1　CORS的概念

连续运行参考站系统（continuously operating reference system，简称CORS）可以定义为：一个或若干个固定的、连续运行的GPS参考站，利用现代计算机、数据通信和互联网（LAN/WAN）技术组成的网络，实时地向不同类型、不同需求、不同层次的用户自动地提供经过检验的不同类型的GPS观测值（载波相位、伪距），各种改正数、状态信息，以及其他有关GPS服务项目的系统。

CORS的理论源于二十世纪八十年代中期加拿大提出的"主动控制系统（Active Control System，ACS）"。该理论认为GPS主要误差源来自于卫星星历，D. E. Wells等人提出利用一批永久性参考站点，为用户提供高精度的预报星历以提高测量精度。之后基准站点（fiducial points，FP）概念的提出，使这一理论的实用化推进了许多，它的主要理论基础即在同一批测量的GPS点中选出一些点位可靠、对整个测区具有控制意义的测站。采取较长时间的连续跟踪观测，通过这些站点组成的网络解算，获取覆盖该地区和该时间段的"局域精密星历"及其他改正参数，用于测区内其他基线观测值的精密解算。

CORS是目前国内乃至全世界GPS的最新技术和发展趋势，许多发达国家基本上每几十公里就有一个站，发展中国家也在陆续地建立起CORS。当前在国外，美国连续运行基准站网系统（CORS）、加拿大的主动控制网系统（CACS）、日本GPS连续应变监测系统（COSMOS）、澳大利亚悉尼网络RTK系统（SydNet）、德国卫星定位与导航服务系统（SAPOS）都已投入使用。

随着我国信息化程度的提高及计算机网络和通信技术的飞速发展，电子政务、电子商务、数字城市、数字省区和数字地球的工程化和现实化需要采集多种实时地理空间数据，因此，中国发展CORS系统的紧迫性和必要性越来越突出。几年来，国内不同行业已经陆续建立了一些专业性的卫星定位连续运行网络，大中城市、省区和行业已经建立类似的连续运行网络系统。

10.5.2 CORS 的构成

CORS 主要由以下几个子系统构成：控制中心、固定参考站、数据通信和用户部分。

（1）控制中心

控制中心是整个系统的核心，既是通信控制中心，也是数据处理中心。它通过通信线（光缆、ISDN、电话线等）与所有的固定参考站通信；通过无线网络（GSM、CDMA、GPRS 等）与移动用户通信。由计算机实时系统控制整个系统的运行，所以控制中心的软件既是数据处理软件，也是系统管理软件。

（2）固定参考站

固定参考站是固定的 GPS 接收系统，分布在整个网络中，一个 CORS 网络可包括无数个站，但最少要 3 个站，站与站之间的距离可达 70km（传统高精度 GPS 网络，站间距离不过 10～20km）。固定站与控制中心之间有通信线相连，数据实时地传送到控制中心。

（3）数据通信

CORS 的数据通信包括固定参考站到控制中心的通信及控制中心到用户的通信。参考站到控制中心的通信网络负责将参考站的数据实时地传输给控制中心；控制中心和用户间的通信网络将网络校正数据发送给用户。一般来说，网络 RTK 系统有两种工作方式：单向方式和双向方式。在单向方式下，只是用户从控制中心获得校正数据，而所有用户得到的数据应该是一致的，如主辅站技术 MAX；在双向方式下，用户还需将自己的粗略位置（单点定位方式产生）报告给控制中心，由控制中心有针对性地产生校正数据并传给特定的用户，每个用户得到的数据则可能不同，如虚拟参考站 VRS 技术。

（4）用户部分

用户部分就是用户的接收机，加上无线通信的调制解调器及相关的设备。

CORS 的工作流程图如图 10-8 所示。

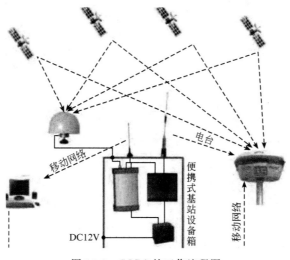

图 10-8　CORS 的工作流程图

10. 5. 3　网络 RTK

网络 RTK 也称多基准站 RTK，是近年来在常规 RTK、计算机技术、通信网络技术的基础上发展起来的一种实时动态定位新技术。网络 RTK 系统是网络 RTK 技术的应用实例，它由基准站网、数据处理中心、数据通信链路和用户部分组成。一个基准站网可包含若干个基准站，每个基准站上配备有双频全波长 GNSS 接收机、数据通信设备和气象仪器等。基准站的精确坐标一般可采用长时间 GNSS 静态相对定位等方法确定。基准站 GNSS 接收机按一定采样率进行连续观测，通过数据通信链路实时将观测数据传送给数据处理中心，数据处理中心首先对各个站的数据进行预处理和质量分析，然后对整个基准站网数据进行统一解算，实时估计出网内的各种系统误差的改正项（电离层、对流层和轨道误差），建立误差模型。

网络 RTK 技术的主要代表是 VRS（virtual reference system，VRS）技术。与常规 RTK 不同，VRS 网络中，各固定参考站不直接向移动用户发送任何改正信息，而是将所有的原始数据通过数据通信线发给控制中心。同时，移动用户在工作前，先通过 GSM 的短信息功能向控制中心发送一个概略坐标，控制中心收到这个位置信息后，根据用户位置，由计算机自动选择最佳的一组固定基准站，根据这些站发来的信息，整体地改正 GPS 的轨道误差及电离层、对流层和大气折射引起的误差，将高精度的差分信号发给移动站。这个差分信号的效果相当于在移动站旁边，生成一个虚拟的参考基站，从而解决了 RTK 作业距离上的限制问题，并保证了用户的精度，如图 10-9 所示。

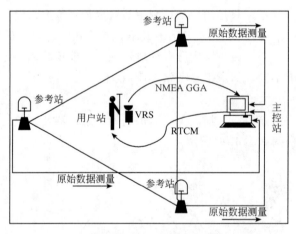

图 10-9　VRS 工作原理

虚拟参考站（VRS）具有的优势是：它只需要增加一个数据接收设备，不需增加用户设备的数据处理能力，接收机的兼容性比较好；允许服务器应用整个网络的信息来计算电离层和对流层的复杂模型；在整个 VRS 生产步骤中对流层模型是一致的，消除了对流层误差；虚拟参考站系统的另一个显著优点就是它的成果可靠性、信号可利用性和精度水平在系统的有效覆盖范围内大致均匀，同离开最近参考站的距离没有明显的相关性。但 VRS 技术要求双向数据通信，流动站既要接收数据，也要发送自己的定位结果和状态，每个流动站和数据处理中心交换的数据都是唯一的，这就对系统数据处理和控制中心的数据处理能力、数据传输能力有很高的要求。由于通信技术和计算机技术发展较快，这些问题影响也不大，VRS 技术目前应用得比较广泛。

思考题

1. 请简述 GNSS 定义及组成。
2. 请简述 GPS 控制测量的流程。
3. 什么是 CORS？
4. 请简述 GPS-RTK 测量的步骤。
5. 请简述 GPS 放样的过程。

第三部分

土木工程测量应用专题

·建筑工程测量·
·道路工程测量·
·桥梁工程测量·
·地下工程测量·
·建筑物点云数据获取与应用·

教学目标 (对应毕业要求)：

(1) 工程知识：能够将数学、自然科学、工程基础和专业知识用于解决复杂工程问题。

(2) 设计/开发解决方案：能够设计针对复杂工程问题的解决方案，设计满足特定需求的系统、单元（部件）或工艺流程，并能够在设计环节中体现创新意识，考虑社会、健康、安全、法律、文化以及环境等因素。

(3) 个人和团队：能够在多学科背景下的团队中承担个体、团队成员以及负责人的角色。

(4) 沟通：能够就复杂工程问题与业界同行及社会公众进行有效沟通和交流，包括撰写报告和设计文稿、陈述发言、清晰表达或回应指令。并具备一定的国际视野，能够在跨文化背景下进行沟通和交流。

= 第11章 =

建筑工程测量

内容提示

1. 建筑场地施工控制网；
2. 工民建施工测量放样知识；
3. 建筑物变形监测；
4. 建筑竣工测绘。

11.1　建筑场地施工控制网概述

在工业与民用建筑勘测、设计阶段所建立的测图控制网，其控制点的选择是根据地形条件及测图比例尺而定的，它不可能考虑到工程的总体布置及施工要求。因此这些控制点不论是在密度上还是在精度上都往往不能满足施工放样的要求，所以在工程施工之前应在原有测图控制网的基础上，为建筑物、构筑物的测设而另行布设控制网，这种控制网称为施工控制网。施工控制网又分为平面控制网和高程控制网。

11.1.1　平面控制网

平面控制网的布设，应根据设计总平面图和建筑场地的地形条件来定。在一般情况下，工业厂房、民用建筑基本上是沿着相互平行或垂直的方向布置的，因此在新建的大中型建筑场地上，施工控制网一般布置成正方形或矩形的格网，称为建筑方格网；对于面积不大的居住建筑区，常布置一条或几条建筑轴线组成简单的图形作为施工放样的依据。建筑轴线的布置形式主要根据建筑物的分布、建筑场地的地形和原有测图控制点的分布情况而定，常见形式如图 11-1 所示。根据建筑轴线的设计坐标和原测图控制点便可将其测设到地面；而对于建筑物较多，且布置比较规则的工业场地，可将控制网布置成与主要建筑物轴线平行或垂直的矩形格网，即通常所说的建筑方格网。

建筑方格网是根据设计总平面图中建筑物布置情况来布设的，先选定方格网的主轴线，

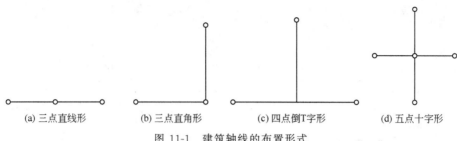

(a) 三点直线形　　(b) 三点直角形　　(c) 四点倒T字形　　(d) 五点十字形

图 11-1　建筑轴线的布置形式

并使其尽可能通过建筑场地中央且与主要建筑物轴线平行，也可选在与主要机械设备中心线一致的位置上。主轴线选定后再全面布设成方格网。方格网是厂区建筑物放样的依据，其边长应根据测设对象而定，一般是 50～350m。图 11-2 就是根据建筑物的布置情况而设计的建筑方格网。图中，AOB、COD 为方格网主轴线。下面简要介绍其测设步骤。

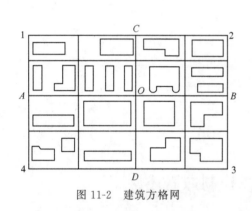

图 11-2　建筑方格网

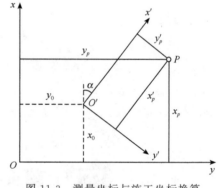

图 11-3　测量坐标与施工坐标换算

（1）施工坐标系与测量坐标系的坐标换算

由于施工坐标系（设计的建筑坐标系）与原测量坐标系往往不一致，所以在测设工作中有时还需要进行坐标换算。换算时，先在设计总平面图上量取施工坐标系坐标原点在测量坐标系中的坐标 x_0、y_0 及施工坐标系纵坐标轴与测量坐标系纵坐标轴间夹角 α，再根据 x_0、y_0、α 进行坐标换算。在图 11-3 中，设 x_P、y_P 为 P 点在测量坐标系 xOy 中的坐标，x'_P、y'_P 为 P 点在施工坐标系 $x'O'y'$ 中的坐标，若要将 P 点的施工坐标换算成相应的测量坐标，其计算公式为

$$x_P = x_0 + x'_P \cos\alpha - y'_P \sin\alpha$$
$$y_P = y_0 + x'_P \sin\alpha + y'_P \cos\alpha$$

（2）主轴线测设

如图 11-4 所示，Ⅰ、Ⅱ、Ⅲ为原测图控制点，坐标已知；A、O、B 为设计的主轴线点，其设计坐标亦为已知。若要按Ⅰ、Ⅱ、Ⅲ点测设 A、O、B 点，需先根据它们的坐标算出放样数据 β_1、d_1、β_2、d_2、β_3、d_3，然后将仪器分别安置在Ⅰ、Ⅱ、Ⅲ点上按极坐标法将 A、

O、B 测设于地面上，定点 A'、O'、B'，如图 11-5 所示。再安置仪器于 O' 点，精确测定 $\angle A'O'B'$ 的角值 β，若 β 与 $180°$ 之差超过容许范围，则对 A'、O'、B' 的点位进行改正。改正时，将 A'、O'、B' 点分别沿箭头方向移动改正值 δ 至 A、O、B 点，使 A、O、B 三点在同一条直线上。图中 δ 值可按式（11-1）计算，即

$$u = \frac{\delta}{\frac{a}{2}}\rho = \frac{2\delta}{a}\rho$$

$$r = \frac{\delta}{\frac{b}{2}}\rho = \frac{2\delta}{b}\rho$$

$$u + r = 180° - \beta = \left(\frac{2\delta}{a} + \frac{2\delta}{b}\right)\rho = 2\delta\left(\frac{a+b}{ab}\right)\rho$$

故
$$\delta = \frac{ab}{a+b}\left(90° - \frac{\beta}{2}\right)\frac{1}{\rho} \tag{11-1}$$

式中，a、b 为轴线 OA、OB 的设计长度；$\rho = 206265''$。再安置仪器于 O 点，以 OA 或 OB 方向作为依据测设另一主轴线 COD（见图 11-2），主轴线 AOB 与 COD 应垂直，其误差不得超过容许范围。

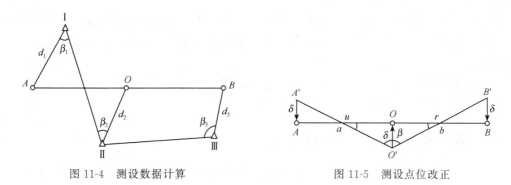

图 11-4　测设数据计算　　　　　　　　　图 11-5　测设点位改正

（3）矩形方格网的测设

矩形方格网测设是先在主轴线上精确地定出 1、2、3、4 点，如图 11-2 所示，再在这些点上安置仪器，采用适当的方法即可定出其余各方格网点的位置。最后检查方格网的边长和角度，如果误差超过容许范围，则应进行适当调整，直至方格网各点坐标满足设计要求为止。

11.1.2　高程控制网

建筑场地高程控制网是根据施工放样的要求重新建立的，一般是利用建筑方格网点兼作高程控制点。高程控制测量可按四等水准测量的方法进行施测。对连续性生产车间、某些地下管道则需要布设较高精度的高程控制点。在这种情况下，可用三等水准测量的方法进行施测。此外，为施工放样方便，在建筑物内部还要测设出室内地坪设计高程线，其位置多选在较稳定的墙、柱侧面，以符号"▼"的上横线表示。室内地坪标高又称 ±0 标高。对于某些特殊工程的放样或大型设备的安装测量，还须另设专门的控制网，这类控制网不仅精度较高，而且控制网的坐标系也应与原施工坐标系一致。

11.2 民用建筑放样

11.2.1 建筑物放样

建筑物放样就是在实地标定出设计建筑物的平面位置和高程。对民用建筑来说，建筑物

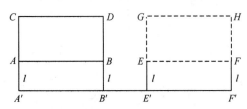

图 11-6 拟建建筑物与原有建筑物相对关系

平面位置放样就是定出墙轴线交点。放样前应从设计总平面图中查得拟建建筑物与原有建筑物或与控制点间的关系尺寸及室内地坪标高的数据，以确定放样方案。如图 11-6 所示，图中 $ABCD$ 为已有建筑物，$EFGH$ 为拟建建筑物。放样时，先由 CA、DB 墙边延长 l 定 A'、B'，得 AB 的平行线 $A'B'$。再安置仪器于 A' 点，瞄准 B' 点，并依 BE、EF 的设计尺寸在 $A'B'$ 延长线上定 E'、F' 点。将仪器分别安置于 E'、F' 点。以 $A'B'$ 为起始方向测设 $90°$，按 l 加外墙面到墙轴线间距及 EG、FH 的设计长定出拟建建筑物轴线交点 E、F、G、H，打入木桩（称为角桩），并用小钉表示其位置。最后还应实地丈量 EF、GH 长度，以资检核。

建筑物外墙轴线交点确定后，可根据基础平面图所注的尺寸，用钢尺沿外墙轴线丈量定出各隔墙轴线交点，并以木桩上的小钉表示。再根据基础宽度在墙轴线两侧用灰线表示出基槽开挖边线。

建筑物高程放样通常是用水准仪根据附近水准点将室内地坪标高（±0）测设在适当位置上，以作为控制该建筑物各部分高程的依据。

11.2.2 龙门板（或控制桩）设置

由于基础施工时，各角桩将被挖掉，因此就要在基槽开挖之前将各轴线引至基槽外的水平木板上，以作为挖槽后各阶段施工中恢复轴线的依据。水平木板称为龙门板，固定木板的木桩称为龙门桩，如图 11-7 所示。设置龙门板可按以下步骤进行。

① 在建筑物四角和中间隔墙两端基槽外 1.0～2.0 m 处设置龙门桩，桩要竖直、牢固，桩面应与基槽平行。

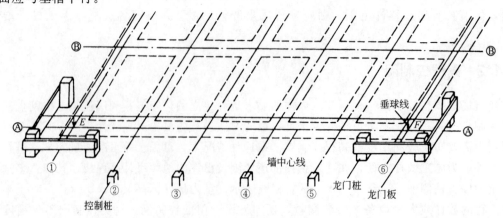

图 11-7 龙门板设置

② 根据附近水准点，用水准仪在每根龙门桩外侧测设该建筑的±0 标高线。在地形受到限制时，可测设比±0 标高线高或低整分米数的标高线。再沿标高线钉上龙门板，使龙门板的上表面恰在测设的标高线上。

③ 安置仪器于 E 点，如图 11-7 所示，后视 F 点，沿 EF 方向在 F 端龙门板上钉一小钉，再倒转望远镜沿 EF 方向在 E 端龙门板上钉一小钉。同法，将各轴线投测到相应的龙门板上。

除上述方法外，还可将轴线投到基槽两端的控制桩上，如图 11-7 中轴线②、③、④、⑤两端的桩点。控制桩亦称引桩，使用时常用混凝土固定，以防碰动。

在龙门板或控制桩设置后，就可根据基槽边界线开挖基槽，当基槽挖到一定深度时，应按照基础剖面图上注明的尺寸用水准仪根据龙门板上表面的高程在槽壁设置一些水平小木桩，如图 11-8 所示，并使木桩上表面离槽底的设计高程为某一固定值。这些小木桩被用来作为清理槽底和浇灌混凝土垫层高度的依据。在垫层打好后，将龙门板（或控制桩）上轴线位置投到垫层上，作为砌筑基础的依据。

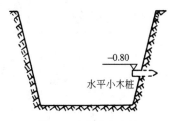

图 11-8　水平小木桩

但就其放样工作来说，与民用建筑基本相同，只是高程位置可用水准仪按高程上、下传递的方法进行测设，或用钢尺逐层向上量取。

11.2.3　高层建筑施工测量

在高层建筑的施工测量中，由于地面施工部分测盘精度要求较高，高层施工部分场地较小，测量工作条件受到限制，并且容易受到施工干扰，所以高层建筑施工测量的方法和所用的仪器与一般建筑施工测量有所不同。

（1）平面控制网和高程控制网的布设

高层建筑的平面控制网布设于地坪层（底层），其形式一般为一个矩形或若干个矩形，且布设于建筑物内部，以便逐层向上投影，控制各层的细部（墙、柱、电梯井筒、楼梯等）的施工放样。图 11-9（a）所示为一个矩形的平面控制网，图 11-9（b）为主楼和裙房布设有一条轴线相连的两个矩形的平面控制网，控制点点位的选择应与建筑物的结构相适应，选择点位的条件如下。

① 矩形控制网的各边应与建筑轴线相平行；

② 建筑物内部的细部结构（主要是柱和承重墙）不妨碍控制点之间的通视；

③ 控制点向上层作垂直投影时要在各层楼板上设置垂准孔，因此通过控制点的铅垂线

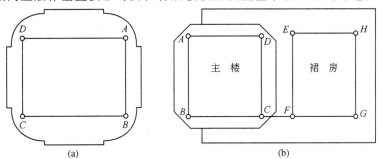

图 11-9　高层建筑平面矩形控制网

方向，应避开横梁和楼板中的主钢筋。

平面控制点一般为埋设于地坪层地面混凝土上面的一块小铁板，上面划以十字线，交点上冲一小孔，代表点位中心。控制点在结构外墙（包括幕墙）时，施工期间应妥善保护。平面控制点之间的距离测量精度不应低于1/10000，矩形角度测设的误差不应大于±10″。

高层建筑施工的高程控制网，为建筑场地内的一组水准点（不少于3个）。待建筑物基础和地平层建造完成后，从水准点测设"一米标高线"（标高为＋1.000m）或半米标高线（标高为＋0.500m）标定于墙上或柱上，作为向上各层测设设计高程之用。

（2）平面控制点的垂直投影

在高层建筑施工中，平面控制点的垂直投影是将地坪层的平面控制网点沿铅垂线方向逐层向上测设，使在建造中的各层都有与地坪层在平面位置上完全相同的控制网，如图11-10所示。据此可以测设该层面上建筑物的细部（墙、柱等结构物）。

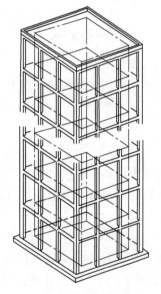

图 11-10　平面控制点的垂直投影

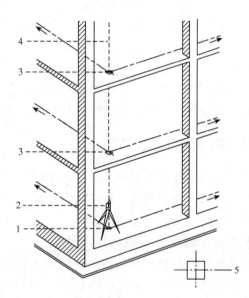

图 11-11　垂准仪进行垂直投影
1—底层平面控制点；2—垂准仪；3—垂准孔；
4—铅垂线；5—垂准孔边弹墨线

高层建筑平面控制点的垂直投影方法有多种，用哪一种方法较合适，要视建筑场地的情况、楼层的高度和仪器设备而定。用经纬仪（或全站仪）作平面控制点的垂直投影时，与工业厂房施工中柱子的垂直校正相类似，将经纬仪安置于尽可能远离建筑物的点上，盘左瞄准地坪层的平面控制点后水平制动，抬高视准轴将方向线投影至上层楼板上；盘右同样操作；盘左、盘右方向线取其中线（正倒镜分中）；然后在大致垂直的方向上安置经纬仪，在上层楼板上同样用正倒镜分中法得到另一方向线。两方向线的交点即为垂直投影至上层的控制点点位。当建筑楼层增加至相当高度时，经纬仪视准轴向上投测的仰角增大，点位投影的精度降低，且操作也很不方便。此时需要在经纬仪上加装直角目镜以便于向上观测，或将经纬仪移置于邻近建筑物上，以减小瞄准时视准轴的倾角。用经纬仪作控制点的垂直投影，一般用于10层以下的高层建筑。

垂准仪可以用于各种层次的平面控制点的垂直投影。平面控制点的上方楼板上，应设有垂准孔（又称预留孔，面积为 $30cm \times 30cm$），如图 11-11 所示。垂准仪安置于底层平面控制点上，精确置平仪器上的两个水准管气泡后，仪器的视准轴即处于铅垂线位置，在上层垂准孔上，用压铁拉两根细麻线，使其交点与垂准仪的十字丝交点相重合，然后在垂准孔旁楼板面上弹墨线标记，如图 11-11 右下角所示。在使用该平面控制点时，仍用细麻绳恢复其中心位置。

楼板上留有垂准孔的高层建筑，也可以用细钢丝吊大垂球的方法测设铅垂线投影平面控制点。此方法较为费时费力，只是在缺少仪器而不得已时才采用。

由于高层建筑较一般建筑高得多，所以在施工中，必须严格控制垂直方向的偏差，使之达到设计的要求。垂直方向的偏差可用传递轴线的方法加以控制，如图 11-12 所示。在基础工程结束后，可将经纬仪安置在轴线控制桩 A_1、A_1'、B_1、B_1' 上。将轴线方向重新投到基础侧面定点 a_1、a_1'、b_1、b_1'，作为向上逐层传递轴线的依据。当建筑物第一层工程结束后，再安置经纬仪于控制桩 A_1、A_1'、B_1、B_1' 点上，分别瞄准 a_1、a_1'、b_1、b_1' 点，用正倒镜投点法在第二层定出 a_2、a_2'、b_2、b_2'，并依据 a_2、a_2'、b_2、b_2' 精确定出中心点 o_2，此时轴线 $a_2 o_2 a_2'$ 及 $b_2 o_2 b_2'$ 即是第二层细部放样的依据。同法依次逐层升高。

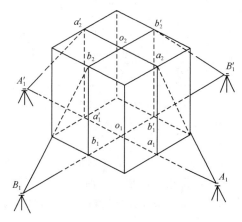

图 11-12　垂直方向传递轴线图

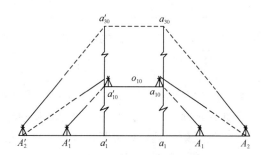

图 11-13　延长轴线控制桩

当升到较高楼层（如第十层）时，由于控制桩离建筑物较近，投测时仰角太大，所以再用原控制桩投点极为不便，同时也影响精度。为此需要将原轴线控制桩再次延长至施工范围外约百米处的 A_2、A_2'、B_2、B_2'，如图 11-13 所示（图中只表示了 A 轴线的投测）。具体作法与上述方法类似。逐层投点，直至工程结束。

为了保证投点的正确性，必须对所用仪器作严格的检验校正；观测时采用正倒镜进行投点，同时还应特别注意照准部水准管气泡要严格居中。为保证各细部尺寸的准确性，在整个施工过程中应使用经过检定的钢尺且使用同一把钢尺。

（3）高程传递

高层建筑施工中，要从地坪层测设的一米标高线逐层向上传递高程（标高），使上层的楼板、窗台、梁、柱等在施工时符合设计标高。高程传递有以下方法。

1）钢卷尺垂直丈量法　用水准仪将底层一米标高线联测至可向上层直接丈量的竖直墙面或柱面，用钢卷尺沿墙面或柱面直接向上至某一层，量取两层之间的设计标高差，得到该层的一米标高线（离该层地板的设计结构标高的高差为 $+1.000m$），如图 11-14 所示。然后再在该层上用水准仪测设一米标高线于需要设置之处，以便于该层各种建筑结构物的设计标高的测设。

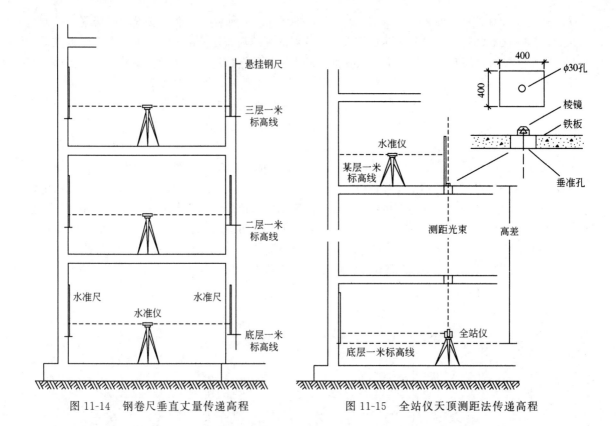

图 11-14　钢卷尺垂直丈量传递高程　　　　图 11-15　全站仪天顶测距法传递高程

2）全站仪天顶测距法　高层建筑中的垂准孔（或电梯井等）为光电测距提供了一条从底层至顶层的垂直通道，利用此通道在底层架设全站仪，将望远镜指向天顶，在各层的垂直通道上安置反射棱镜，即可测得仪器横轴至棱镜横轴的垂直距离，加仪器高，减棱镜常数，即可算得高差，如图 11-15 所示。

（4）建筑结构细部测设

高层建筑各层上的建筑结构细部有外墙、承重墙、立柱、电梯井筒、梁、楼板、楼梯等及各种预埋件，施工时均需按设计要求测设其平面位置和高程（标高）。根据各层的平面控制点，用经纬仪和钢卷尺按极坐标法、距离交会法、直角坐标法等测设其平面位置；根据一米标高线用水准仪测设其标高。

11.3　工业厂房放样

工业厂房的特点通常是规模较大，设备复杂，且厂房的构件多是预制而成的。因此在修建过程中，要进行较多的测量工作，才能保证厂房的各个组成部分严格达到设计要求。这里着重介绍一般中、小型独立厂房的放样工作。

11.3.1　厂房控制网的放样

厂房控制网是厂房进行施工的基本控制，厂房的位置和内部各构件的详细测设均需以控制网作为依据。图 11-16 中Ⅰ、Ⅱ、Ⅲ为建筑方格网点，a、b、c、d 是厂房外墙轮廓轴线交点，其设计坐标为已知。A、B、C、D 是根据 a、b、c、d 的位置而设计的厂房控制桩，该桩应布置在整个厂房施工范围以外，但要便于保存和使用。厂房控制桩的坐标可根据厂房外轮廓轴线交点的坐标和设计间距 l_1、l_2 求出。根据建筑方格网点Ⅰ、Ⅱ用直角坐标法精确测设 A、B 点。并根据 A、B 点测设 C、D 点的位置，最后检查 $\angle DCA$、$\angle BDC$ 及 CD 长度，其精度应优于 $\pm 10''$ 和 $1/10000$。厂房控制网测设后，还应沿控制网每隔若干柱间距测定一点，该点称为距离指标桩，它是测定各柱列轴线的基础。

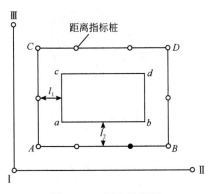

图 11-16　厂房控制网

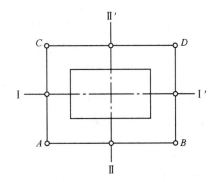

图 11-17　厂房控制网主轴线

对于小型厂房也可用民用建筑放样的方法直接测设厂房四个角点，再将轴线投测到龙门板或控制桩上。对于大型或设备基础复杂的中型厂房，则应先测设厂房控制网的主轴线，如图 11-17 中的ⅠⅠ′及ⅡⅡ′。再根据主轴线测设厂房控制网 $ABCD$。

11.3.2　厂房柱列轴线放样

在厂房控制网测设后，可根据柱列轴线间距及跨距的设计尺寸从靠近的距离指标桩量
起，将各柱列轴线测设于实地。如图 11-18 中所注明的Ⓐ—Ⓐ、Ⓑ—Ⓑ、①—①、②—②等柱列轴线。这些轴线是基坑放样和构件安装的依据。

11.3.3　柱列基础放样

根据柱列轴线控制桩定出柱基定位桩，如图 11-18 所示，并用经纬仪将轴线投到木桩上，用小钉钉入固定点位。再根据定位木桩用接线方法定出柱基位置，如图 11-19 所示，放出基坑开挖线进行施工。厂房基础一般采用杯形基础。

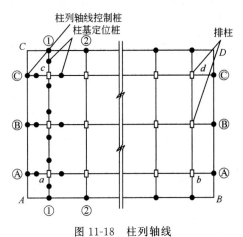

图 11-18　柱列轴线

当基坑挖到一定深度时，再用水准仪检查坑底标高，并在坑壁打入具有一定高度的水平木桩，作为检查坑底标高和打垫层的依据。若基坑很深，即可用高程上下传递的方法进行坑底高程测设。垫层打好后，根据柱基定位桩在垫层上弹出基础轴线作为支撑模板和布置钢筋的依据。

基础浇灌结束，必须认真检查，要在杯口内壁测设 ± 0 标高线，并用"▼"表示，如图

11-20 所示，作为修平杯底及柱子吊装时控制高程的依据。同时还要用经纬仪把柱轴线投到杯口顶面，并以"▶"表示，作为柱子吊装的依据。

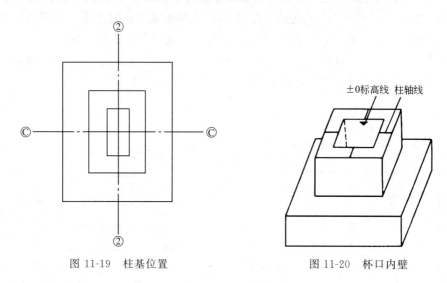

图 11-19　柱基位置　　　　　　图 11-20　杯口内壁

11.3.4　厂房构件安装测量

(1) 柱子吊装测量

柱子吊装前先在柱身三个侧面弹出柱轴线，并在轴线上作"▶"标志，再依牛腿面设计标高用钢尺由牛腿面起在柱身定出±0标高位置，并画出标志"▼"。

柱子起吊后，随即将柱子插入相应的基础杯口，使柱轴线与±0标高线和杯口上相应的位置对齐，并在四周用木楔初步固定。然后将两台经纬仪安置在互相垂直的位置，如图11-21所示。瞄准柱底轴线，逐渐抬高望远镜校正柱顶轴线至柱轴线处于竖直位置。

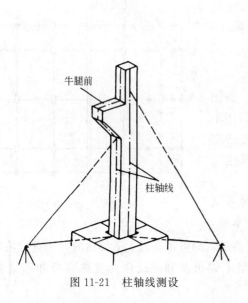

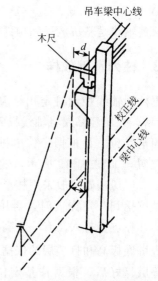

图 11-21　柱轴线测设　　　　　　图 11-22　梁与轨道安装测设

（2）吊车梁和吊车轨道安装测量

安装前首先应检查各牛腿面的标高，再依柱列轴线将吊车梁中心线投到牛腿面上，并在吊车梁面和梁两端弹出中心线。安装时用此中心线与牛腿面上梁中心线相重合而使梁初步定位，然后用经纬仪校正。校正的方法是根据柱列轴线用经纬仪在地上放出一条与吊车梁中心线相平行且相距为 d 的校正线，如图 11-22 所示，安置经纬仪于校正线上，瞄准梁上木尺，移动吊车梁使吊车梁中心线离校正线距离为 d 时即可。

在吊车轨道安装前，应该用水准仪检查吊车梁顶的标高。每隔 3m 在放置轨道垫块处测点，以测得结果与设计数据之差作为加垫块或抹灰的依据。轨道安装完毕后，应进行一次轨道中心线、跨距和轨顶标高的全面检查，以保证能安全架设和使用吊车。

11.4　建筑物的变形观测

随着城市化建设的加快，各种高层建筑物也越来越多。为了建筑物的施工与运营安全，建筑物的变形观测受到了高度重视。建筑物产生变形的原因很多，地质条件、地震、荷载及外力作用的变化等是其主要原因。在建筑物的设计及施工中，都应全面地考虑这些因素。如果设计不合理、材料选择不当、施工方法不当或施工质量低劣，就会使变形超出允许值而造成损失。建筑物变形的表现形式主要为水平位移、垂直位移和倾斜，有的建筑物也可能产生挠曲及扭转。当建筑物的整体性受到破坏时，则可产生裂缝。本节主要介绍针对建筑物的垂直位移和倾斜而进行的沉降观测与倾斜观测。

11.4.1　建筑物的沉降观测

（1）沉降观测的意义

在工业与民用建筑中，为了掌握建筑物的沉降情况，及时发现对建筑物不利的下沉现象，以便采取措施，保证建筑物安全使用，同时也为今后合理设计提供资料，在建筑安装过程中和投入生产后，连续地进行沉降观测，是一项很重要的工作。

下列厂房和构筑物应进行系统的沉降观测：高层的建筑物，重要厂房的柱基及主要设备基础，连续性生产和受震动影响较大的设备基础，工业炉（如炼钢的高炉等），高大的构筑物（如电视塔、水塔、烟囱等），人工加固的地基，回填土，地下水位较高或大孔性土地基的建筑物等。

（2）观测点的布置

观测点的数目和位置应能全面正确反映建筑物沉降的情况，这与建筑物的大小、荷重、基础形式和地质条件等有关。一般来说，在民用建筑中，是沿着房屋的周围每隔 10～20m 设立一点，另外，在房屋转角及沉降缝两侧也要布设观测点。当房屋宽度大于 15m 时，还应在房屋内部纵轴线上和楼梯间布置观测点。在工业厂房中，除承重墙及厂房转角处设立观测点外，在最容易沉降变形的地方，如设备基础、柱子基础、伸缩缝两旁、基础形式改变处、地质条件改变处等也应设立观测点。高大圆形的电视塔、烟囱、水塔或配罐等，可在其周围或轴线上布置观测点，如图 11-23 所示。

观测点的标志形式，如图 11-24 和图 11-25 所示。图 11-24（a）为墙上观测点；图 11-24（b）为钢筋混凝土柱上的观测点；图 11-25 为基础上的观测点。

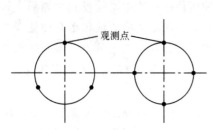

图 11-23　观测点布设

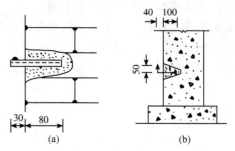

图 11-24　观测点的标志（单位：mm）

(3) 观测方法

1) 水准点的布设　建筑物的沉降观测是根据埋设在建筑物附近的水准点进行的。为了相互校核并防止由于某个水准点的高程变动造成差错，一般至少埋设三个水准点。它们应埋设在建筑物、构筑物基础压力影响范围以外；锻锤、轧钢机等震动影响范围以外；离开铁路、公路和地下管道至少5m；埋设深度至少要在冰冻线以下 0.5m；水准点离开观测点不要太远（不应大于 100m），以便提高沉降观测的精度。

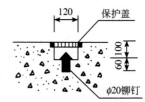

图 11-25　基础上的观测点标志

2) 观测时间　一般在增加较大荷重之后（如浇灌基础、回填土、安装柱子和厂房屋架、砌筑砖墙、设备安装、设备运转、烟囱高度每增加 15m 左右等）要进行沉降观测。施工中，如果中途停工时间较长，应在停工时和复工前进行观测。当基础附近地面荷重突然增加，周围大量积水及暴雨后，或周围大量挖土等，均应观测。竣工后要按沉降量的大小，定期进行观测。开始可隔 1~2 个月观测一次，以每次沉降量在 5~10mm 以内为限度，否则要增加观测次数。以后，随着沉降量的减小，可逐渐延长观测周期，直至沉降稳定为止。

3) 沉降观测　所谓沉降观测实质上是根据水准点用精密水准仪定期进行水准测量，测出建筑物上观测点的高程，从而计算其下沉量。

水准点是测量观测点沉降量的高程控制点，应经常检查有无变动。测定时应用 S1 级以上的精密水准仪往返观测。对于连续生产的设备基础和动力设备基础、高层钢筋混凝土框架结构及地基地质不均匀区的重要建筑物，往返观测水准点间的高差，其较差不应超过 $\pm 1\sqrt{n}$ mm（n 为测站数）。观测应在成像清晰、稳定的时间内进行，同时应尽量在不转站的情况下测出各观测点的高程，以便保证精度。前、后视观测最好用同一根水准尺，水准尺离仪器的距离不应超过 50m，并用皮尺丈量，使之大致相等。采用后、前、前、后的方法观测。先后两次后视读数之差不应超过 ± 1mm。对一般厂房的基础和构筑物，往返观测水准点的高差较差不应超过 $\pm 2\sqrt{n}$ mm，同一后视点先后两次后视读数之差不应超过 ± 2mm。

(4) 成果整理

沉降观测应有专用的外业手簿，并需将建筑物、构筑物施工情况详细注明，随时整理，其主要内容包括：建筑物平面图及观测点布置图，基础的长度、宽度与高度；挖槽或钻孔后发现的地质土壤及地下水情况；施工过程中荷重增加情况；建筑物观测点周围工程施工及环境变化的情况；建筑物观测点周围笨重材料及重型设备堆放的情况；施测时所引用的水准点号码、位置、高程及其有无变动的情况；暴雨日期及积水的情况；裂缝出现日期，裂缝开裂长度、深度、宽度的尺寸和位置示意图，等等。如中间停止施工，还应将停工日期及停工期间现场情况加以说明。

为了预估下一次观测点沉降的大约数值和判断沉降过程是否渐趋稳定或已经稳定，可分别绘制时间和沉降量关系曲线、时间与荷重的关系曲线，如图 11-26 所示。时间与沉降量的关系曲线系以沉降量 S 为纵轴，时间 T 为横轴，根据每次观测日期和每次下沉量，按比例画出各点位置，然后将各点连接而成。时间与荷重的关系曲线系以荷载的重量 P 为纵轴，时间 T 为横轴，根据每次观测日期和每次荷载的重量画出各点，将各点连接而成。

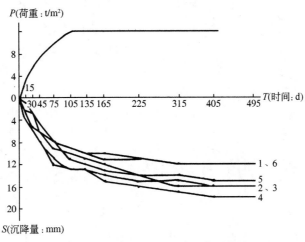

图 11-26　时间-荷重-沉降量关系曲线

（5）沉降观测的注意事项

① 在施工期间经常遇到的是沉降观测点被毁。对此，一方面可以适当地加密沉降观测点，对重要的位置如建筑物的四角可布置双点；另一方面，观测人员应经常注意观测点的变动情况，如有损坏应及时设置新的观测点。

② 建筑物沉降量一般应随着荷重的加大及时间的延长而增加，但有时却会出现回升现象，这时需要具体分析回升现象的原因。

③ 建筑物的沉降观测是一项较长期的系统的观测工作，为了保证获得资料的正确性，应尽可能地固定观测人员，固定所用的水准仪和水准尺，按规定日期、方式及路线从固定的水准点出发进行观测。

11.4.2　建筑物的倾斜观测

对圆形建筑物和构筑物（如烟囱、水塔等）的倾斜观测，是在两个垂直方向上测定其顶部中心 O' 点对底部中心 O 点的偏心距，这种偏心距称为倾斜量，如图 11-27 所示中的 OO'。其具体作法如下（如图 11-28 所示）。

① 在烟囱附近选择两个点 A 和 B，使 AO、BO 大致垂直，且 A、B 两点到烟囱的距离尽可能大于 $1.5H$，H 为烟囱高度。

② 将仪器安置在 A 点上，整平仪器后测出与烟囱底部断面相切的两个方向所夹的水平角 β，平分 β 角所得的方向即为

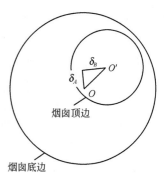

图 11-27　建筑物中心偏心

AO 方向，并在烟囱筒身上标出 A' 的位置。仰起望远镜，同法测出与顶部断面相切的两个方向所夹的水平角 β'，平分 β' 角所得的方向即为 AO' 方向，投影到下部标出 A'' 的位置。量出 $A'A''$ 的距离。令 $\delta'_A = A'A''$，那么 O' 点的垂直偏差 δ_A 为

$$\delta_A = \frac{L_A + R}{L_A} \times \delta'_A$$

式中　　R——烟囱底部半径，可量出圆周计算半径 R 值；

　　　　L_A——A 点至 A' 点的距离。

δ_A 与 BO 同向时取"+"号，反之取"−"号。

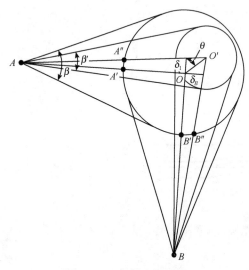

图 11-28　倾斜观测方法

③ 同法得到 $B'B''$，令 $\delta'_B = B'B''$，那么 O' 点的 BO 方向的垂直偏差 δ_B 为

$$\delta_B = \frac{L_B + R}{L_B} \times \delta'_B$$

式中　　L_B——B 点至 B' 点的距离。

δ_B 与 AO 同向时取"+"号，反之取"−"号。

烟囱的倾斜量　　$OO' = \sqrt{\delta_A^2 + \delta_B^2}$

烟囱的倾斜度　　$i = \dfrac{OO'}{H}$

根据 δ_A、δ_B 的正负号可计算出倾斜量 OO' 的假定方位角 θ：

$$\theta = \arctan \frac{\delta_B}{\delta_A}$$

若用罗盘仪测出 BO 方向的磁方位角 α_{BO}，则烟囱倾斜方向的磁方位角就为 $\alpha_{BO} + \theta$。

11.5　竣工总平面图的编绘

竣工总平面图是设计总平面图在施工后实际情况的全面反映，所以设计总平面图不能完全代替竣工总平面图。编绘竣工总平面图的目的在于：①在施工过程中可能由于设计时没有考虑到的问题而使设计有所变更，这种临时变更设计的情况必须通过测量反映到竣工总平面图上；②它将便于进行各种设施的维修工作，特别是地下管道等隐蔽工程的检查与维修工作；③为企业的改建、扩建提供了原各项建筑物、构筑物、地上和地下各种管线及交通线路的坐标、高程等资料。

新建的企业竣工总平面图的编绘，最好是随着工程的陆续竣工相继进行编绘。一面竣工，一面利用竣工测量成果编绘竣工总平面图。如果发现地下管线的位置有问题，可及时到现场查对，使竣工图能真实反映实际情况。边竣工边编绘的优点是：当企业全部竣工时，竣工总平面图也大部分编制完成；既可作为交工验收的资料，又可大大减少实测的工作量，从而节约了人力和物力。

竣工总平面图的编绘，包括室外实测和室内资料编绘两方面的内容。首先是竣工测量。在每一个单项工程完成后，必须由施工单位进行竣工测量，提出工程的竣工测量成果。其内

容包括以下各方面：工业厂房及一般建筑物，包括房角坐标、各种管线进出口的位置和高程，并附房屋编号、结构层数、面积和竣工时间等资料；铁路和公路，包括起止点、转折点、交叉点的坐标，曲线元素，桥涵等构筑物的位置和高程；地下管网，包括窨井、转折点的坐标，井盖、井底、沟槽和管顶等的高程，并附注管道及窨井的编号、名称、管径、管材、间距、坡度和流向；架空管网，包括转折点、结点、交叉点的坐标，支架间距、基础面高程。竣工测量完成后，应提交完整的资料，包括工程的名称、施工依据、施工成果，作为编绘竣工总平面图的依据。

其次是竣工总平面图的编绘。竣工总平面图上应包括建筑方格网点、水准点、厂房、辅助设施、生活福利设施、架空与地下管线、铁路等建筑物或构筑物的坐标和高程，以及厂区内空地和未建区的地形。

厂区地上和地下所有建筑物、构筑物绘在一张竣工总平面图上时，如果线条过于密集而不醒目，则可采用分类编图，如综合竣工总平面图、交通运输竣工总平面图和管线竣工总平面图等。比例尺一般采用 1∶1000，如不能清楚地表示某些特别密集的地区，也可局部采用 1∶500 的比例尺。

📁 思考题

1. 图 11-29 中已绘出新建筑物与原有建筑物的相对位置关系，试述测设新建筑物的方法和步骤。

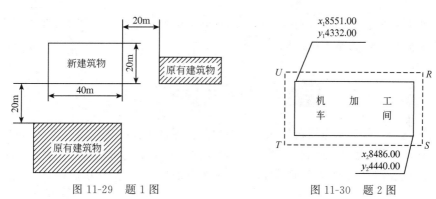

图 11-29　题 1 图　　　　　　　　图 11-30　题 2 图

2. 已知某厂加工车间两个相对房角点的坐标为：
$$x_1 = 8551.00\text{m}; x_2 = 8486.00\text{m}$$
$$y_1 = 4332.00\text{m}; y_2 = 4440.00\text{m}$$

放样时顾及基坑开挖范围，拟将矩形控制网设置在厂房角点以外 6m 处，如图 11-30 所示，求出厂房控制网四角点 T、U、R、S 的坐标值。

3. 试述工业厂房控制网的测设方法。

4. 试述柱基的放样方法。

5. 在房屋放样中，设置轴线控制桩的作用是什么？如何测设？

6. 如何进行柱子的竖直校正工作？应注意哪些问题？

7. 建筑物为什么要进行沉降观测？它的特点是什么？

8. 编绘竣工总平面图的意义是什么？

第12章

道路工程测量

✎ 内容提示

1. 道路中线、曲线测设等；
2. 土方计算及道路施工测量；
3. GNSS 应用。

道路工程测量的主要内容有中线测量、纵横断面测量、带状地形图等。其目的是为设计提供必要的基础资料，为施工提供依据。

12.1 道路中线测量

道路工程测量一般是指道路设计和施工中的各种测量工作。它包括收集道路起终点间的相关资料，踏勘选线（含控制测量和带状地形图测绘），含中线测量、曲线测设、中桩加密、中桩控制桩测设、路基放样、竖曲线测设、纵横断面图测绘、土方量计算、竣工验收测量等。

中线测量是在踏勘选线，拟定好路线方案，并已在实地用木桩标定好路线起点、转折点及终点之后进行的。它的主要工作是通过测角、量距把路线中心的平面位置在地面上用一系列木桩（里程桩）表示出来。

12.1.1 测算转向角 α

转向角是道路从一个方向转到另一个方向时所偏转的角度，一般用 α 表示。转向角有左、右之分，即当偏转后的方向位于原方向左侧时，叫左转角，用 $α_左$ 表示；偏转后的方向位于原方向右侧的叫右转角，用 $α_右$ 表示，如图 12-1 所示。

由图 12-1 可知，如果直接测量转折角，一会儿左、一会儿右，很容易搞错。为此，我们统一规定测线路前进方向的左角，然后按式（12-1）计算左、右转向角，即

$$\begin{cases} 当 β<180°时, & α_左=180°-β \\ 当 β>180°时, & α_右=β-180° \end{cases}$$

（12-1）

在图 12-1 中，有

$$\alpha_{\text{左}1} = 180° - \beta_1$$
$$\alpha_{\text{右}2} = \beta_2 - 180°$$
$$\alpha_{\text{左}3} = 180° - \beta_3$$

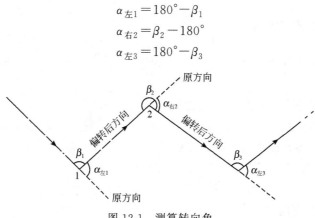

图 12-1 测算转向角

12.1.2 测设中桩（里程桩）

为了测定道路的总长度和测绘道路的纵、横断面图，从道路的起点至终点，沿道路中线用钢尺或光电测距仪，在地面上按规定的距离（一般为 20m、30m 或 50m）量程打桩，此桩称为整桩。在整桩之间如遇有明显地物或道路交叉口或坡度变化处则设立加桩。整桩和加桩统称中桩。中桩要进行编号，其号码为桩至起点的距离，如某中桩距起点为 10100m，则该桩编号为 10+100.00，"+"前为公里数，后为不足一公里的零头，以米为单位，取至厘米，所以中桩又叫里程桩。

测设中线时，应填写中桩记录并且在现场绘出草图。线路两侧的地形、地物可由目估勾绘。草图供纵断面测量时参考，以防止漏测桩点。

12.2 圆曲线测设

道路往往不可能是一条理想的直线，由于各种原因，道路不得不经常改变方向。为了使车辆安全地由一个方向转到另一个方向，在两个方向之间常以曲线来连接。这种曲线称为平曲线。平曲线有圆曲线和缓和曲线两种：圆曲线是具有一定半径的圆弧，而有些道路从直线到圆曲线需要一段过渡，这段过渡曲线称为缓和曲线，见图 12-2。

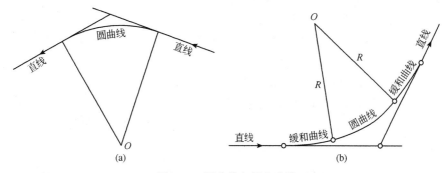

图 12-2 圆曲线与缓和曲线

本节只介绍圆曲线的测设。

12.2.1　圆曲线要素的计算

图 12-3 为圆曲线连接两个方向。图中 O 为圆心，JD_3 为两个方向的交点，亦称转向点。

圆曲线的主点：

ZY——直圆点，即直线与圆曲线的交点；

QZ——圆曲线的中点；

YZ——圆直点，即圆曲线与直线的交点。

圆曲线元素及其计算：

R——圆曲线半径，由设计给定；

α——转向角，由实地测出；

T——切线长，ZY 点或 YZ 点到 JD_3 的长度，其计算公式见式（12-2）。

$$\begin{cases} T = R\tan\dfrac{\alpha}{2} \\ L = \dfrac{\pi R}{180°}\times\alpha \\ E = R\left(\sec\dfrac{\alpha}{2}-1\right) \\ q = 2T-L \end{cases} \qquad (12\text{-}2)$$

式中　T——切线长；

　　　L——曲线长；

　　　E——外矢距；

　　　q——切曲差。

由式（12-2）可以看出，曲线元素 T、L、E、q 是曲线元素 R、α 的函数。当测出 α，给定了 R 后，其他元素均可计算求得。实际工作中，可以 α、R 为引数，在已编制好的"曲线表"中直接查得其他元素值，也可以用计算器直接计算。

12.2.2　圆曲线主点的测设

（1）主点测设数据的计算

在中桩测设后，交点（JD_3）的位置和里程就已确定了。由图 12-3 可以看出，只要求出 ZY 和 YZ 的里程，就可以确定 ZY 和 YZ 的位置。另外在图 12-3 中能求出 γ 角和外矢距 E，QZ 的位置也就能测设了。设图 12-3 中 $\alpha=10°25'$，$R=800m$，交点 JD_3 的里程为 $11+295.78$，则主点的测设数据计算如下。

根据 α、R 按式（12-2）计算或查"曲线表"可得

$$T = 72.92m$$

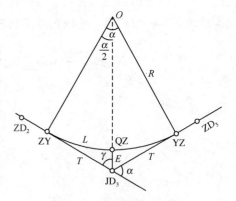

图 12-3　圆曲线几何元素

$$L = 145.45m$$

$$E = 3.32m$$

$$q = 0.39m$$

所以主点 ZY 和 YZ 的里程（测设数据）为

ZY 的里程 = JD_3 的里程减切线长（T）= 11km + 295.78m − 72.92m = 11km + 222.86m，记作 11 + 222.86。

YZ 的里程 = ZY 的里程 + L = JD_3 的里程 + T − q = 11km + 368.31m，记作 11 + 368.31。

另外由图 12-3 可以看出：

$$\gamma = \frac{180° - \alpha}{2} = 84°47.5'$$

（2）主点测设操作

如图 12-3 所示，在 JD_3 上安置经纬仪，后视 JD_2（或 JD_4）方向，从 JD_3 沿经纬仪视线方向丈量长度（72.92m），即可得到 ZY（或 YZ）。经纬仪不动，以 JD_3 至 ZD_2（或 JD_3 至 ZD_3）为已知方向，测量 γ 角，此时从 JD_3 沿经纬仪视线方向丈量 E 值，即可测设出 QZ 点的位置。

12.2.3　圆曲线的详细（加密）测设

当圆曲线长度大于 40m 时，为了保证施工精确和施工的方便，还需要在主点间的中线上按照一定间距加设一些点，称为加密点。

加密点的测设方法有：偏角法、直角坐标法、弦线支距法、弦线偏角法和弦线偏距法等。

（1）偏角法

偏角法详细测设圆曲线如图 12-4 所示。在实际工作中，为了方便一般把加密点 P_i 的里程定为 10m 或 20m 的整数倍。

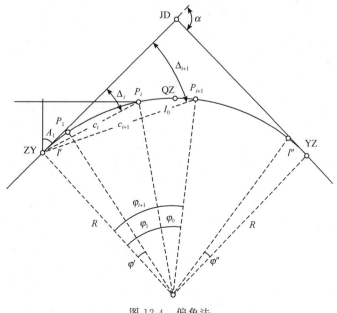

图 12-4　偏角法

1）测设元素的计算

① 加密点间弧长 L_i 的计算：

$L_1 =$ P_1 点桩号－ZY 点桩号（不足 L_0 的非整数）。

L_0：设计给出，10m 的整数倍。

$L_2 =$ YZ 点桩号－P_n 点桩号（不足 L_0 的非整数）。

② 偏角 δ 的计算（δ_i：$\angle$JD-ZY-P_i）：

$$\delta_1 = (L_1/2R)\rho''$$
$$\delta_2 = \delta_1 + \delta_0$$
$$\delta_3 = \delta_1 + 2\delta_0$$
$$\cdots\cdots$$
$$\delta_n = \delta_1 + (n-1)\delta_0$$
$$\delta_{n+1} = \delta_1 + (n-1)\delta_0 + \delta_2$$

式中，$\delta_0 = (L_0/2R)\rho''$；$\delta_2 = (L_2/2R)\rho''$；$\rho'' = 206265''$。

③ 弦长的计算：

$$c_1 = 2R\sin\delta_1$$
$$c_0 = 2R\sin\delta_0$$
$$c_2 = 2R\sin\delta_2$$

2）偏角法测设圆曲线步骤

① 安置经纬仪于 ZY 点照准 JD，安置水平盘使读数为 $0°0'00''$。

② 顺时针方向旋转照准部至水平盘读数为 δ_1，从 ZY 点沿经纬仪所指方向测设长度 c_1，得到 P_1 位置，用木桩标出，以此类推到 P_n 点。

③ 顺时针方向转动照准部至水平度盘读数为 δ_2，从 P_1 点用钢尺测设弦长 C_0 与经纬仪所指方向相交，得到 P_2 点的位置，用木桩标出。依此类推直至测设到 P_n 点。

④ 测设至 YZ 点后应检核：YZ 的偏角应等于 $\alpha/2$。从 P_n 点量至 YZ 点应等于 C_2，闭合差不应超过：

半径方向（横向）：± 0.1m；

切线方向（纵向）：$\pm L'/1000$。

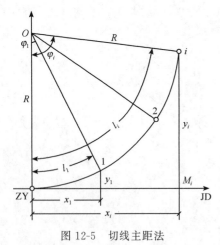

图 12-5　切线主距法

（2）直角坐标法

直角坐标法又叫切线支距法，是以 ZY 或 YZ 为原点，过 ZY 或 YZ 的切线方向为 x 轴，半径方向为 y 轴，建立坐标系，如图 12-5 所示。由图可见，曲线上任一点 i 的坐标可表示为

$$\begin{cases} x_i = R\sin\varphi_i \\ y_i = R(1-\cos\varphi_i) \end{cases} \tag{12-3}$$

式中，R 为曲线半径；φ_i 是 ZY 到 i 点的弧长 L_i 所对的圆心角。若以

$$\varphi_i = \frac{L_i}{R}$$

代入式（12-3），并按级数展开，取前三项，则可得

$$\begin{cases} x_i = L_i - \dfrac{L_i^3}{6R^2} + \dfrac{L_i^5}{120R^4} \\ y_i = \dfrac{L_i^2}{2R} - \dfrac{L_i^4}{24R^3} + \dfrac{L_i^6}{720R^5} \end{cases} \quad\quad (12\text{-}4)$$

根据 R、L_i 即可查"曲线表"求得 x_i 和 y_i。

直角坐标法的测设方法，是从 ZY 点沿切线方向，用钢尺或皮尺丈量 x_i 值，得到 M_i 点。在 M_i 点上安置经纬仪，后视 ZY，测设 90°角度，从 M_i 沿视线方向丈量 y_i，即得 i 点。

直角坐标法的特点是所测各点相互独立，不存在误差传递和积累的问题，精度相对较高，适宜在开阔地区运用。但是，它没有自行检核条件，只能以量测所测点间距离来检核。

（3）弦线偏距法

弦线偏距法，是以曲线上相邻点的弦延长一倍后，终点偏离曲线的距离和弦相交定点的方法。

由图 12-6 可以看出：

$$\varphi = \frac{180°}{\pi R} \times c \quad\quad (12\text{-}5)$$

以 ZY 为圆心，c 为半径画弧交切线于 P_1' 点，交曲线于 P_1 点。P_1 和 P_1' 点间的距离用 d_1 表示，则

$$d_1 = 2c\sin\frac{\varphi}{4} \quad\quad (12\text{-}6)$$

现在的问题是只有切线，没有曲线，当然也就没有 P_1 点，因此，需要我们把曲线上的 P_1 点测设在地面上，其方法如下：

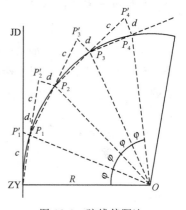

图 12-6　弦线偏距法

以 ZY 为圆心，c 为半径画弧交切线上 P_1 点，用式 (12-6) 计算出 d_1，然后以 d_1 为半径，以 P_1 为圆心画弧与前弧相交，其交点就是欲测设的 P_1 点。连接 ZY 和 P_1 并延长。以 P_1 为圆心，还以 c 为半径画弧与延长线交于 P_2' 点。以 P_2 为圆心，以 $d = 2c\sin\dfrac{\varphi}{2}$ 为半径画弧与前弧相交，其交点就是欲测设的曲线上的 P_2 点。依此类推，可以把欲测设的加密点全部测设于地面上。

（4）极坐标法

用极坐标法测设圆曲线的细部点是用全站仪进行路线测量的最合适的方法。仪器可以安置在任何控制点上，包括路线上的 ZY 点、JD 点、YZ 点等。

用极坐标法进行测设主要是根据已知控制点和路线的设计转角等数据，先计算出圆曲线主点和细部点的坐标，然后根据控制点和放样点的坐标反算出测设数据：测站至测设点的方位和平距。根据方位和平距用全站仪直接放样。

12.3 纵横断面图测量

路线纵断面测量又称路线水准测量，它通过测定中线上各里程桩（中桩）的地面高程，绘制出路线纵断面图，供路线坡度设计、土方量计算用；路线横断面测量是通过测定中桩与道路中线正交方向的地面高程，绘制横断面图，供路基设计土方量计算及施工时确定边界用。

12.3.1 纵断面图的测绘

(1) 埋设水准点

沿道路中心一侧或两侧不受施工影响的地方，每隔 2km 埋设永久性水准点，作为全线高程控制点。在永久性水准点间，每隔 300～500m 埋设临时水准点，作为纵、横断面水准测量和施工高程测量的依据。

永久性水准点应与附近的国家水准点进行联测。在沿线进行水准测量中，也应尽量与附近国家水准点进行联测，获得检核条件。

(2) 中桩地面高程测量

在图 12-7 中，1、2、3 等为中桩，A、B 为水准点，Ⅰ 和 Ⅱ 为测站。$A-4-B$ 为附合水准线路，用四等或等外水准进行测量，以检核纵断面水准测量。而 1、2、3 和 5、6、7 作为 Ⅰ 站和 Ⅱ 站的插前视，因为插前视不起传递高程的作用，所以读到厘米即可。纵断面水准测量的记录及计算如表 12-1 所示。

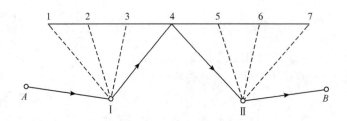

图 12-7　中桩地面高程测量

表中 4 号点的高程是用高差法求得的。插前视的高程是用仪高法求得。如 1 号点的高程等于 A 点高程加 Ⅰ 站上在 A 点上的标尺读数，减去 1 号点的插前视读数，即

$$H_1 = 156.800 + 2.204 - 1.58 = 157.42 \text{m}$$

其他各点依此类推。

(3) 纵断面图的绘制

纵断面图的绘制，是在毫米方格纸上进行。以里程为横轴，高程为纵轴。为了较明显地反映地面高低起伏，一般纵轴比例尺是横轴比例尺的 10 倍或 20 倍。纵断面图分为上、下两部分，上部为纵断面图形态，下部为测量、设计、计算的有关资料、数据，如图 12-8 所示。图中各项内容的含义及纵断面图绘制方法说明如下。

表 12-1　纵断面水准测量记录

测站	点名	水准标尺读数			高差		仪器视线高程/m	高程/m
		后视	前视	插前视	+	-		
I	A	2.204					159.004	156.800
	1		1.58					157.42
	2		1.69					157.31
	3		1.79					157.21
	4		1.895		0.309			157.109
II	4	1.931					159.04	157.109
	5		1.54					157.50
	6		1.32					157.72
	7		1.29					157.75
	B		1.2		0.731			157.840

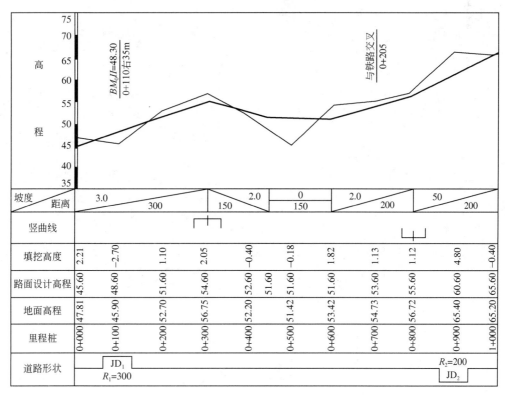

图 12-8　纵断面图

在线路形状栏内，按里程把直线段和曲线段反映出来，以 ⌐‾⌐ （上凸）符号表示右转曲线，以 ⌐_⌐ （下凸）符号表示左转曲线，并注明曲线元素值。

在里程桩栏内，自左至右，按里程和横轴比例尺，将各桩位标出，并注明桩号。在地面高程和路面设计高程栏内，把里程桩处的地面高程和路面设计高程填入。在填挖深度栏内，把各里程桩处的地面高程减去设计高程填入。

在图 12-8 的上部，把各里程桩处的地面高程和设计高程，按纵轴比例尺标出，然后各自依次相连，即得到地面和道路路面的纵断面图。前者用细实线表示，后者用粗实线表示。

12.3.2 横断面图的测绘

横断面图测绘，就是测定道路中线上各里程桩处垂直于中线方向上两侧各 15～50m 之内的地面特征点的高程。

横断面水准测量之前，应先确定横断面方向。对于直线段，用目估或用图 12-9 所示的"＋"字方向架确定即可。对于圆曲线，当圆心给出时，里程桩和圆心连线就是横断面方向。当圆心没有给出时，如图 12-10 所示，在里程桩 i 处安置经纬仪，后视 ZY，并使度盘读数为 δ_i（i 点的偏角），则度盘读数为 90 时的视线方向，即为横断面方向。另外也可以在"＋"字方向架上加一个活动标志，用标志来求圆心方向，则更简捷、直观，参见图 12-11（a）、（b）。

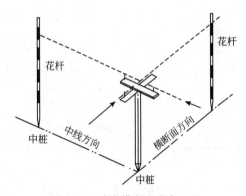

图 12-9　确定横断面方向（1）

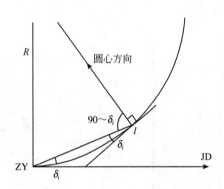

图 12-10　确定横断面方向（2）

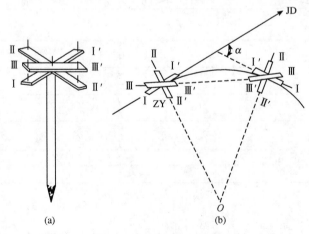

图 12-11　确定圆心方向

（1）横断面图测量

横断面上路中心点的地面高程已在纵断面测量时测出，各测点相对中心点的高差可用下述方法测定。

1）水准仪法　此法适用于施测断面较宽的平坦地区。如图 12-12 所示，水准仪安置后，以线路中心点的地面高程为后视，以中线两侧地面测点为前视，并用皮尺分别量出各测点到中心点的水平距离。水准尺读数读到厘米，水平距离量到分米即可。记录格式如表 12-2 所示。

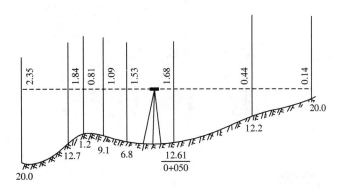

图 12-12　水准仪法

表 12-2　横断面测量记录

$\dfrac{前视读数}{距离}$（左侧）					$\dfrac{后视读数}{桩号}$	（右侧）$\dfrac{前视读数}{距离}$	
$\dfrac{2.35}{20.0}$	$\dfrac{1.84}{12.7}$	$\dfrac{0.81}{11.2}$	$\dfrac{1.09}{9.01}$	$\dfrac{1.53}{6.8}$	$\dfrac{1.68}{0+050}$	$\dfrac{+0.44}{12.2}$	$\dfrac{+0.14}{20.0}$

按线路前进方向，分左、右侧，以分式表示各测段的前视读数和距离。

2）抬杆法　此法多用于山地。

如图 12-13 所示，一个标杆立于①点桩上，另一根标杆水平横放（或用皮尺拉平），测得横断面上①点的距离和高差（在标杆上估读），同上法继续施测②点……

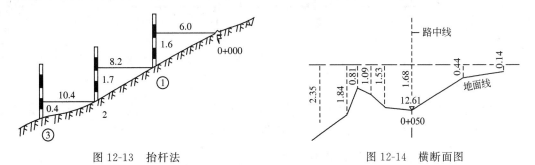

图 12-13　抬杆法

图 12-14　横断面图

（2）横断面图绘制

根据横断面的施测，取得各测点间的高差和水平距离，即可在方格厘米纸上绘出各中桩的横断面图。绘图时，先标定中桩位置，如图 12-14 所示，由中桩位置开始，逐一将变坡点定在图上，再用直线把相邻点连接起来，即绘出横断面的地面线。

横断面图画法简单，但工作量很大。为提高工效，防止错误，多在现场边测边绘，这样既可当场出图，又能及时核对，发现问题，及时修正。

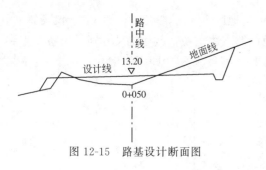

图 12-15　路基设计断面图

横断面地面线标出后，再依据纵断面图上该中桩的设计高程，将路基断面设计线画在横断面图上，这步工作称为"戴帽子"，如图 12-15 所示。

由于计算面积的需要，横断面图的距离比例尺与高差比例尺是相同的，通常采用 1：100 或 1：200。

12.4　道路施工测量

道路施工测量的主要工作包括：施工控制桩测设、路基测设、竖曲线测设、土方量计算等。

12.4.1　施工控制桩测设

由于中桩在路基施工中会被埋住或挖掉，所以需要在不易受施工破坏、易于保存桩位又便于引测的地方设桩（称施工控制桩），作为道路中线和中线高程控制依据。测设方法如下。

（1）平行线法

平行线法是在设计的路基宽度以外，测设两排平行于中线的施工控制桩，如图 12-16 所示。控制桩的间距一般取 10～20m。

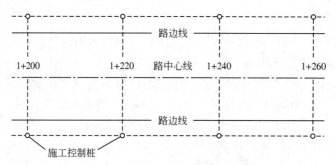

图 12-16　平行线法

（2）延长线法

延长线法是在路线转折处的中线延长线上以及曲线中点至交点的延长线上测设施工控制桩，如图 12-17 所示。控制桩至交点的距离应量出并作记录。

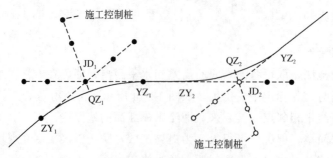

图 12-17　延长线法

12.4.2 路基测设

路基测设，就是根据横断面设计图及中桩填挖深度，测设路基的坡脚、坡顶以及路面中心位置等，作为施工时填挖边界线的依据。路基有两种：一种是高出地面的路基，称为路堤；另一种是低于地面的路基，称为路堑。

（1）平地上路堤的测设

图 12-18 为路堤横断面设计图。上口 b 和路堤坡度 $1:m$ 均为设计值，h 为中桩处填土高度（从纵断面图上获得），则路堤下口的宽度为

$$B = b + 2mh$$

或

$$\frac{B}{2} = \frac{b}{2} + mh \qquad (12\text{-}7)$$

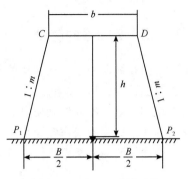

图 12-18 平地上路堤测设

所以，在中桩横断面方向上，由中桩向两侧各量出 $B/2$，得到 P_1 和 P_2，则 P_1 和 P_2 就是路堤的坡脚点。再在横断面上向两侧各量出 $b/2$，并用高程测设方法测设出 $b/2$ 处的高程，即得到坡顶 C 和 D，将 P_1、C、D、P_2 相连，即得填土边界线。

（2）斜面上路堤的测设

在这种情况下可以采取以下两种方法。

1）坡度尺法 坡度尺实际上是斜边为 $1:m$ 的直角尺。其操作方法是：先根据中桩、h 和 $b/2$ 测设出坡顶 C 和 D 的位置，将坡度尺上 k 点与 C（或 D）重合，当挂在 k 点上的垂球线与尺子的竖直边重合或平行时把坡度尺固定住，此时斜边延长线与地面的交点即为坡脚点，如图 12-19 所示。

2）图解法 先将路堤设计横断面画在透明纸上，然后将透明纸按中桩填土高度蒙在实测的横断面图上，则设计横断面图的坡脚线与实测横断面图上的交点就是坡脚点，从坡脚点至中桩的水平距离就是图 12-19 中的 B_1 和 B_2。

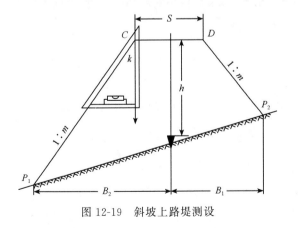

图 12-19 斜坡上路堤测设

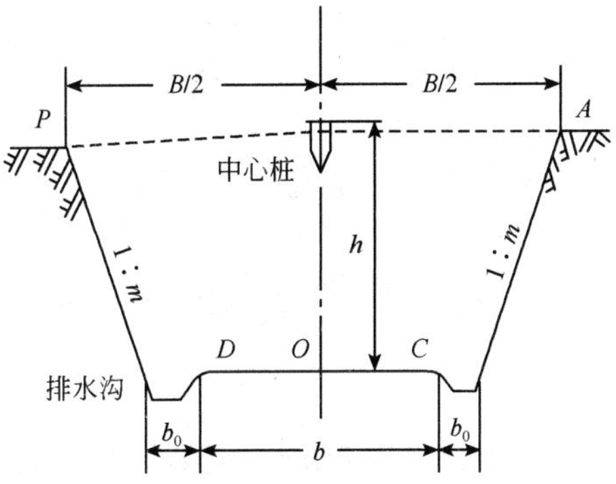

图 12-20 路堑测设

（3）在平地上测设路堑

根据路堑设计横断面图上的下口 b 和排水沟宽 b_0 以及坡度 $1:m$，即可算出上口宽度：

$$B = b + 2b_0 + 2mh$$

或
$$\frac{B}{2}=\frac{b}{2}+b_0+mh \tag{12-8}$$

从中桩起，在横断面上向两侧分别量出 $B/2$，即得坡顶 C 和 D，将相邻坡顶点相连，即得开挖边界线，见图 12-20。

（4）斜面上路堑的放样

在斜面上的路堑的放样，可以用斜面上路堤放样的图解法。

12.4.3　竖曲线的测设

道路在纵向上是高低起伏的，当纵向坡度发生变化，且两坡度的代数差超过一定范围时（先上坡后下坡时，代数差大于 10‰；先下坡后上坡时，代数差大于 20‰），为了车辆运行的平稳和安全，在变坡处要设立竖曲线。先上坡后下坡时，设凸曲线；反之设凹曲线。我国铁路一律采用圆曲线作竖曲线。

竖曲线的测设是根据设计给出的曲线半径和变坡点前后的坡度 i_1 和 i_2 进行的。由于坡度的代数差较小，所以曲线的转折角 α 可视为两坡度的绝对值之和。即

$$\alpha=|i_1|+|i_2| \tag{12-9}$$

并且认为

$$\tan\frac{\alpha}{2}=\frac{\alpha}{2}$$

所以就有

$$T=R\tan\frac{\alpha}{2}=R\times\frac{\alpha}{2}=\frac{R}{2}(|i_1|+|i_2|) \tag{12-10}$$

$$L=R\alpha=R(|i_1|+|i_2|) \tag{12-11}$$

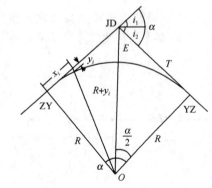

又考虑到 α 较小，图 12-21 中 y_i 可近似地认为与半径方向一致，所以有

$$(R+y_i)^2=x_i^2+R^2 \tag{12-12}$$

由于 y_i 相对于 x_i 是很小的，如果把 y_i 忽略不计，则式（12-12）可变为

$$2Ry_i=x_i^2$$

$$y_i=\frac{x_i^2}{2R}$$

图 12-21　竖曲线的测设

当给定一个 x_i 值，就可以求得相应的 y_i 值，当 $x_i=T$ 时，则

$$y_i=E=\frac{T^2}{2R} \tag{12-13}$$

由上述过程看出，当给定 R、i_1、i_2 后，α、T、L 和 E 均可求得。

另外，既然把 y 看成与半径方向一致，则 y 又可以看成是切线上与曲线上点的高程差。切线上不同 x 值的点的高程可以根据变坡点高程和坡度求得，那么相应的曲线上点的高程就可以看成切线上点的高程加或减 y 值。

竖曲线的测设方法：

① 主点测设同平面圆曲线主点测设方法一样，故在此不再赘述。

② 加密点的测设。采用直角坐标法：

a. 从 ZY 点沿切线方向量出 x_i 值，并用 $y_i = \dfrac{x_i^2}{2R}$，求得 y_i（各点的标高改正数或各点的高程改正数）。

b. 根据变坡点的高程、切线坡度，求出 x_i 处的高程 H_i 以及与 x_i 相对应的曲线上点的高程 H_i'，当各点标高改正数 y_i 求出后，即可与坡道各点的坡道高程 H_i' 取代数和，而得到竖曲线上各点的设计高程 H_i，即对凸曲线：

$$H_i' = H_i + y_i \tag{12-14}$$

式中，y_i 在凹形竖曲线中取正号，在凸形竖曲线中取负号。

高程为 H_i' 的点，就是曲线上欲加密的点。所以竖曲线上加密点是用距离和高程一起来测设的。

12.4.4　土方量的计算

土方量的计算包括填、挖土方量的总和。计算方法是：以相邻两个横断面之间距为计算单位，即分别求出相邻两个横断面上路基的面积和两横断面之间的距离来求土方量。

在图 12-22 中，A_1 和 A_2 为相邻横断面上路基的面积，L 为 A_1 和 A_2 之间的距离，则二横断面间的土方量可近似地计算为

$$V = \frac{1}{2}(A_1 + A_2) \times L \tag{12-15}$$

式中，A_1 和 A_2 可在路基横断面设计图上用求积仪或解析法等方法求得；L 可从里程桩间距求得。

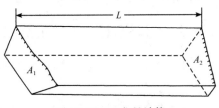

图 12-22　土方量计算

12.5　GNSS 在路线测量中的应用

12.5.1　GNSS 控制网布设

GNSS 控制网的布设应根据公路等级、沿线地形地物、作业时卫星状况、精度要求等因素进行综合设计，并编制技术设计书。

路线过长时，可视需要将其分为多个投影带。在各分带交界附近应布设一对相互通视的 GNSS 点。同一路线工程中的特殊构筑物的测量控制网应同路线控制网一次完成设计、施测和平差。当特殊构筑物测量控制网的等级要求高时，宜以其作为首级控制网，并据以扩展其他测量控制网。

当 GNSS 控制网作为路线工程首级控制网，且需采用其他测量方法进行加密时，应每隔 5km 设置一对相互通视的 GNSS 点。

当 GNSS 首级控制网直接作为施工控制网时，每个 GNSS 点至少应与一个相邻点通视。

设计 GNSS 控制网时，其应由一个或若干个独立观测环构成，并包含较多的闭合条件。

GNSS 控制网由非同步 GNSS 观测边构成多边形闭合环或附合路线时，其边数应符合下列规定：

一级 GNSS 控制网应不超过 5 条；

二级 GNSS 控制网应不超过 6 条；

三级 GNSS 控制网应不超过 7 条；

四级 GNSS 控制网应不超过 8 条。

一、二级 GNSS 控制网应采用网连式、边连式布网；三、四级 GNSS 控制网宜采用绞链导线式或点连式布网。GNSS 控制网中不应出现自由基线。

GNSS 控制网应同附近等级高的国家平面控制网点联测，联测点数应不少于 3 个，并力求分布均匀，且能控制本控制网。路线附近具有高等级的 GNSS 点时，应予以联测。同一路线工程的 GNSS 控制网分为多个投影带时，在分带交界附近应同国家平面控制点联测。GNSS 点应尽可能和高程点联测，可采用使 GNSS 点与水准点重合或 GNSS 点与水准点联测的方法。此时的 GNSS 点同时兼作路线工程的高程控制点。

平原、微丘地形联测点的数量不宜少于 6 个，必须大于 3 个；联测点的间距不宜大于 20km，且应均匀分布。重丘、山岭地形联测点的数量不宜少于 10 个。各级 GNSS 控制网的高程联测应不低于四等水准测量的精度。

12.5.2 GNSS 控制网的观测工作

GNSS 外业观测是利用接收机接收 GNSS 卫星发出的无线电信号，它是外业的核心工作。

GNSS 控制网观测的基本技术指标应符合表 12-3 的规定。

外业观测前要做好精密计划。首先编制 GNSS 卫星可见性预报表。预报表包括可见卫星号、卫星高度角、方位角、最佳观测星组、最佳观测时间、点位图形强度因子、概略位置坐标、预报历元、星历龄期等。

表 12-3　GNSS 控制网观测的基本技术指标

项目		级别			
		一级	二级	三级	四级
卫星高度角/(°)		≥15	≥15	≥15	≥15
数据采集间隔/s		≥15	≥15	≥15	≥15
观测时间/min	静态定位	≥90	≥60	≥45	≥40
	快速静态		≥20	≥15	≥10
点位几何图形强度因子(GDOP)		≤6	≤6	≤8	≤8
重复测量的最小基线数/%		≥5	≥5	≥5	≥5
施测时段数		≥2	≥2	≥15	≥1
有效观测卫星总数		6	6	4	4

（1）安置天线

为了避免严重的重影及多路径现象干扰信号接收，确保观测成果质量，必须妥善安置天线。

天线要尽量利用脚架安置，直接在点上对中。当控制点上建有寻常标时，应在安置天线之前先放倒觇标或采取其他措施。只有在特殊情况下，方可进行偏心观测，此时归心元素应以解析法测定。

天线定向标志线应指向正北。其中一、二级在顾及当地磁偏角修正后，定向误差不应大于5°。天线底盘上的圆水准气泡必须居中。

天线安置后，应在每时段观测前后各量取天线高一次。对备有专门测高标尺的接收设备，将标尺插入天线的专用孔中，下端垂准中心标志，直接读出天线高。对其他接收设备，可采用测量方法，从脚架互成120°的三个空档测量天线底盘下表面至中心标志面的距离，互差小于3mm时，取平均值为L。若天线底盘半径为R，厂方提供平均相位中心至底盘下表面的高度为h_c，按式（12-16）计算天线高：

$$h=\sqrt{L^2-R^2}+h_c \tag{12-16}$$

（2）观测作业

观测作业的主要任务是捕获GNSS卫星信号，并对其进行跟踪、处理、量测，以获得所需要的定位信息和观测数据。

在天线附近安放接收机，接通接收机至电源、天线、控制器的连接电缆，并经过预热和静置，即可启动接收机进行观测。

接收机开始记录数据后，观测员可用专用功能键和选择菜单，查看测站信息、接收卫星数量、通道信噪比、相位测量残差、实时定位的结果及其变化、存储介质记录情况等。

观测员操作要细心，在静置和观测期间严防接收设备震动，防止人员和其他物体碰动天线和阻挡信号。

对于接收机操作的具体方法，用户可按随机的操作手册进行。

（3）外业成果记录

在外业观测过程中，所有信息资料和观测都要妥善记录。记录的形式主要有以下两种：

1）观测记录　观测记录由接收设备自动完成，均记录在存储介质（磁带、磁卡等）上，记录项目包括：

载波相位观测值及其相应的GNSS时间；GNSS卫星星历参数；测站和接收机初始信号（测站名、测站号、时段号、近似三维坐标、天线及接收机编号、天线高）。

存储介质的外面应贴制标签，注明文件名、网区名、点名、时段号、采集日期、观测手簿编号等。

接收机内存数据文件转录到外存介质上时，不得进行任何剔除或删改，不得调用任何对数据实施重新加工组合的操作指令。

2）观测手簿　观测手簿是在接收机启动前与作业过程中，由观测员及时填写的。路线工程GNSS控制网的观测手簿见表12-4。

观测记录和观测手簿都是GNSS精密定位的依据，必须妥善保管。

表 12-4　GNSS 观测手簿

工程名称：

点名			等级		
观测者			记录者		
接收机名称			接收机编号		
定位模式					
开机时间	h　　min		关机时间	h　　min	
站时段号			日时段号		
天线高/mm	测前		测后		平均
日期		存储介质编号及数据文件名			
时间	跟踪卫星号(PRN)	干温/℃	湿温/℃	气压/mbar①	测站大地高/m	GDOP
经度/(°　′　″)			纬度/(°　′　″)		
备注					

①1mbar＝100Pa。

📂 思考题

1. 术语解释：圆曲线、缓和曲线、极坐标法、基平测量、中平测量、纵断面测量、横断面测量、中线测量。

2. 道路中线测量的内容有什么？它如何测设？

3. 已知路线的右角 β：(1) $\beta_1 = 210°42'$；(2) $\beta_2 = 162°06'$。求路线的偏角值并说明其偏转方向。

4. 里程桩应设在中线的哪些地方？如何确定圆曲线上的桩距？

5. 已知交点的里程桩号为 K4＋300.18，测得转角 $\alpha_{左} = 17°30'$，圆曲线半径 $R = 500\text{m}$，试以切线支距法求出测设要素，并简述测设步骤（从起点和终点分别测设）。

6. 已知交点里程桩号为 K10＋110.88，测得转角 $\alpha_{左} = 24°18'$，圆曲线半径 $R = 400\text{m}$，试以偏角法求出测设要素，并简述测设步骤。

7. 简述如何测绘路线纵横断面图。

第13章

桥梁工程测量

13.1 概述

随着国民经济的日益发展和基础设施建设的日益加快，桥梁正发挥着重要的作用，各地也在加快建设各类桥梁。而测量工作在桥梁的建设过程中发挥着不可或缺的作用，特别是在各类大型桥梁的建设中，新工艺、新技术、高精度给测量工作提出了新的要求。

13.1.1 我国桥梁的发展

我国有着悠久的历史，幅员辽阔，地形复杂，河流众多，从古至今人们建设了数以万计的形式各异的桥梁，取得了令世人瞩目的成就。

早在原始社会，我国就有了独木桥和数根圆木排拼而成的木梁桥；周朝时期已建有梁桥和浮桥；战国时期，单跨和多跨的木、石梁桥已普遍在黄河流域及其他地区建造；东汉时期，梁桥、浮桥、索桥和拱桥这四大基本桥型已全部形成；隋代建造的赵州桥是首创的敞肩式石拱桥，其净跨 37m，宽 9m，拱矢高度 7.23m，在拱圈两肩各设有 2 个跨度不等的腹拱，这样既能减轻桥身自重、节省材料，又便于排洪、增强美观性；元、明、清期间在建桥的工艺和技术上虽没有突破，但是留下了许多修建桥梁的施工说明文献，为后人提供了大量文字资料；新中国成立初期，我国派出大量的留学生赴苏联学习预应力混凝土和钢桥技术，并于 1957 年建成了第一座长江大桥——武汉长江大桥，使天堑变通途；20 世纪 80 年代之后，我国进入改革开放新时期，桥梁的建设也步入一个新阶段，斜拉桥、悬索桥等新型结构的桥梁建造技术日益成熟，以上海杨浦大桥、江阴长江大桥、润扬长江大桥、九江长江大桥等为代表的各种大型桥梁相继建成通车；进入 21 世纪以来，桥梁向跨度更大、结构更稳定、建设周期更短等方向发展，东海跨海大桥、杭州湾跨海大桥等跨海大桥的建设与通车开创了我国桥梁建设的新时代。

13.1.2 桥梁建设中的测量工作

测量工作在桥梁建设中发挥着重要的作用，总体来讲体现在三个方面。

首先，在前期的勘测设计阶段，需要提供桥梁建设区域的大比例尺地形图，对大型桥梁而言还需要提供桥梁所跨江、河或海域的水下地形图，为桥梁的设计提供重要参考依据。这一阶段需要建立图根控制网，并利用全站仪、RTK 等多种手段进行地形图的测绘。

其次，在桥梁的建设过程中，需要根据设计图进行施工放样。这是桥梁建设的主要阶段，需要建立施工控制网，用以指导施工放样。由于桥梁的关键部位精度要求较高，所以施工控制网必须确保具有较高的精度和较强的稳定性，同时，由于大型桥梁施工周期较长，需要定期对施工控制网进行复测。

最后，在桥梁的建设过程中以及建成投入运营之后，需要定期对桥梁进行变形监测，以确保桥梁的稳定性和安全性。在这一阶段需要建立专用的变形监测控制网，根据变形监测控制网实时监测桥梁的形变量。由于桥梁的形变量一般都比较小，所以变形监测控制网精度要求较高。

除此之外，在桥梁建设完成时还需要进行竣工测量。竣工测量是用来检验施工质量与测设是否符合技术要求的。由竣工测量所得的桥面标高、桥面宽度、桥体位置等与原设计比较，其差值都应在相应的允许范围内。最后用竣工测量成果编绘竣工图。

13.2　桥梁控制网的布设与测量

桥梁控制网可以分为桥梁平面控制网和桥梁高程控制网。

13.2.1　桥梁平面控制网的布设与测量

建立平面控制网的目的是测定桥轴线长度，确定桥体宽度，进行墩、台位置的放样；同时，也可用于施工过程中的变形监测。对于跨越无水河道的直线小桥，桥轴线长度可以直接测定，墩、台位置也可直接利用桥轴线的两个控制点测设，无需建立平面控制网。但跨越有水河道的大型桥梁或者非直线的桥梁，墩、台无法直接定位，则必须建立平面控制网。目前，建立桥梁平面控制网的方法主要有三角测量和 GPS 测量两种方法。

采用三角测量的方法时，根据桥梁跨越的河宽及地形条件，三角网多布设成如图 13-1 所示的形式。

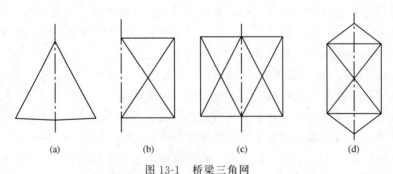

(a)　　　　　(b)　　　　　(c)　　　　　(d)

图 13-1　桥梁三角网

选择控制点时，应尽可能使桥的轴线作为三角网的一个边，以利于提高桥轴线的精度。如不可能，也应将桥轴线的两个端点纳入网内，以间接求算桥轴线长度，如图 13-1（d）所示。

对于控制点的要求，除了图形刚强外，还要求地质条件稳定，视野开阔，便于交会墩位，其交会角不致太大或太小。

在控制点上要埋设标石及刻有"十"字的金属中心标志。如果兼作高程控制点使用，则中心标志宜做成顶部为半球状。

控制网可采用测角网、测边网或边角网。采用测角网时宜测定两条基线，如图 13-1 的双线（已知边）所示。过去测量基线是采用因瓦线尺或经过检定的钢卷尺，现在已被光电测距仪取代。测边网是测量所有的边长而不测角度；边角网则是边长和角度都测。一般来说，在边、角精度互相匹配的条件下，边角网的精度较高。

在《新建铁路工程测量规范》里，按照桥轴线的精度要求，将三角网的精度分为五个等级，它们分别对测边和测角的精度规定如表 13-1 所示。

表 13-1   测边和测角的精度规定

三角网等级	桥轴线相对中误差	测角中误差/(″)	最弱边相对中误差	基线相对中误差
一	1/175000	±0.7	1/150000	1/400000
二	1/125000	±1.0	1/100000	1/300000
三	1/75000	±1.8	1/60000	1/200000
四	1/50000	±2.5	1/40000	1/100000
五	1/30000	±4.0	1/25000	1/75000

上述规定是对测角网而言，由于桥轴线长度及各个边长都是根据基线及角度推算的，为保证桥轴线有可靠的精度，基线精度要高于桥轴线精度 2～3 倍。如果采用测边网或边角网，由于边长是直接测定的，所以不受或少受测角误差的影响，测边的精度与桥轴线要求的精度相当即可。

由于桥梁三角网一般都是独立的，没有坐标及方向的约束条件，所以平差时都按自由网处理。它所采用的坐标系，一般是以桥轴线作为 X 轴，而桥轴线始端控制点的里程作为该点的 X 值。这样，桥梁墩台的设计里程即为该点的 X 坐标值，可以便于以后施工放样的数据计算。

在施工时如因机具、材料等遮挡视线，无法利用主网的点进行施工放样时，可以根据主网两个以上的点将控制点加密。这些加密点称为插点。插点的观测方法与主网相同，但在平差计算时，主网上点的坐标不得变更。

传统的三角测量方法建立控制网有许多优越性，观测量直观可靠，精度高，建网技术成熟，但是数据处理较为繁琐，劳动强度高，工作效率较低。而利用 GPS 技术建立控制网，恰恰弥补了常规传统三角网方法建网的不足，在减轻劳动强度、优化设计控制网的几何图形以及降低观测中气象条件的要求等方面具有明显的优势，并且可以在较短时间内以较少人力消耗来完成外业观测工作，观测基本上不受天气条件的限制，内、外业紧密结合，可以迅速提交测量成果。

GPS 控制网应采用静态测量的方式布设，一般应由一个或若干个独立观测环构成，以三角形和大地四边形组成的混合网的形式布设。在控制点选点时应注意以下几方面的问题：

① 控制点必须能控制全桥及与之相关的重要附属工程；

② 桥轴线一般是控制网中的一条边，如果无法构成一条边，桥轴线必须包含在控制网内；

③ GPS 控制点都必须选定在开阔、安全、稳固的地方，便于安置 GPS 接收机和卫星信号的接收，高度角 15°以上不能有障碍物，要远离大功率无线电发射台和高压输电线；

④ 控制网的图形应力求简单、刚强，一般应以三角形或大地四边形组成的混合网的形式进行布设，以利于提高精度，并应保证控制网的扩展和墩台定位的精度，同时还应注意边长要适中，各边长度不宜相差过大，并方便施工定位放样；

⑤ 相邻施工控制点间应尽可能通视，以方便采用常规测量方法进行施工放样和加密施工控制点。

13.2.2 桥梁高程控制网的布设与测量

在桥梁建设过程中，为了控制桥梁的高程，需要布设高程控制网。即在河流两岸建立若干个水准基点。这些水准基点除用于施工外，也可作为以后变形观测的高程基准点。水准基点一般应永久保存，根据地质条件，可采用混凝土标石、钢管标石、管柱标石或钻孔标石。在标石上方嵌以凸出半球状的铜质或不锈钢标志。为了方便施工，也可在施工区域附近设立施工水准点，由于其使用时间较短，在结构上可以简化，但要求使用方便，也要相对稳定，且在施工时不致破坏。

各水准点之间应采用水准测量的方法进行联测，一般地，水准基点之间应采用一等或二等水准测量进行联测，而施工水准点与水准基点之间可采用三、四等水准测量进行联测。测量时，对于河面宽度较小或者处于枯水期河道内没有水的河流，可以按照测量规范要求按常规进行水准测量。但是对于大多数的河流来说，由于河面较宽，因此跨河时水准视线较长，所以照准标尺读数精度太低，同时由于前、后视距相差悬殊，所以水准仪的 i 角误差和地球曲率的影响都会增大，这时需要采用跨河水准测量的方法来解决。

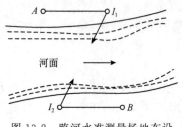

图 13-2 跨河水准测量场地布设

跨河水准测量场地可以布设成如图 13-2 所示的形式，在河流两岸分别选择两点 A、B 用来立尺，再选择两点 I_1、I_2 用来架设仪器，同时 I_1、I_2 两点也可以用来立尺。选点时应注意使 $AI_1 = BI_2$。

观测时，仪器先架设于 I_1 点上，后视 A，在水准尺上得到读数 a_1，再前视 I_2，在水准尺上得到读数 b_1。假设水准仪具有一定值的 i 角误差，其值为正，由此对后视读数造成的影响为 Δ_1，对前视读数造成的影响为 Δ_2，由 I_1 站的测量结果可以得到 A、B 两点的正确高差为

$$h'_{AB} = (a_1 - \Delta_1) - (b_1 - \Delta_2) + h_{I_2 B} \tag{13-1}$$

将水准仪迁至河对岸 I_2 点上，原在 I_2 点上的水准尺迁至 I_1 点作为后视尺，原在 A 点上的水准尺迁至 B 点作为前视尺。在 I_2 点上得到后视尺上读数为 a_2，可以看出读数中含有 i 角误差的影响为 Δ_2；在 I_2 点上得到前视尺上读数为 b_2，可以看出读数中含有 i 角误差的影响为 Δ_1。由 I_2 站的测量结果可以得到 A、B 两点的正确高差为

$$h''_{AB} = h_{AI_1} + (a_2 - \Delta_2) - (b_2 - \Delta_1) \tag{13-2}$$

取 I_1、I_2 测站所得高差平均值，即

$$h_{AB} = \frac{1}{2}(h'_{AB} + h''_{AB}) \tag{13-3}$$

$$= \frac{1}{2}\left[(a_1 - b_1) + (a_2 - b_2) + (h_{AI_1} + h_{I_2B})\right]$$

由此可以看出，在两个测站上观测时，由于远、近视距是相等的，所以仪器 i 角误差对水准标尺上读数的影响在平均高差中得以消除。

为了更好地消除仪器 i 角误差和大气折光的影响，最好采用两台同型号的仪器在两岸同时进行观测，两岸的立尺点 A、B 和测站点 I_1、I_2 应布置成如图 13-3 所示的两种形式，布置时应尽量使 $AI_1 = BI_2$，$BI_1 = AI_2$。

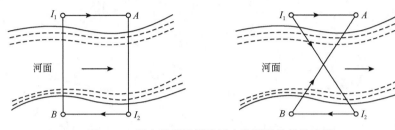

图 13-3　两台仪器进行跨河水准测量的场地布设

跨河水准测量应尽量选在桥体附近河宽最窄处，为了使往返观测视线受着相同折光的影响，应尽量选择在两岸地形相似、高度相差不大的地点，并尽量避开草丛、沙滩、芦苇等对大气温度影响较大的不利地区。

由于跨河水准视线较长，远尺读数困难，可在水准尺上安装一个可沿尺上下移动的觇板，如图 13-4 所示。由观测者指挥立尺者上下移动觇板，使觇板上的中间横丝落在水准仪十字丝横丝上，然后由立尺者在水准标尺上读取整数读数，由观测者在水准仪内读取测微器上的读数，共同完成水准测量工作。

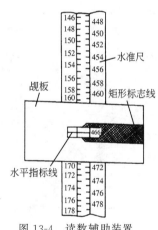

图 13-4　读数辅助装置

13.3　桥梁施工测量

桥梁的施工测量是在桥梁控制测量的基础上进行的，主要包括桥梁墩、台中心的测设、桥梁墩、台的纵、横轴线的测设和桥梁施工的变形监测及竣工测量。

13.3.1　桥梁墩、台中心的测设

桥梁水中桥墩及其基础中心位置，可根据已建立的控制网，在三个控制点上（其中一个为桥轴线控制点）安置全站仪，利用交会法从三个方向交会得出。

如图 13-5 所示，A、C、D 为控制网的三角点，且 A 为桥轴线的端点，E 为墩中心位置。根据控制测量的成果可以求出 φ、φ'、d_1、d_2。AE 的距离可根据两点的设计坐标求出，也可视为已知。则放样角度 α 和 β 可以根据 A、C、D、E 的已知坐标求出：

$$\alpha = \arctan\left(\frac{l_E \sin\varphi}{d_1 - l_E \cos\varphi}\right) \tag{13-4}$$

$$\beta = \arctan\left(\frac{l_E \sin\varphi'}{d_2 - l_E \cos\varphi'}\right) \tag{13-5}$$

在 C、D 点上架设全站仪，分别自 CA 及 DA 测设出 α 及 β 角，则两方向的交点即为 E 点的位置。

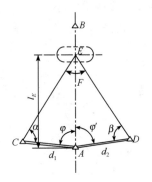

图 13-5　桥梁墩、台放样

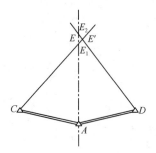

图 13-6　示误三角形

由于测量误差的影响，三个方向不交于一点，而形成如图 13-6 所示的三角形，这个三角形称为示误三角形。示误三角形的最大边长，在建筑墩、台下部时不应大于 25mm，在上部时不应大于 15mm。如果在限差范围内，则将交会点 E' 投影至桥轴线上，作为墩中心的点位。

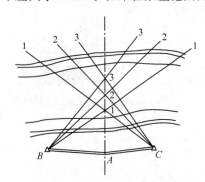

图 13-7　延长交会方向线

在桥梁施工过程中，角度交会需要经常进行，为了准确迅速地进行交会，可在获得 E 点位置后，将通过 E 点的交会方向线延长到彼岸设立标志，如图 13-7 所示。标志设立好之后，用测角的方法加以检核。这样，交会墩位中心时，可直接瞄准对岸标志进行交会，而无需拨角。若桥墩砌高后阻碍视线，则可将标志移设在墩身上。

除了交会法之外，目前常用的方法还有 GPS-RTK 法，利用 GPS-RTK 技术建立基准站，用 RTK 流动站直接测定桥墩的中心点位，用以指导施工，并可以实时地监测中心点位的正确性，该方法既省时又便捷。

13.3.2　墩、台纵、横轴线的测设

为了进行墩、台施工的细部放样，需要测设其纵、横轴线。所谓纵轴线是指过墩、台中心平行于线路方向的轴线，而横轴线是指过墩、台中心垂直于线路方向的轴线；桥台的横轴线是指桥台的胸墙线。

直线桥梁墩、台的纵轴线与线路中线的方向重合，在墩、台中心架设仪器，自线路中线方向测设 90°角，即为横轴线的方向，如图 13-8 所示。

曲线桥梁的墩、台轴线位于桥梁偏角的分角线上，在墩、台中心架设仪器，照准相邻的墩、台中心，测设 α 角，即为纵轴线的方向。自纵轴线方向测设 90°角，即为横轴线方向，如图 13-9 所示。

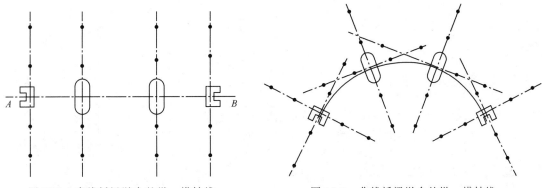

图 13-8　直线桥梁墩台的纵、横轴线　　　　图 13-9　曲线桥梁墩台的纵、横轴线

在施工过程中，墩、台中心的定位桩要被挖掉，但随着工程的进展，又经常需要恢复墩、台中心的位置，因而要在施工范围以外钉设护桩，据以恢复墩台中心的位置。

所谓护桩即在墩、台的纵、横轴线上，于两侧各钉设至少两个木桩，因为有两个桩点才可恢复轴线的方向。为防破坏，可以多设几个。在曲线桥上的护桩纵横交错，在使用时极易弄错，所以在桩上一定要注明墩台编号。

13.3.3　基础施工放样

桥墩基础由于自然条件不同，施工方法也不相同，放样方法也有所差异。

如果桥梁位于无水或浅水河道，地基情况又相对较好，可以选择采用明挖基础的方法，其放样方法与普通建筑物放样方法并无大异。

当表面土层较厚，明挖基础有困难时，常采用桩基础，如图 13-10(a) 所示。放样时，以墩台轴线为依据，用直角坐标法测设桩位，如图 13-10(b) 所示。

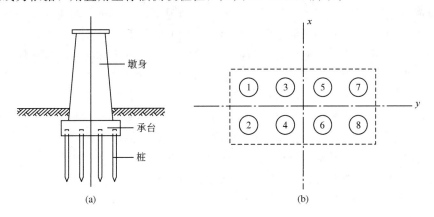

图 13-10　桩基础的施工放样

在深水中建造桥墩，多采用管柱基础，即用大直径的薄壁钢筋混凝土的管形柱子，插入地基，管中灌入混凝土，如图 13-11 所示。

在管柱基础施工前，用万能钢杆拼接成鸟笼形的围图，管柱的位置按设计要求在围图中确定。在围图的杆件上做标志，用 GPS-RTK 技术或角度交会法在水上定位，并使围图的纵横轴线与桥墩轴线重合。

放样时，在围图形成的平台上用支距法测设各管柱在围图中的位置。随管柱打入地基的深度测定其坐标和倾斜度，以便及时改正。

13.3.4 桥墩细部放样

桥墩的细部放样主要依据其桥墩纵横轴线上的定位桩，逐层投测桥墩中心和轴线，并据此进行立模，浇注混凝土。

13.3.5 架梁时的测量工作

架梁是建桥的最后一道工序。如今的桥梁一般是在工厂按照设计预先制好钢梁或混凝土梁，然后在现场进行拼接安装。测设时，先依据墩、台的纵横轴线，测设出梁支座底板的纵横轴线，用墨线弹出，以便支座安装就位。

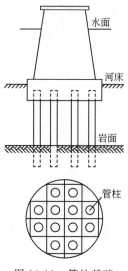

图 13-11　管柱基础

根据设计要求，先将一个桁架的钢梁拼装和铆接好，然后根据已放出的墩、台轴线关系进行安装。之后在墩台上安置全站仪，瞄准梁两端已标出的固定点，再依次进行检查，出现偏差则予以改正。

13.3.6 桥梁工程变形监测

20 世纪 90 年代以来，以斜拉桥和悬索桥为代表的大型桥梁大量建设，这类桥梁具有跨度大、塔柱高、主跨段具有柔性等特性，这就使得其内力变化、外部荷载等因素都会对桥梁造成一定的影响，因此必须进行桥梁的变形监测。

桥梁工程变形监测主要包括桥梁墩台沉降监测、桥面线形与挠度观测、主梁横向水平位移观测、高塔柱摆动观测等内容。为了进行各项目的观测，必须建立相应的水平位移基准网与沉降基准网的观测，然后再根据监测内容布设相应的监测点。

桥墩（台）沉降观测点一般布置在与桥墩（台）顶面对应的桥面上。桥面线形与挠度观测点布置在主梁上。对于大跨度的斜拉段，线形观测点还与斜拉锁锚固着力点位置对应。桥面水平位移观测点与桥轴线一侧的桥面沉降和线形观测点共点。塔柱摆动观测点布置在主塔上塔柱的顶部、上横梁顶面以上约 1.5m 的上塔柱侧壁上，每柱设立两个点。

水平位移观测基准网应结合桥梁两岸地形地质条件和其他建筑物的分布、水平位移观测点的布置与测量方法，以及基准网的观测方法等因素确定，一般分两级布设，基准网设在岸上稳定的地方并埋设深埋钻孔桩标志。在桥面用桥墩水平位移观测点作为工作基点，用它们测定桥面观测点的水平位移。

建立垂直位移基准网时，为了便于观测和使用方便，一般将岸上的平面基准网点纳入垂直位移基准网中，同时还应在较稳定的地方增加深埋水准点作为水准基点，它们是大桥垂直位移监测的基准。为统一两岸的高程系统，在两岸的基准点之间应布置一条过江水准路线。

13.3.7 桥梁的竣工测量

与其他工程一样，桥梁也需要进行竣工测量，桥梁的竣工测量是在不同阶段进行的。墩台施工完成以后，在架梁之前应该进行墩台部分的竣工测量。对于较为隐蔽、在竣工后无法测绘的工程，如桥梁墩台的基础等，必须在施工过程中随时测绘和记录，作为竣工资料的一部分。对于其他部分，在桥梁架设完成后要对全桥进行全面的竣工测量。

桥梁竣工测量的主要目的是测定建成后墩台的实际情况，检查其是否符合设计要求，为架梁提供准确、可靠的依据，为运营期间桥梁监测提供基本资料。

桥梁竣工测量的主要内容包括：

① 测定墩台中心、纵横轴线及跨距；

② 丈量墩台各部尺寸；

③ 测定墩帽和承垫石的高程；

④ 测定桥梁中线、纵横坡度；

⑤ 根据测量结果编绘墩台中心距表、墩顶水准点和垫石高程表、墩台竣工平面图、桥梁竣工平面图等；

⑥ 如果运营期间要对墩台进行变形监测，则应对两岸水准点和各墩顶的水准标石以不低于二等水准测量的精度联测。

📁 思考题

1. 桥梁建设过程中主要有哪些测量工作？

2. 建设桥梁平面控制网主要有哪些方法？这些方法各有何优缺点？

3. 跨河水准测量如何布设场地？

4. 桥梁的墩、台中心及纵、横轴线如何测设？

5. 进行桥梁基础施工都有哪些方法？这些方法各适用于何种情况？

6. 桥梁的变形监测点应如何设置？

第14章
地下工程测量

14.1 地下工程测量概述

　　地下工程是指深入地面以下，为开发利用地下空间资源所建造的地下土木工程。它包括地下房屋和地下构筑物、地下铁道、公路隧道、水下隧道、地下共同沟和过街地下通道等。虽然地下建筑工程的性质、用途以及结构形式各不相同，但在施工过程中，大部分是先从地面通过洞口或竖井在地下开挖各种形式的隧道，然后再进行各种地下建筑物和构筑物的施工。对于浅层的地下建筑，例如一般的地下室和地下管道，也可以直接挖开地面（明挖），进行施工。

　　在山区隧道施工中，为了加快工程进度，一般都由隧道两端洞口进行对向开挖，如图14-1中之 a, b。长隧道施工中，往往在两洞口间增加竖井，如图14-1中之 c，以增加开挖工作面。城市的地铁施工，一般以沉井或明挖的方式建造车站，站与站之间的隧道用暗挖或盾构在地下进行定向掘进，如图14-2所示。

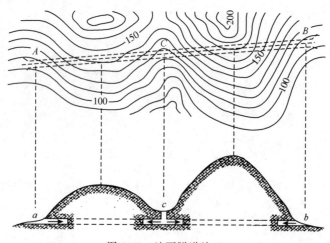

图 14-1　地下隧道施工

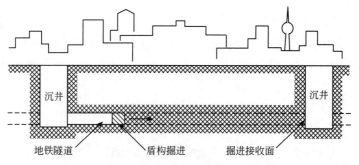

图 14-2　城市地铁的盾构掘进

地下建筑工程一般投资大、周期长。地下建筑工程中的测量工作有其共同特点，如隧道施工的掘进方向在贯通前无法与终点通视，完全依据敷设支导线形式的隧道中心线或地下导线指导施工，若测量工作中一时疏忽或错误，将引起对向开挖隧道不能正确贯通、盾构掘进不能与预定接收面吻合等，就会造成不可挽回的巨大损失。所以，在工作中要十分认真细致，应特别注意采取多种措施，做好校核工作，避免发生错误。

地下工程施工中对测量工作的精度要求，要视工程性质、隧道长度和施工方法而定。在对向开挖隧道的遇合面（贯通面）上，其中线如果不能完全吻合，这种偏差称为"贯通误差"，如图 14-3 所示。贯通误差包括纵向误差 Δt、横向误差 Δu、高程误差 Δh。其中，纵向误差仅影响隧道中线的长度。施工测量时，较易满足设计要求。因此，一般只规定贯通面上横向限差及高程限差，例如某项目规定：$\Delta u < (50 \sim 100) \mathrm{mm}$，$\Delta h < (30 \sim 50) \mathrm{mm}$（按不同要求而定）。城市地下铁道的隧道施工中，从一个沉井向另一接收沉井掘进时，也同样有上述贯通误差的限差规定。

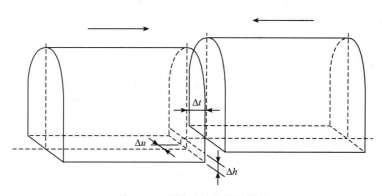

图 14-3　隧道开挖的贯通误差

14.2　地下工程控制测量

14.2.1　地下工程平面控制测量

地下工程平面控制测量的主要任务是测定各洞口控制点的相对位置，以便根据洞口控制点，按设计方向，向地下进行开挖，并能以规定的精度进行贯通。因此，要求选点时，平面控制网中应包括隧道的洞口控制点。通常，平面控制测量有以下几种方法。

（1）直接定线法

对于长度较短的山区直线隧道，可以采用直接定线法。如图 14-4 所示，A、D 两点是设计选定的直线隧道的洞口点，直接定线法就是将直线隧道的中线方向在地面标定出来，即在地面测设出位于 AD 直线方向上的 B、C 两点，作为洞口点 A、D 向洞内引测中线方向时的定向点。

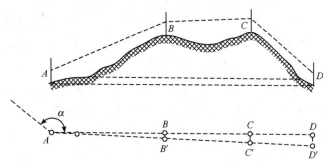

图 14-4　直接定线法平面控制

在 A 点安置经纬仪（或全站仪），根据概略方位角 α 定出 B' 点。搬经纬仪到 B' 点，用正倒镜分中法延长直线到 C' 点。搬经纬仪至 C' 点，同法再延长直线到 D 点的近 D' 点。在延长直线的同时，用测距仪测定 A、B'、C'、D' 之间的距离，量出 $D'D$ 的长度。C 点的位置移动量 $C'C$ 可按式（14-1）计算：

$$C'C = D'D \times \frac{AC'}{AD'} \tag{14-1}$$

在 C 点垂直于 $C'D'$ 方向量取 $C'C$，定出 C 点。安置经纬仪于 C 点，用正倒镜分中法延长 DC 至 B 点，再从 B 点延长至 A 点。如果不与 A 点重合，则用同样的方法进行第二次趋近。

（2）三角网法

对于隧道较长、地形复杂的山岭地区或城市地区的地下铁道，地面的平面控制网一般布设成三角网形式，如图 14-5 所示。用经纬仪和测距仪或全站仪测定三角网的边角，形成边角网。边角网的点位精度较高，有利于控制隧道贯通的横向误差。

（3）导线测量方法

连接两隧道口，布设一条导线或大致平行的两条导线，导线的转折角用 DJ_2 级经纬仪观测，距离用光电测距仪测定，相对误差不大于 1∶10000，或用同样等级的全站仪测角和测距。经洞口两点坐标的反算，可求得两点连线方向（对于直线隧道，即为中线方向）的距离和方向角，据此可以确定从洞口掘进的方向。

（4）全球定位系统法

用全球定位系统（GPS）定位技术做地下建筑施工的地面平面控制时，只需要在洞口布设洞口控制点和定向点。除了洞口点及其定向点之间因需要做施工定向观测而应通视之外，洞口点与另外洞口点之间无需通视，与国家控制点或城市控制点之间的联测也无需通视。因此，地面控制点的布设灵活方便。且其定位精度目前已能超过常规的平面控制网，GPS 定位技术已在地下建筑的地面控制测量中得到广泛应用。

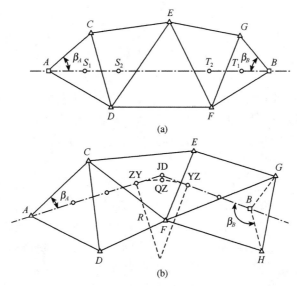

图 14-5 三角网平面控制

14.2.2 地下工程高程控制测量

高程控制测量的任务是按规定的精度施测隧道洞口（包括隧道的进出口、竖井口、斜井口和坑道口）附近水准点的高程，作为高程引测进洞内的依据。水准路线应选择连接洞口最平坦和最短的线路，以期达到设站少、观测快、精度高的要求。每一洞口埋设的水准点应不少于 3 个，且以能安置一次水准仪即可联测为宜，便于检测其高程的稳定性。两端洞口之间的距离大于 1km 时，应在中间增设临时水准点。高程控制通常采用三、四等水准测量的方法，按往返或闭合水准路线施测。

14.3 隧道联系测量

14.3.1 隧道洞口联系测量

山区隧道洞外平面和高程控制测量完成后，即可求得洞口点（各洞口至少有两个）的坐标和高程，同时按设计要求计算洞内设计中线点的设计坐标和高程。按坐标反算方法求出洞内设计点位与洞口控制点之间的距离、角度和高差关系（测设数据），测设洞内设计点位，据此进行隧道施工，称为洞口联系测量。

（1）掘进方向测设数据计算

图 14-5（a）所示为一直线隧道的平面控制网，A、B、C、…、G 为地面平面控制点。其中，A、B 为洞口点，S_1、S_2 为 A 点洞口进洞后的隧道中线第一个、第二个里程桩。为了求得 A 点洞口隧道中线掘进方向及掘进后测设中线里程桩 S_1，计算下列极坐标法测设数据：

$$\alpha_{AC} = \arctan \frac{y_C - y_A}{x_C - x_A} \qquad (14\text{-}2)$$

$$\alpha_{AB} = \arctan \frac{y_B - y_A}{x_B - x_A} \tag{14-3}$$

$$\beta_A = \alpha_{AB} - \alpha_{AC} \tag{14-4}$$

$$D_{AS_1} = \sqrt{(x_{S_1} - x_A)^2 + (y_{S_1} - y_A)^2} \tag{14-5}$$

对于 B 点洞口的掘进测设数据，可以做类似的计算。对于中间具有曲线的隧道，如图 14-5(b) 所示，隧道中线交点 JD 的坐标和曲线半径 R 由设计指定，因此，可以计算出测设两端进洞口隧道中线的方向和里程。掘进达到曲线段的里程以后，可以按照测设道路闭曲线的方法测设曲线上的里程桩。

（2）洞口掘进方向标定

隧道贯通的横向误差主要由测设隧道中线方向的精度所决定，而进洞时的初始方向尤为重要。因此，在隧道洞口，要埋设若干个固定点，将中线方向标定于地面上，作为开始掘进及以后洞内控制点联测的依据。如图 14-6 所示，用 1、2、3、4 号桩标定掘进方向。再在洞口点 A 和中线垂直方向上埋设 5、6、7、8 号桩作为校核。所有固定点应埋设在施工中不易受破坏的地方，并测定 A 点至 2、3、6、7 号点的平距。这样，在施工过程中，可以随时检查或恢复洞口控制点 A 的位置、进洞中线的方向和里程。

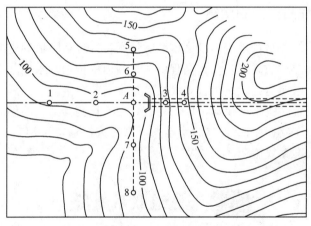

图 14-6　山区隧道洞口掘进方向的标定

（3）洞内施工点位高程测设

对于平洞，根据洞口水准点，用一般木桩测量方法，测设洞内施工点位的高程。对于深洞则采用深基坑传递高程的方法，测设洞内施工点的高程。

14.3.2　竖井联系测量

在隧道施工中，可以用开挖竖井的方法来增加工作面，将整个隧道分成若干段，实行分段开挖。例如，在城市地下铁道的建造中，每个地下车站是一个大型竖井，在站与站之间用盾构进行掘进，施工可以不受城市地面密集建筑物和繁忙交通的影响。

为了保证地下各开挖面能够准确贯通，必须将地面控制网中的点位坐标、方位角和高程经过竖井传递到地下，建立地面和井下统一的工程控制网坐标系统，称为"竖井联系测量"。

竖井施工时，根据地面控制点把竖井的设计位置测设到地面。竖井向地下开挖后，其平面位置用悬挂大垂球或用垂准仪测设铅垂线，将地面的控制点垂直投影至地下施工面，其工作原理和方法与高层建筑的平面控制点垂直投影完全相同。高程控制点的高程传递可以用钢卷尺垂直丈量法或全站仪天顶测距法。

竖井施工到达底面以后，应将地面控制点的坐标、高程和方位角做最后的精确传递，以便能在竖井的底层确定隧道的开挖方向和里程。由于竖井的井口直径（圆形竖井）或宽度（矩形竖井）有限，用于传递方位的两根铅垂线的距离相对较短（一般仅为 $3\sim$ 5m），垂直投影的点位误差会严重影响井下方位定向的精度。如图 14-7 所示，V_1、V_2 是圆筒形竖井井口的两个投影点，垂直投影至井下。由于投点误差，至井底偏移到 V_1'、V_2'。设 $V_1 V_1' = V_2 V_2'$，则对 ab 边的方位角产生的角度误差为

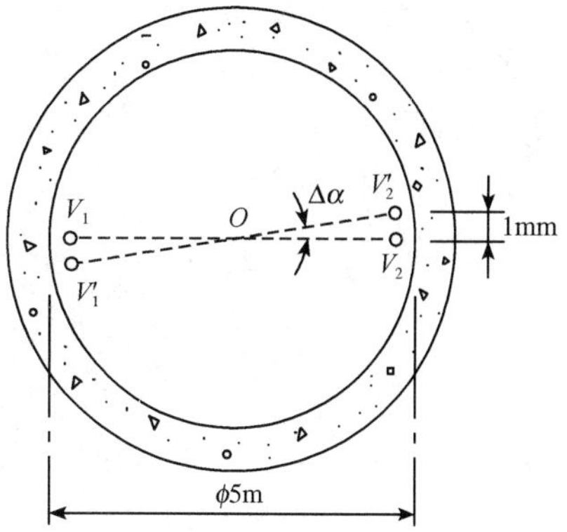

$$\Delta\alpha = \frac{2 V_1 V_1'}{V_2 V_2'} \times \rho'' \qquad (14\text{-}6)$$

图 14-7 竖井方位角传递误差

设 $V_1 V_2 = 5\text{m}$，$V_1 V_1' = V_2 V_2' = 1\text{mm}$，则产生的方位角误差 $\Delta\alpha = 1'12''$，一般要求投点误差应小于 0.5mm。两垂直投影点的距离越大，则投影边的方位角误差越小。该边的方位角要作为地下洞内导线的起始方位角，因此，在竖井联系测量工作中，方位角传递是一项关键性工作。竖井联系测量主要有一井定向、两井定向等方法。

（1）一井定向

通过一个竖井口，用垂线投影法将地面控制点的坐标和方位角传递至井下隧道施工面，称为"一井定向"，如图 14-8 所示。在竖井口的井架上设 V_1、V_2 两个固定投影点，向井下投影的方法可以用垂球线法或用垂准仪法。下面介绍用纫钢丝悬挂大垂球的方法：从 V_1 和 V_2 点悬挂大垂球，其重量应随投影的深度而增加，例如，对于 100m 井深，垂球重量应为 60kg，钢丝直径为 0.7mm。为了使垂球较快稳定下来，可将其浸没在盛有油类液体的桶中，但垂球不可与桶壁接触。

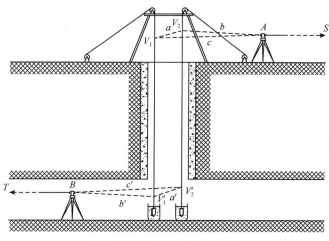

图 14-8 一井定向联系测量

进行联系测量时，如图 14-8 和图 14-9 所示，在井口地面平面控制点 A 上安置经纬仪，瞄准另一平面控制点 S 及投影点 V_1 和 V_2，观测水平方向，测定水平角 ω 和 α。并用钢卷尺

往返丈量井上联系三角形 $\triangle AV_1V_2$ 的三边长度 a、b、c。同时，在井下隧道口的洞内导线点 B 上也安置经纬仪，瞄准另一洞内导线点 T 和投影钢丝 V_1 和 V_2，测定水平角 ω' 和 α'，并用钢卷尺往返丈量井下联系三角形 $\triangle bV_1V_2$ 中的三边长度 a'、b'、c'。联系三角形应布置成直伸形状，α 和 α' 角应为很小的角度（$<3°$），b/a 的数值应约等于 1.5，a 应尽可能大。这样，有利于提高传递方位角的精度。经过井上、井下联系三角形（图 14-9）的解算，地面控制点的坐标和方位角通过投影点 V_1 和 V_2 传递至井下的洞内导线点。

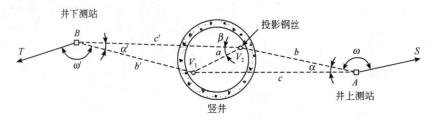

图 14-9　联系三角形

联系三角形的解算方法如下。

1）井上联系三角形解算　根据地面控制点 A 和 S 的坐标，反算 AS 的方位角：

$$\alpha_{AS}=\arctan\left(\frac{y_S-y_A}{x_S-x_A}\right)$$

根据测得的水平角 α 和 ω，推算 b 边和 c 边的方位角：

$$\alpha_b=\alpha_{AS}-\omega$$
$$\alpha_c=\alpha_{AS}-(\omega+\alpha)$$

根据 b 边和 c 边的边长及方位角，由 A 点坐标推算 V_1 和 V_2 点坐标 (x_1,y_1) 和 (x_2,y_2)，计算应取 4 位小数（取至 0.1mm）：

$$x_1=x_A+c\cos\alpha_c$$
$$y_1=y_A+c\sin\alpha_c$$
$$x_2=x_A+b\cos\alpha_b$$
$$y_2=y_A+b\sin\alpha_b$$

算得的 V_1 和 V_2 点坐标应与量得的边长 a 按下式做检核（其差数不应大于 0.5mm）：

$$a=\sqrt{(x_1-x_2)^2+(y_1-y_2)^2}$$

根据 V_1 和 V_2 点的坐标，反算投影边 V_1V_2 的方位角：

$$\alpha_{1,2}=\arctan\left(\frac{y_2-y_1}{x_2-x_1}\right)$$

2）井下联系三角形计算　根据井下观测的水平角 α' 和边长用正弦定理计算水平角 β：

$$\frac{\sin\beta}{b'}=\frac{\sin\alpha'}{a'}$$

$$\beta=\arcsin\left(\frac{b'}{a'}\sin\alpha'\right)$$

根据投影边方位角 $\alpha_{1,2}$ 和 β 角，推算 c' 边的方位角：

$$\alpha_{c'}=\alpha_{1,2}+\beta\pm180°$$

根据 c' 边的边长及方位角，由 V_2 点坐标推算洞内导线点 B 的坐标：

$$x_B=x_2+c'\cos\alpha_{c'}$$

$$y_B = y_2 + c' \sin\alpha_{c'}$$

根据井下观测的水平角 α' 和 ω'，推算第一条洞内导线边的方位角：

$$\alpha_{BT} = \alpha_{c'} + (\alpha' + \omega') \pm 180°$$

洞内导线取得起始点 B 的坐标和起始边 BT 的方位角以后，即可向隧道开挖方向延伸，测设隧道中心点位。

（2）两井定向

在隧道施工时，为了通风和出土方便，往往在竖井附近增加一通风井或出土井。此时，井上和井下的联系测量可以采用"两井定向"的方法，以克服因一井定向时两根投影铅垂线相距过近而影响方位角传递精度的缺点。

两井定向是在相距不远的两个竖井中分别测设一根铅垂线（用垂准仪投影或挂大垂球），由于两垂线间的距离大大增加，从而减小点的投影误差对井下方位角推算的影响，提高洞内导线的精度。

两井定向时，地面上采用导线测量方法测定两投影点的坐标。在井下，利用两竖井间的贯通巷道，在两垂直投影点之间布设无定向导线。以求得连接两投影点间的方位角和计算井下导线点的坐标。采用两井定向时的井上和井下联系测量，控制网布设图形如图 14-10 所示，A、B、C 为地面控制点（其中，A、B 为近井点），V_1、V_2 为竖井中垂直投影点，$V_1 B V_2$ 组成井下无定向导线。

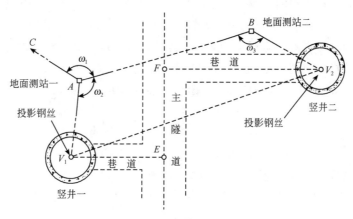

图 14-10　两井定向联系测量

在经纬仪或全站仪的支架上方安装陀螺仪，组成陀螺经纬仪或陀螺全站仪。图 14-11（a）所示为全站仪上安装陀螺仪。图 14-11（b）为陀螺仪目镜中的读数和"逆转点法"读数示意图。陀螺仪定正北方向的原理如下：当陀螺仪中自由悬挂的转子在陀螺马达的驱动下逐渐旋转至稳定转速（约 21500r/min）时，因受地球自转影响而产生一个力矩，使转子的轴指向通过测站的子午线方向，即真北方向。经纬仪或全站仪的水平度盘可根据真北方向进行定向（度盘读数设置为零度），当经纬仪转向任一目标时，水平度盘的读数即为测站至该目标的真方位角。

真方位角与坐标方位角之间还存在一个子午线收敛角的差别（详见第 4 章），通过地面控制点和井下的联系测量，可以求得测站的子午线收敛角，从而将真方位角化为坐标方位角。

用陀螺经纬仪或全站仪测定方位角时，安置仪器于测站上，将望远镜大致瞄准正北方

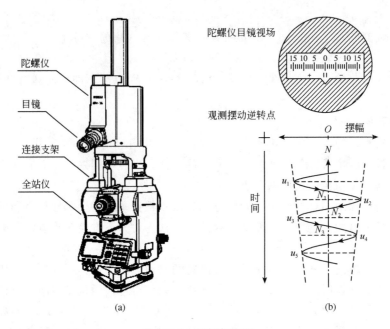

图 14-11　陀螺仪观测

向，水平微动螺旋制动于中间位置。启动陀螺仪（启动指示灯亮），当陀螺转速达到规定值后（启动指示灯灭），缓慢旋松陀螺紧锁螺旋，下放陀螺灵敏部；高速旋转中的陀螺轴向通过测站的子午面两侧做衰减往返摆动，通过陀螺仪目镜可以看到指标线的左右摆动。连续跟踪和读取摆动中的指标线到达左、右逆转点时的水平方向值 u_1、u_2、u_3 等，根据三个连续方向值 u_i、u_{i+1}、u_{i+2} 按式（14-7）计算摆动中心点的方向值读数 $N_i(i=1,2,3\cdots)$：

$$N_i = \frac{1}{2}\left(\frac{u_i + u_{i+2}}{2} + u_{i+1}\right) \tag{14-7}$$

取各个 N_i 的平均值，得到测站的真北方向的水平方向值。

用陀螺经纬仪或全站仪做地面和井下的联系测量时（图 14-12），在井口的地面控制点 A（称为"近井点"）安置仪器。分别瞄准另一地面控制点 S 和垂线投影点 V（即垂线钢丝或图 14-12 中所示的光学投影器的觇牌），观测水平角和距离，推算 AV 方向的坐标方位角 α_{AV} 和 V 点的坐标 (x_V, y_V)。然后开动陀螺仪，测定 AV 方向的真方位角 A_{AV}，按式

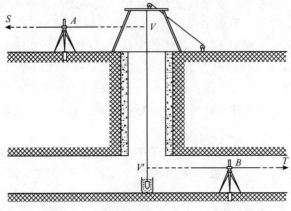

图 14-12　用陀螺仪进行井下方位角传递

（14-8）计算近井点 A 的子午线收敛角：

$$\gamma = A_{AV} - \alpha_{AV} \tag{14-8}$$

然后安置仪器于洞内导线点 B，瞄准 V' 和洞内另一导线点 T，进行和地面点 A 同样步骤的观测，根据陀螺仪测定的真方位角 A_{BV}，计算洞内导线边 BV' 的坐标方位角：

$$\alpha_{BV} = A_{BV} - \gamma \tag{14-9}$$

根据投影点 V' 的坐标和 BV' 边的边长和坐标方位角，计算 B 点的坐标；根据 B 点观测的水平角，计算 BT 边的坐标方位角，以此作为洞内导线的起始数据。

（3）竖井高程的传递

竖井高程传递是根据井口地面水准点 A 的高程，测定井下水准点 B 的高程，如图 14-13 所示。在 A 和 B 点上立水准尺，竖井中悬挂钢卷尺（零点在下），井上、井下各安置一台水准仪，地面水准仪在水准尺和钢尺上的读数分别为 a_1 和 b_1。井下水准仪在钢尺和水准尺上的读数分别为 a_2 和 b_2，则 B 点的高程为

$$H_B = H_A + (a_1 - b_1) + (a_2 - b_2) \tag{14-10}$$

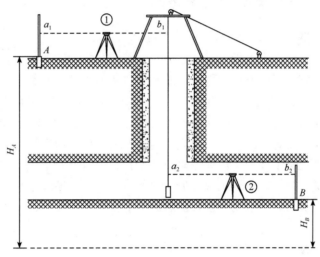

图 14-13　竖井高程传递

竖井高程传递也可以采用全站仪天顶测距法。

14.4　隧道施工测量

14.4.1　隧道洞内中线和腰线测设

（1）中线测设

根据隧道洞口中线控制桩和中线方向桩，在洞口开挖面上测设开挖中线，并逐步往洞内引测隧道中线上的里程桩。一般情况为隧道每掘进 20m，要埋设一个中线里程桩。中线桩可以埋设在隧道的底部或顶部，如图 14-14 所示。

（2）腰线测设

在隧道施工中，为了控制施工的标高和隧道横断面的放样，在隧道岩壁上，每隔一定距离（5～10m）测设出比洞底设计地坪高出 1m 的标高线，称为"腰线"。腰线的高程由引测

入洞内的施工水准点进行测设。由于隧道的纵断面有一定的设计坡度，因此，腰线的高程按设计坡度随中线的里程而变化，它与隧道底设计地坪高程线是平行的。

（3）掘进方向指示

由于隧道洞内工作面狭小，光线暗淡，因此，在施工掘进的定向工作中，经常使用激光准直经纬仪或激光指向仪，用以指示中线和腰线方向，它具有直观、对其他工序影响小、便于实现自动控制等优点。例如，采用机械化掘进设备，用固定在一定位置上的激光指向仪，配以装在掘进机上的光电接收靶，在掘进机向前推进中，方向如果偏离了指向仪发出的激光束，则光电接收装置会自动指出偏移方向及偏差值，为掘进机提供自动控制的信息。

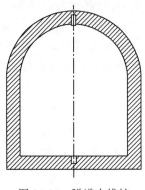

图 14-14　隧道中线桩

14.4.2　隧道洞内施工导线测量和水准测量

（1）洞内导线测量

测设隧道中线时，通常每掘进 20m 埋一中线桩，由于定线误差，所有中线桩不可能严格位于设计位置上。所以，隧道每掘进至一定长度（直线隧道约每隔 100m，曲线隧道按通视条件尽可能放长），就应布设一个导线点，也可以利用原测设的中线桩作为导线点，组成洞内施工导线。导线的角度观测采用 DJ$_2$ 级经纬仪或全站仪至少测两个测回，距离用经过检定的钢尺或用测距仪测定。洞内施工导线只能布置成支导线的形式，并随着隧道的掘进逐渐延伸。支导线缺少检核条件，所以观测时应特别注意，导线的转折角应观测左角和右角，导线边长应往返测量。为了防止施工中可能发生的点位变动，导线必须定期复测、检核。根据导线点的坐标来检查和调整中线桩位，随着隧道的掘进，导线测量必须及时跟上，以确保贯通精度。

（2）洞内水准测量

用洞内水准测量控制隧道施工的高程。随着隧道向前掘进，每隔 50m 应设置一个洞内水准点，并据此测设中腰线。通常情况下，可利用导线点位作为水准点，也可将水准点埋设在洞顶或洞壁上，但都应力求稳固和便于观测。洞内水准测量均为支水准路线，除应往返观测外，还须经常进行复测。

14.4.3　隧道盾构施工测量

盾构法隧道施工是一项综合性的施工技术，它是将隧道的定向掘进、土方和材料的运输衬砌安装等各工种组合成一体的施工方法。其特点是作业深度大，不受地面建筑和交通的影响，机械化和自动化程度很高，是一种先进的隧道施工方法，广泛用于城市地下铁道、越江隧道等的施工中。

盾构的标准外形是圆筒形，也有矩形、半圆形、双圆筒形等与隧道断面一致的特殊形状，如图 14-15 所示为圆筒形盾构及隧道衬砌管片的纵剖面示意图。切削钻头是盾构掘进的前沿部分，利用沿盾构圆环四周均匀布置的推进千斤顶，顶住已拼装完成的衬砌管片（钢筋混凝土预制）向前推进，由激光指向仪控制盾构的推进方向。

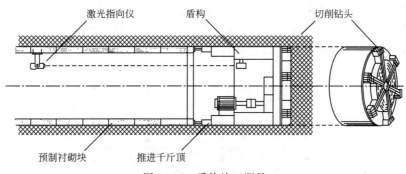

图 14-15　盾构施工测量

盾构施工测量主要是控制盾构的位置和推进方向。利用洞内导线点和水准点测定盾构的三维空间位置和轴线方向，用激光经纬仪、激光指向仪或马达驱动全站仪指示推进方向，用千斤顶编组施以不同的推力，调整盾构的位置和推进方向（纠偏）。盾构每推进一段，随即用预制的衬砌管片对隧道进行衬砌。

14.5　管道施工测量

管道工程也是地下工程的一部分，同时也是工业建设和城市建设的重要组成部分，其种类较多，包括给水、排水、煤气、热力、输油和其他工业管道等。为了合理地敷设各种管道，应首先进行规划设计，确定管道中线的位置并给出定位的数据，即管道的起点、转向点及终点的坐标和高程。然后将图纸上所设计的中线测设于实地，作为施工的依据。管道施工测量的主要任务是根据工程进度的要求向施工人员随时提供中线方向和标高位置。

14.5.1　准备工作

(1) 熟悉图纸和现场情况

施工前要收集管道测设所需要的管道平面图、断面图、附属构筑物图以及有关资料，熟悉和核对设计图纸，了解精度要求和工程进度安排等，还要深入施工现场，熟悉地形，找出各桩点的位置。

(2) 校核中线

若设计阶段在地面上标定的中线位置就是施工时所需要的中线位置，且各桩点保存完好，则仅需校核一次，无需重新测设。若有部分桩点丢失、损坏或施工的中线位置有所变动，则应根据设计资料重新恢复旧点或按改线资料测设新点。

(3) 加密水准点

为了在施工过程中便于引测高程，应根据设计阶段布设的水准点，在沿线附近每隔约 150m 增设临时水准点。

14.5.2　地下管道放线测设

(1) 测设施工控制桩

在施工时，中线上的各桩将被挖掉，所以应在不受施工干扰、便于引测和保存点位处测设施工控制桩，用以恢复中线。测设地物位置控制桩，用以恢复管道附属构筑物的位置（见图 14-16）。中线控制桩的位置，一般是测设在管道起止点及各转点处中心线的延长线上，附属构筑物控制桩则测设在管道中线的垂直线上。

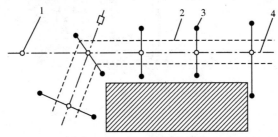

图 14-16　施工控制桩测设

1—控制桩；2—槽边线（灰线）；3—附属构筑物位置控制桩；4—中心线

(2) 槽口放线

管道中线控制桩确定之后，就可根据管径大小、埋设深度以及土质情况，决定开槽宽度，并在地面上钉上边桩，然后沿开挖边线撒出灰线，作为开挖的界限。如图 14-17 所示，若横断面上坡度比较平缓，开挖宽度可用式（14-11）计算：

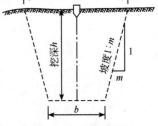

$$D = b + 2mh \qquad (14\text{-}11)$$

式中　b——槽底宽度；

h——中线上的挖土深度；

m——管槽放坡系数。

图 14-17　槽口放线

若横断面倾斜较大，如图 14-18 所示，则中线两侧槽口宽度就不一致，半槽口宽度应分别按式（14-12）计算：

$$\begin{cases} D_z = \dfrac{b}{2} + m_2 h_2 + m_3 h_3 + c \\[2mm] D_y = \dfrac{b}{2} + m_1 h_1 + m_3 h_3 + c \end{cases} \qquad (14\text{-}12)$$

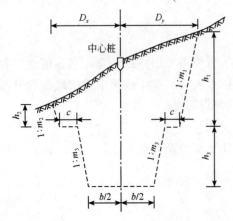

图 14-18　地面起伏开槽图

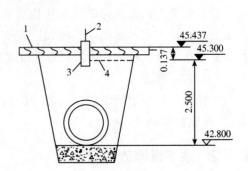

图 14-19　龙门板法

1—坡度板；2—中线钉；3—高程板；4—坡度钉

14.5.3 地下管道施工测量

管道的埋设要按照设计的管道中线和坡度进行，因此施工中应设置施工测量标志，以使管道埋设符合设计要求。

（1）龙门板法

龙门板由坡度板和高程板组成（图 14-19）。沿中线每隔 10～20m 以及检查井处应设置龙门板。中线测设时，根据中线控制桩，用经纬仪将管道中线投测到坡度板上，并钉上小钉标定其位置，此钉称为中线钉。各龙门板中线钉的连线标明了管道的中线方向。在连线上挂锤球，可将中线位置投测到管槽内，以控制管道中线。

为了控制管槽开挖深度，应根据附近的水准点，用水准仪测出各坡度板顶的高程。根据管道设计坡度，计算出该处管道的设计高程，则坡度板顶与管道设计高程之差就是从坡度板顶向下开挖的深度，通称下反数。下反数往往不是一个整数，并且各坡度板的下反数都不一致，施工、检查很不方便，因此，为使下反数成为一个整数 C，必须计算出每一坡度板顶向上或向下量的调整数 δ。公式为

$$\delta = C - (H_{管顶} - H_{管底}) \tag{14-13}$$

式中　$H_{管顶}$——坡度板顶高程；

　　　$H_{管底}$——管底设计高程。

根据计算出的调整数，在高程板上用小钉标定其位置，该小钉称为坡度钉（图 14-19）。相邻坡度钉的连线即与设计管底坡度平行，且相差为选定的下反数 C。利用这条线来控制管道坡度和高程，便可随时检查槽底是否挖到设计高程。如挖深超过设计高程，绝不允许回填土，只能加厚垫层。

高程板上的坡度钉是控制高程的标志，所以在坡度钉钉好后，应重新进行水准测量，检查是否有误。施工中容易碰到龙门板，尤其在雨后，龙门板可能有下沉现象，因此还要定期进行检查。

（2）平行轴腰桩法

当现场条件不便采用龙门板时，对精度要求较低的管道，可用本法测设施工控制标志。开工之前，在管道中线一侧或两侧设置一排平行于管道中线的轴线桩，桩位应落在开挖槽边线以外，如图 14-20 所示。平行轴线离管道中线为 a，各桩间距以 10～20m 为宜，各检查井位也相应地在平行轴线上设桩。

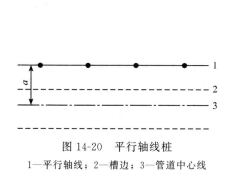

图 14-20　平行轴线桩

1—平行轴线；2—槽边；3—管道中心线

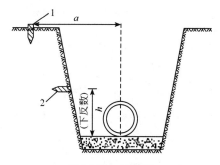

图 14-21　腰桩法

1—平行轴线桩；2—腰桩

为了控制管底高程，在槽沟坡上（距槽底约1m）打一排与平行轴线桩相对应的桩，这排桩称为腰桩，如图14-21所示。在腰桩上钉一小钉，并用水准仪测出各腰桩上小钉的高程，小钉高程与该处管底设计高程之差h，即为下反数。施工时只需用水准尺量取小钉到槽底的距离，与下反数比较，便可检查是否挖到管底设计高程。

腰桩法施工和测量都较麻烦，且各腰桩的下反数各不相同，容易出错。为此，先选定到管底的下反数为某一整数，并计算出各腰桩的高程。然后再测设出各腰桩，并用小钉标明其位置，此时各桩小钉的连线与设计坡度平行，并且小钉的高程与管底设计高程之差为一常数。

14.5.4 架空管道施工测量

架空管道主点的测设与地下管道相同。架空管道的支架基础开挖测量工作和基础模板的定位，与厂房柱子基础的测设相同。架空管道安装测量与厂房构件安装测量基本相同。每个支架的中心桩在开挖基础时均被挖掉，为此必须将其位置引测到互为垂直方向的四个控制桩上。根据控制桩就可确定开挖边线，进行基础施工。

14.5.5 顶管施工测量

当管道穿越铁路、公路或重要建筑物时，为了避免阻碍交通和房屋拆迁而采用顶管施工方法。这种方法是事先在管线一端或两端挖好工作坑，在坑内安置导轨，管材放在导轨上，用顶镐将管材沿中线方向顶入土中，然后将管内的土方挖出来。因此，顶管施工测量主要是控制好顶管的中线方向和高程。为了控制顶管的位置，施工前必须做好工作坑内顶管测量的准备工作。例如，设置顶管中线控制桩，用经纬仪将中线分别投测到前、后坑壁上，并用木桩A、B或大钉作标志（图14-22）；设置坑内临时水准点以及导轨的定位和安装测量等。准备工作结束后，便可进行施工，转入顶管过程中的中线测量和高程测量。

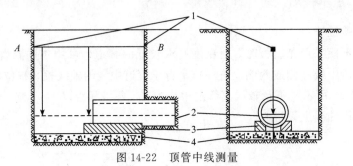

图14-22 顶管中线测量
1—中线控制桩；2—木尺；3—导轨；4—垫层

（1）中线测量

如图14-22所示，在进行顶管中线测量时，通过两坑壁顶管中线控制桩拉紧一条细线，线上挂两个锤球，锤球的连线即为管道中线的控制方向。这时在管道内前端，用水准器放平一中线木尺，木尺长度等于或略小于管径，读数刻划以中央为零向两端增加。如果两锤球连线通过木尺零点，则表明顶管在中线上。若左右误差超过15cm，则需要进行中线校正。

（2）高程测量

置水准仪于工作坑内，以临时水准点为后视点，在管内待测点上竖一根小于管径的标尺为前视点，将所测得的高程与设计高程进行比较，其差值超过 1cm 时，就需要进行校正。

在顶管过程中，为了保证施工质量，每顶进 0.5m，就需要进行一次中线测量和高程测量。距离小于 50m 的顶管，可按上述方法进行测设。当距离较长时，应分段施工，可每隔 100m 设置一个工作坑，采用对顶的施工方法，在贯通面上，管子叉口不得超过 3cm。若条件允许，在顶管施工过程中，可采用激光经纬仪和激光水准仪进行导向，可提高施工进度，保证施工质量。

14.5.6　地下建筑工程竣工测量

地下建筑工程竣工后，为了检查工程是否符合设计要求，并为设备安装和使用时检修等提供依据，应进行竣工测量，并绘制竣工图。

工程验收时，检测隧道中心线，在隧道直线段每隔 50m、曲线段每隔 20m 检测一点。地下永久性水准点至少设置两个，长隧道中，每公里设置一个。

隧道竣工图测绘中包括纵断面测量和横断面测量。纵断面应沿中垂线方向测定底板和拱顶高程，每隔 10～20m 测一点，绘出竣工纵断面图，在图上套画设计坡度线进行比较。直线隧道每隔 10m、曲线隧道每隔 5m 测一个横断面。横断面测量可以采用直角坐标法或极坐标法。

图 14-23(a) 所示为用直角坐标法测量隧道竣工横断面。测量时，是以横断面上的中垂线为纵轴，以起拱线为横轴，量出起拱线至拱顶的纵距 x_i 和中垂线至各点的横距 y_i，并量出起拱线至底板中心的高度 h 等，依此绘制竣工横断面图。

图 14-23(b) 所示为用极坐标法测量隧道竣工横断面。将全站仪安置于需要测定的横断面上，并安装直角目镜，为能向隧道顶部观测。根据隧道中线确定横断面方向，用极坐标法测定横断面上若干特征点的三维坐标，据此绘制竣工横断面图。

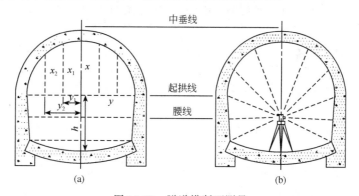

图 14-23　隧道横断面测量

14.6　新技术在隧道施工中的应用

14.6.1　激光技术

近年来随着激光技术的发展，它在隧道施工中已得到了应用。我国交通隧道、水工隧洞以及市政建设的管道工程施工中，有些地方已采用激光进行指向与导向。由于激光束的方向性良好，发散角很小，能以大致恒定的光速直线传播相当长的距离，所以它就成为地下工程施工中一种良好的指向工具。

我国生产的激光指向仪，从结构上来说，一般都采用将指向部分和电源部分合装在一起。指向部分通常包括气体激光器（氦氖激光器）、聚焦系统、提升支架及整平和旋转指向仪用的调整装置，有的指向仪还配置有水平角读数设备。由激光器发射的激光束经聚焦系统发出大致恒定的红光，当测量人员将指向仪配置到所需的开挖方向后，施工人员即可自己随时根据需要，开闭激光电源，找到开挖方向。

例如，我国某一地下工程曾应用激光导向仪进行开挖。此仪器发射出的激光束经过两次反射，由望远镜中射出。仪器采用氦氖激光器，采用 500Hz 的交流方式供电。为了将激光束方向安置在所需的位置上，仪器上设有水平度盘（用游标读数）与倾斜螺旋（使用分划鼓读数）。导向仪的接收装置采用由九块硅光电池组成的接收靶，它们将接收到的光信号转成电信号，再经过选频放大，一方面在指示器上给出偏离信号，同时通过逻辑线路，操作电磁阀来控制不同的油压千斤顶，这样盾构便可以自动地随时控制它的位置的正确性。仪器工作原理如图 14-24 所示。

在施工中激光导向仪的发射器可安装在盾构（或掘进机）后面衬砌的平台上，接收靶则安装在盾构上，其中心应与激光束中心相重合。激光束的方向在平面上应调至与隧道中线平行，在立面上其倾斜度应等于隧道中线的坡度。

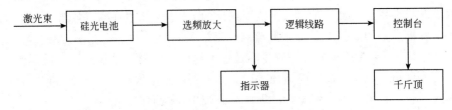

图 14-24　激光导向仪的工作原理

14.6.2　自动导向系统

采用大型掘进机和盾构设备进行隧道施工时，目前最先进的自动导向系统已投入使用，该系统由一台计算机、一台全站式自动寻标电子速测仪、两台电子测倾仪、四台超声测距仪及其他设备组成。在掘进时，速测仪连续跟踪安置在掘进机上的两组反射棱镜，每隔一定时间测出水平角、天顶距和距离，同时电子测倾仪测出掘进机盾构轴线的纵横向倾斜度，传输给计算机，算出前轴点的三维坐标，并换算到设计轴线上，然后计算出掘进机瞬时行驶轴线对于设计轴线的水平、垂直方向的偏差。该偏差以及倾斜度等以图形和数字形式显示在掘进机内和工程指挥部内监视屏上，掘进机驾驶员只需用按钮通过计算机调节掘进机的方向，使屏幕下的光点尽量落到靠近十字丝交点的某一范围内即可。

四台超声测距仪主要用于测量盾构机在隧道洞壁衬砌前后的径向距离，计算最佳的衬砌顺序，使已建成的洞壁与盾构外壳不至卡住，保证隧道轴线尽可能接近设计的几何形状。

📁　思考题

1. 比较隧道地面控制测量各方法的优缺点。

2. 用 GPS 建立隧道地面控制网有何优点？

3. 试述联系测量的目的。

4. 试述贯通测量的工作步骤。

5. 简述地下管道施工测量的全过程。

6. 简述顶管施工测量的全过程。

7. 在隧道施工中，如何测设中线和腰线？

8. 如何进行竖井联系测量？

9. 隧道竣工测量有哪些主要内容？

第15章

建筑物点云数据获取与应用

15.1 三维激光扫描仪

图 15-1　FARO Focus3D X330
三维激光扫描仪

三维激光扫描仪系统本身主要包括激光测距系统和激光扫描系统，同时也集成 CCD 和仪器内部控制和校正系统等。在仪器内，通过两个同步反射镜快速而有序的旋转，将激光脉冲发射体发出的窄束激光脉冲一次扫过被测区域，测量时根据激光脉冲从发出经被测物表面返回仪器所经过的时间（或者相位差）来计算距离，同时扫描控制模块控制和测量每个脉冲激光的角度，最后计算出激光点在被测物体上的三维坐标，大量点的三维坐标称为点云。下面以 FARO Focus3D X330 为例，如图 15-1 所示，介绍三维激光扫描仪及数据处理软件。

FARO Focus3D X330 三维激光扫描仪是一款用于精细测量和数字建档的高速三维激光扫描仪，能快速对复杂的场地环境和几何形状提供详细的三维点云及彩色影像。

15.1.1 产品特点

（1）集成式传感器

集成的传感器功能包括 GPS 传感器、指南针、高度计和双轴补偿器。

（2）独立解决方案

超便携设计，可在不借用外部设备的条件下工作。

（3）外形小巧

Focus3D 的尺寸仅 24cm×20cm×10cm，是目前最小的大空间三维扫描仪。

（4）集成彩色照相机

集成的彩色相机可自动提供 7000 万像素的无视差彩色叠加，因此能够进行照片般逼真的三维彩色扫描。

（5）数据管理

所有数据均被存储在一个 SD 卡上，允许轻松且安全地将这些数据传输至个人电脑并在 SCENE 软件中进行后处理。

15.1.2　规格参数

FARO Focus3D X330 参数如表 15-1 所示。

表 15-1　FARO Focus3D X330 三维激光扫描仪参数

序号	项目	指标	备注
1	扫描范围（距离）	0.6～330m	
2	最大扫描速度	976000 点/s	速度可调
3	测距误差	25m 时误差为±2mm	
4	分辨率	大于 7000 万彩色像素	内置彩色相机
5	扫描范围（角度）	水平范围 360°，垂直范围 300°	
6	激光等级	激光等级 1 级	
7	扫描仪控制	通过机器屏幕或者 WiFi	
8	双轴倾斜传感器	精度为 0.015°；范围为±5°	
9	质量	5.2kg	

15.1.3　三维数据后处理软件

主流的三维数据应用后处理软件包括：

① CLEAREDGE 软件：

- EdgeWise Plant——工厂数字化版；
- EdgeWise MEP for Revit——三维管道设计 BIM 项目；
- EdgeWise Building——实体模型及建筑信息模型 BIM 项目。

② Kubit 公司的 PointCloud 系列软件。

③ Technodigit 公司的 3Dreshaper 系列软件。

④ 美国 Mcloud 软件。

（1）CLEAREDGE 软件

1）EdgeWise Plant　EdgeWise Plant 面向数字工厂化应用。其优势：工作流程简易，通过新的提取算法功能和处理工具节省了大量的工作时间，如图 15-2 所示。

软件功能特点：

① 完善的自动管道提取功能；

② 增强 QA 功能；

③ 规程驱动阀门、法兰和组件布局；

④ Demolition 工具删除模型中的点和管道；

⑤ 数十亿高清晰度点云可视化；

⑥ 使用新的编辑器创建自定义标准；

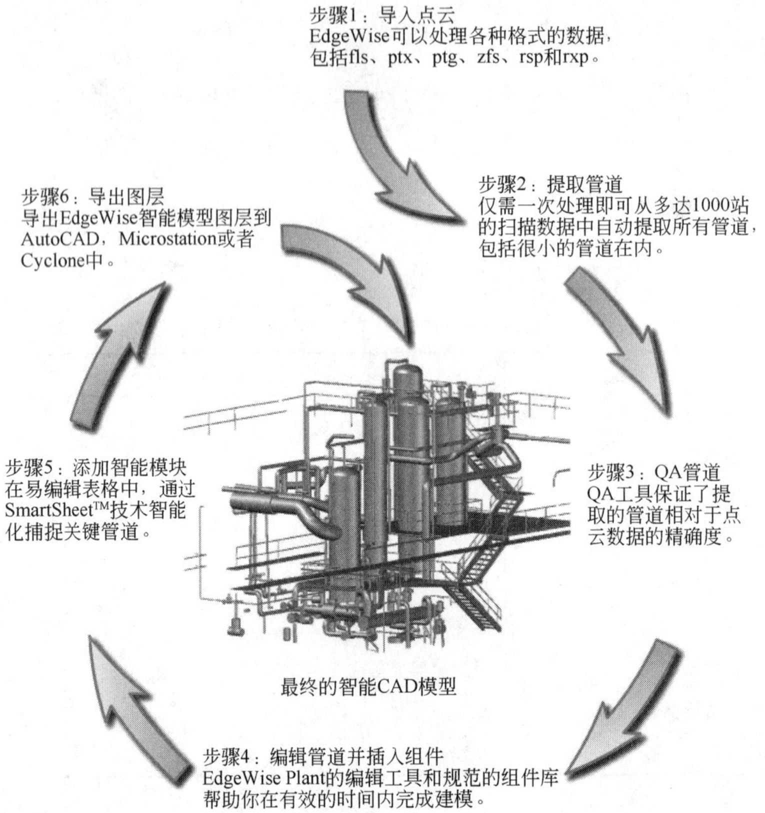

步骤1：导入点云
EdgeWise可以处理各种格式的数据，包括fls、ptx、ptg、zfs、rsp和rxp。

步骤6：导出图层
导出EdgeWise智能模型图层到AutoCAD，Microstation或者Cyclone中。

步骤2：提取管道
仅需一次处理即可从多达1000站的扫描数据中自动提取所有管道，包括很小的管道在内。

步骤5：添加智能模块
在易编辑表格中，通过SmartSheet™技术智能化捕捉关键管道。

步骤3：QA管道
QA工具保证了提取的管道相对于点云数据的精确度。

最终的智能CAD模型

步骤4：编辑管道并插入组件
EdgeWise Plant的编辑工具和规范的组件库帮助你在有效的时间内完成建模。

图 15-2　EdgeWise Plant 实例

⑦ 新的管道编辑工具，灵活完成建模；

⑧ 导出智能模型（包括其所属信息）到任意 CAD 平台的组件；

⑨ 展开 Smartsheet 功能，为每条管道添加智能模块。

2）EdgeWise MEP for Revit　EdgeWise MEP for Revit 主要是面向建筑信息模型（BIM）三维管道设计项目（如：暖通、给排水、电气）而开发，可帮助建筑设计师设计、建造和维护质量更好、能效更高的建筑。在 EdgeWise 中进行管道提取和处理，然后将功能齐全的管道对象导入 Revit，同时保存了关键的智能元素，如直径、宽度或其他信息等。进入 Revit 之后，只需一键操作就可以将它们转换到适合的管道系列中。按照图 15-2 中的步骤实现模型建立。实例如图 15-3 所示。

功能特点：

① 结合 Revit 确保完整的兼容性；

② QA 工具确保高精度建模；

③ the small stuff 算法可以识别出几乎所有的管道；

④ 快速整理工具可以加速完成隐蔽管道处理；

⑤ SmartSheet 提取关键智能管道。

3）EdgeWise Building　EdgeWise Building 主要是面向建筑信息模型（BIM）建筑结构设计项目而开发。通过其特有的算法将扫描数据的共面点进行分类，并且自动识别平面的边缘。接着提取边缘来作为实体的几何结构并去除多余点。成果模型可以导出到任意 CAD 程序中，用于最终建模，如图 15-4 所示。

图 15-3 EdgeWise MEP for Revit 实例

图 15-4 调整附加的提取参数可以进一步提高成果质量

（2）Point Cloud 软件

PointCloud（点云处理软件）是 Kubit 公司为配合三维激光扫描仪应用，进行三维数据后处理而开发的产品，在 AutoCAD 环境下能够对数以亿计的点云数据进行高效的后处理，并支持 Faro、Riegl、Leica、Trimble 扫描工程文件。PointCloud 为绘图、建模、分析处理提供了大量高效工具，可以自动提取等高线，提交平、立面图成果，自动计算点云拟合 3D 模型，通过照片与点云匹配进行 3D 建模，快速进行彩色切片，对点云及模型进行冲突检测，等等。主要应用领域：测绘、建筑、文物保护、考古、设施管理、工程与施工等。

PointCloud 软件在实际中的应用如图 15-5～图 15-7 所示。

通过适配线功能，自动对点云进行跟踪捕捉，生成平、立面图。通过快速截面功能，截取所需的截面效果，并且自动拟合线，用于建筑剖面结构图、隧道截面图、等高线图等的生成。

自动模型拟合功能：通过点云自动计算得到 3D 模型，并可进行冲突检测分析，设备安装布局与信息管理、工程施工质量控制、工厂管道的三维数字化工作变得非常简单。

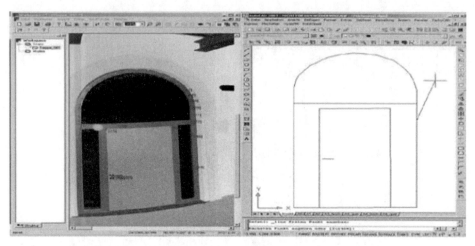

图 15-5　在 CAD 环境下，基于点云数据的三维与二维交互实时绘图

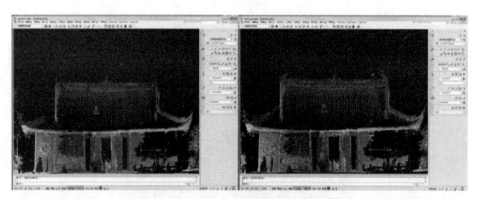

图 15-6　古建筑应用

图 15-7　工业管道应用

此外，其在地表模拟、土石方计算等方面也有较多应用。

（3）3Dreshaper 系列软件

法国 Technodigit 公司的 3Dreshaper 系列软件是专业处理 3D 扫描仪、CMM 等 3D 点云数据的建模软件。软件解决方案覆盖了点云预处理、3D 网格、曲面重建、检测及逆向工程等方面。重建的模型在工业设计领域可以直接用于原型速成、刀具路径生成、动画、仿真模拟、有限元分析等，如图 15-8 所示。其他应用包括：地形测量成图，隧道三维检测对比等。

(a) 隧道、路堤、矿山　　　　　　　　　　(b) 建筑测量

(c) 土木工程　　　　　　　　　　(d) 数字化地形建模

图 15-8　3Dreshaper 实例

（4）Mcloud 软件

主要功能是快捷处理巨量点云数据的建筑建模。可以处理：机载雷达、移动测量车、地面激光扫描仪等多采集载体的点云数据。Mcloud 软件将巨量点云导入到 3ds Max 中，结合最新的渲染技术，可以在 3ds Max 环境下快速创建高精准的模型，也可以在 3ds Max 中直接使用激光扫描数据来快速创建用户的高精度 3D 场景。还可以添加额外的对象到原始的扫描数据中进行模拟、渲染动画等。广泛应用于：数字城市快速建模、工厂及矿山生产模拟演练、交通隧道建模及安全演练等，如图 15-9 所示。

图 15-9　数字城市三维快速建模

15.2 机载 LiDAR 系统

15.2.1 LiDAR 概述

激光雷达（Light Detection and Ranging，LiDAR）是二十世纪末发展起来的一种通过探测远距离目标的散射光特性来获取目标信息的主动遥感技术，是激光扫描测距技术、高精度动态 GNSS 差分定位技术、高精度动态载体姿态测量技术以及计算机技术迅速发展的集中体现。LiDAR 具有精确、快速、实时、非接触获取大范围地表和地物密集采样点三维信息的优势，在地形测绘、城市三维建模、城市变化检测、城市道路检测与规划、土地利用分类、海岸带监测等领域中被广泛深入地应用。

20 世纪 70 年代开始，美国航空航天局（NASA）和加拿大的一些研究机构开始了对激光雷达技术的探索。随着全球卫星定位系统（GPS）和惯性导航系统（IMU）的发展与成熟，即时定位、定姿技术不断精确，高精度的激光雷达系统也因此快速发展，到 90 年代中后期逐渐成熟。世界上第一台真正实用的机载激光扫描系统由德国斯图加特大学制造，此后，国际上多家大型公司陆续推出了较为成熟的商用机载设备，如：美国 Trimble 公司的 AX80 与 Harrier、奥地利 Riegl 公司的 LMS 系列、德国 IGI 公司的 LiteMapper 系列、加拿大 Optech 公司的 ATLM 系列、瑞士 Leica Geosystems 公司的 ALS70 等。近年来，国内对 LiDAR 技术的研究也是一个热点，2016 年绵阳天眼激光有限公司发布了当时国内最小机载激光雷达系统；2019 年北京北科天绘科技有限公司推出的"蜂鸟"无人机激光雷达，重 1.2kg，探测距离超过 200m，并且实现了与无人机系统的深度集成；北京数字绿土科技有限公司自主研发了无人机激光雷达扫描系统 LiAir、机载激光雷达扫描系统 LiEagle 等多平台化的高精度三维信息采集设备；2020 年 10 月，中国企业大疆创新科技有限公司在 Inter-GEO 德国国际测绘地理信息展上发布了全新的"激光可见光融合解决方案"，利用获取的激光和可见光融合数据可生成彩色的 3D 图像，具有厘米级精度，最远测距可达 450m。

（1）LiDAR 原理

LiDAR 传感器以频繁的短时激光脉冲的形式发射并记录辐射信号，这与传统的被动图像采集系统记录从传感器外部源（例如太阳）表面反射的辐射不同。当发射的激光脉冲遇到目标表面并将该激光能量的一部分返回到传感器时，激光雷达仪器可以测量 x，y，z 空间中对象的位置。脉冲发射与检测之间经过的时间（乘以光速）会产生传感器与目标之间的往返距离，并且可以在离散的逐点或连续基准上记录表面的垂直分布。离散点返回系统通常在很高的空间分辨率下运行，激光照射的点非常小（足迹直径＜1cm 到数十厘米，具体取决于传感器与目标之间的距离），每个点最多记录四个点激光脉冲。数字化全返回激光信号能量的连续"波形"系统通常会在较大（5～70 m）的覆盖范围内整合信息。由于每个发射的激光脉冲都指向不同的足迹位置，因此汇总数十亿个脉冲返回信号记录会生成一个 3D 表面结构图，可用于表征地表情况。

LiDAR 是基于激光测距的原理。文献 [45] 描述了该系统产生一种高度定向的光，从而产生测距所需的高准直和高功率，如图 15-10 所示。

激光被证明在这类测量中具有优势，因为高能脉冲可以在短时间内实现，短波长的光可以用小孔径高度准直激光，再加上一个接收器和一个扫描系统，将点的分布和遥感仪器定义

的扫描角和飞机的飞行高度相关联。扫描宽度是仪器扫描角度和飞机飞行高度的函数，表达式为

$$s = 2 \times h \times \tan\alpha \qquad (15\text{-}1)$$

式中，s 为扫描宽度；α 为扫描角度；h 为飞行高度。

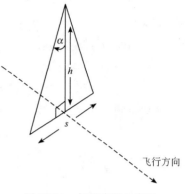

图 15-10　扫描宽度示意图

（2）LiDAR 分类

根据搭载平台的不同，LiDAR 系统可分为星载 LiDAR 系统、机载 LiDAR 系统和地面 LiDAR 系统等。星载系统是以卫星作为平台的激光测高系统；机载 LiDAR 系统是指搭载于飞机等中低空飞行器平台的航空测量系统；地面 LiDAR 系统分为移动式和固定式两种，其中移动式 LiDAR 又包括车载、船载等形式。机载 LiDAR 系统的工作原理如图 15-11 所示。

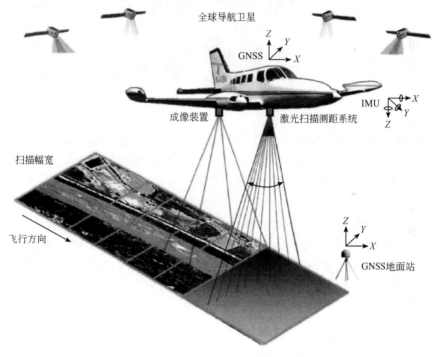

图 15-11　机载 LiDAR 系统的工作原理

LiDAR 可以安装在地面、空中或太空平台上。地面 LiDAR 通常安装在三脚架上，可以快速收集生态系统的密集（小于 1cm 分辨率）3D 空间数据。从多个扫描位置获得的激光回波"点云"可在空间中配准，以从多个有利位置提供对象的更详细视数据。地面激光雷达系统的使用已从建筑结构工程分析扩展到对植物冠层结构的研究。机载 LiDAR 设备一般同时包括 GNSS 和惯性测量单元 IMU（inertial measurement unit，IMU）或称惯性导航系统 INS（inertial navigation system，INS），二者收集的实时数据确保使用精确的时间基准来计算激光雷达传感器的 3D 位置和姿态，即侧倾、俯仰和偏航。使用该时间基准对每个发出的激光脉冲进行编码，并计算出反射表面或从信号返回能量的表面的绝对位置。星载 LiDAR 以 GLAS（geoscience laser altimeter system）为代表的相关研究较多，它是针对地球表面高度

和大气特性的粗略评估。尽管可以使用 GLAS 来获取一些森林结构信息，但它提供的数据并不连续。

(3) LiDAR 系统组成

机载 LiDAR 传感器的设计可能会有很大不同，但是基本系统组件是标准的，如图 15-12 所示为徕卡 ALS70-HP 激光雷达扫描系统。LiDAR 系统的应用通过 GNSS 和 IMU 的并行发展而得到了发展。

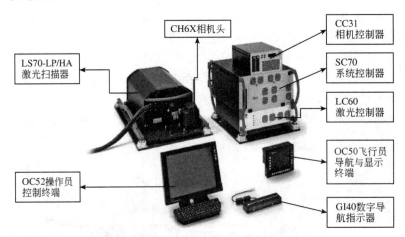

图 15-12　ALS70-HP 激光雷达扫描系统

机载 LiDAR 系统中的 GNSS 接收机与一个或多个地面站协同工作，实时差分解算传感器的位置；传感器的方向由机载 IMU 获取。激光子系统通常为二极管泵浦固态激光器。收发器的光机械结构通常围绕标准的现有光学器件和定制的机械支撑结构构建，一些传感器使用专门设计的自定义光学器件来优化特定传感器性能的各个方面。接收器和信号处理电子设备通常由可用的商业组件设计，必要时可通过定制电子部件加以补充。在接收器中，使用了光学或红外检测器，主要是雪崩光电二极管。接收机的每个通道都使用现成的或定制的时间间隔计（TIM），其本质上是一个精密时钟，接收机通道记录的是每个返回脉冲的 TIM 单元，也可使用数字化板捕获完整的返回波形。接收器中的其他电子设备用于在未记录完整波形的系统中记录回波强度或监视其他信息，例如回波脉冲极化等。

15.2.2　LiDAR 数据格式

LiDAR 是由飞机或航空设备搭载的、多个功能部件组成的、能够获取多种数据的复杂系统，每个子系统都采集相应的数据，包括 GNSS 导航数据、IMU 惯导数据、同步时间数据、多波段传感器的数据等。有些是过程数据，如 IMU 数据、GNSS 数据等；有些是结果数据，如坐标数据、高程数据、回波强度数据等。LiDAR 数据的数据格式主要包括 LAS 格式、栅格格式和自定义文本格式。

(1) LAS 格式

2003 年美国摄影测量与遥感协会（American Society of Photogrammetry and Remote Sensing，ASPRS）提出 Lidar Data Exchange Format Standard（LDEFS）标准，发布了 LAS1.0，数据以 las 为后缀，其格式分为三大板块，分别为：公共数据块（Public Header Block）、变长数据记录（Variable Length Records）、点数据块（Point Data）。其中，公共

数据块记录关于文件的基本信息，如 LiDAR 点数、数据范围、文件标识、飞行时间、回波个数、坐标范围等，如表 15-2 所示。公共数据块的所有数据均为小端字节序格式，即低位字节，放在内存的低地址端，高位字节放在内存的高地址端。

表 15-2　公共数据块信息

数据项	数据类型	大小	预留
文件标签	Char[4]	4 bytes	*①
预留	Unsigned long	4 bytes	
GUID Data 1	Unsigned long	4 bytes	
GUID Data 2	Unsigned short	2 bytes	
GUID Data 3	Unsigned short	2 bytes	
GUID Data 4	Unsigned char[8]	8 bytes	*
主版本号	Unsigned char	1 bytes	*
副版本号	Unsigned char	1 bytes	*
系统 ID	Char[32]	32 bytes	*
生成软件	Char[32]	32 bytes	*
文件日期	Unsigned short	2 bytes	
文件创建年	Unsigned short	2 bytes	
文件头长度	Unsigned short	2 bytes	*
点集记录指针	Unsigned long	4 bytes	*
变长记录个数	Unsigned long	4 bytes	*
点记录格式 ID	Unsigned char	1 bytes	*
点记录长度	Unsigned short	2 bytes	*
点记录个数	Unsigned long	4 bytes	*
返回点个数	Unsigned long[5]	20 bytes	*
X 比例因子	Double	8 bytes	*
Y 比例因子	Double	8 bytes	*
Z 比例因子	Double	8 bytes	*
X 偏移量	Double	8 bytes	*
Y 偏移量	Double	8 bytes	*
Z 偏移量	Double	8 bytes	*
X 最大坐标	Double	8 bytes	*
Y 最大坐标	Double	8 bytes	*
Z 最大坐标	Double	8 bytes	*
X 最小坐标	Double	8 bytes	*
Y 最小坐标	Double	8 bytes	*
Z 最小坐标	Double	8 bytes	*

① * 表示有此功能。

变长记录用于记录投影信息、元数据信息和用户自定义的数据信息，是 LAS 格式中最灵活的部分。每个边长记录包括一个固定的可变长度记录头和一个灵活的扩展字段。

点集记录区用于存储坐标点信息。LAS 支持 100 种点记录格式，范围从 Format02 到 Format99。但在同一个 LAS 文件中，只有一种点格式，它必须与公共文件头中的点格式一致。Format0 是最基本的点记录格式，所有其他的点格式都是从 Format0 扩展而来的。Format0 格式的点记录存储了几个基本属性，如点坐标、激光返回强度、返回点序号、返回点编号、点分类、扫描方向、路径边界、扫描角度范围等。为了节省空间，点的实际坐标存储为长整数（X，Y，Z），删除的小数存储在公共标题区域的 X，Y，Z 比例因子字段中，具体计算公式为

$$\begin{cases} X_{\text{coordinate}} = (X_{\text{record}} \times X_{\text{scale}}) + X_{\text{offset}} \\ Y_{\text{coordinate}} = (Y_{\text{record}} \times Y_{\text{scale}}) + Y_{\text{offset}} \\ Z_{\text{coordinate}} = (Z_{\text{record}} \times Z_{\text{scale}}) + Z_{\text{offset}} \end{cases} \qquad (15-2)$$

2007 年发布了 LAS 2.0 拟定版，是对 LAS 1.0 版本的第一次大规模修正，其特点是结构更灵活、便于扩展、面向广泛的软硬件系统。在结构上，LAS 2.0 为了定义点集记录的内容和格式，添加了如图 15-13 所示的元数据模块。

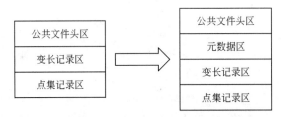

图 15-13　LAS 1.0 系列与 LAS 2.0 文件结构对比

（2）栅格格式

栅格格式的数据以 ASC 为后缀，头部信息包括行数（ncols）、列数（nrows）、中心点 x 坐标（x//center）、中心点 y 坐标（y//center）、采样间距（cellsize）、无效数据（NODATA_value-9999.000000），数据信息记录具体的信息数据。

（3）自定义文本格式

该格式直接以文本的方式记录 LiDAR 数据，记录的每一行表示一束激光的回波数据，每一列记录表示不同属性，一般会在数据中加以说明，其后缀为 txt。例如国际摄影测量与遥感学会 ISPRS（International Society for Photogrammetry and Remote Sensing，ISPRS）提供一种文本格式的数据，其格式为：首次回波的坐标（x，y，z）和回波强度 d，末次回波的坐标（x，y，z）和回波强度 d，共计 8 列。

15.2.3　LiDAR 应用于建筑物提取

LiDAR 点云数据一般需要经过去噪处理，得到纯净的地物点云，还要经过滤波处理将地面点和非地面点分离。分离后的地面点主要包括道路、裸地以及低矮植被，非地面点主要包括建（构）筑物和高大植被。通过高程、回波强度以及回波次数等属性，或采用特定的建筑物点云提取方法将建筑物与高大植被分离，进而提取建筑物信息。

（1）点云去噪

机载 LiDAR 激光脚点分布不规则，在三维空间分布形态呈随机离散的状态。这些点有的位于人工的建筑物，有的位于真实的地形表面，有些则是噪声点，如图 15-14 所示。为了

能更好地对离散的点云数据进行分类，首先需要对点云数据去除噪声点；然后进行滤波处理，分离出地面点和非地面点，这个过程即为点云滤波过程。点云处理与地物分类往往需要提取数字表面模型 DSM（digital surface model，DSM）和数字高程模型 DEM（digital elevation model，DEM），这就需要对其进行滤波处理。

(a) 去噪前　　　　　　　　　　　　　　　　(b) 去噪后

图 15-14　点云去噪前后对比

（2）点云滤波

机载 LiDAR 技术在硬件方面发展突飞猛进，随着计算机技术的发展，点云数据预处理方法也越发成熟。目前有很多关于机载 LiDAR 系统滤波算法的研究，其中主要包括：数学形态学的滤波算法、基于坡度变化的滤波算法、移动曲面拟合滤波算法、基于不规则三角网的滤波算法和布料模拟滤波算法等。采用布料模拟滤波算法结果如图 15-15 所示。

图 15-15　滤波处理后的地面点数据和非地面点数据

（3）基于扫面线的点间欧式距离统计提取建筑物点云方法

LiDAR 数据的一条扫描线轮廓，一般主要包括四个主要类型的特征点：地面点，建筑物点，稀疏树点和密集树点，如图 15-16 所示。

对经过滤波处理后得到的非地面点数据，同时对数据进行"GPS 时间（TIME）"聚类，提取扫描线。以同一扫描线内的点间最大方差值 L 作为初始运算值，逐渐减小 L 值并迭代，最后通过比较相邻迭代操作之间的结果来判断是否为建筑物点。

总体方差计算公式：

$$\sigma^2 = \frac{\sum (X-u)^2}{N} \tag{15-3}$$

式中，σ^2 为总体方差；X 为变量；u 为总体均值；N 为总体例数。

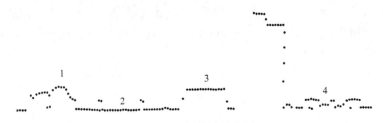

图 15-16　扫描线轮廓图

1—高大植物点；2—地面点；3—建筑物点；4—低矮植被群

若在处理数据时，每次针对一条扫描线，且计算一次数据仅包含距离差的三个点，则式 (15-3) 为

$$S^2 = \frac{\sum (D - \overline{D})^2}{2} \tag{15-4}$$

式中，S^2 为每两个点距离差值的方差；D 为两点间距离；$\overline{D}$ 为两次距离的平均值。

提取结果如图 15-17 所示。

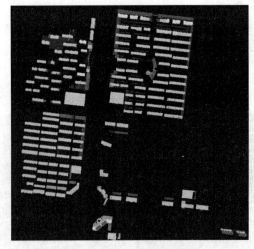

图 15-17　建筑物提取结果

📁 思考题

1. 简述三维激光扫描的工作原理。
2. 简述机载 LiDAR 的组成。
3. 点云滤波的作用是什么？
4. 点云建模的常用软件有哪些？

参考文献
REFERENCE

[1] 陈传胜，等.测量误差与数据处理［M］.第二版.北京：测绘出版社，2015.

[2] 程鹏飞.2000 国家大地坐标系实用宝典［M］.北京：测绘出版社，2008.

[3] 邓军，李玲，等.遥感数字图像处理［M］.重庆：重庆大学出版社，2010.

[4] 丁俊杰，胡昌华.连续运行基准站系统 CORS 综述［J］.黄河规划设计，2008（4）：37-41.

[5] 冯学智，等.遥感数字图像处理与应用［M］.北京：商务印书馆，2011.

[6] 付克璐，等.土木工程测量［M］.北京：北京理工大学出版社，2018.

[7] 龚健雅，等.地理信息系统基础［M］.第二版.北京：科学出版社，2019.

[8] 国家技术监督局.国家三角测量规范：GB/T 17942—2000［S］.北京：中国标准出版社，2000.

[9] 国家质量监督检验检疫总局，国家标准化管理委员会.国家三、四等水准测量规范：GB/T 12898—2009［S］.北京：中国标准出版社，2009.

[10] 国家质量监督检验检疫总局，国家标准化管理委员会.国家一、二等水准测量规范：GB/T 12897—2006［S］.北京：中国标准出版社，2006.

[11] 国家质量监督检验检疫总局，国家标准化管理委员会.全球定位系统（GPS）测量规范：GB/T 18314—2009［S］.北京：中国标准出版社，2009.

[12] 戴华阳，雷斌，等.误差理论与测量平差［M］.第二版.北京：测绘出版社，2017.

[13] 金向农，等.土木工程测量［M］.北京：中国建筑工业出版社，2019.

[14] 李芹芳，等.地籍与房产测量［M］.武汉：武汉大学出版社，2017.

[15] 李天文.现代测量学［M］.北京：科学出版社，2007.

[16] 李万彪，等.大气遥感［M］.北京：北京大学出版社，2014.

[17] 李章树，刘蒙蒙，张齐坤，等.工程测量学［M］.第 2 版.成都：西南交通大学出版社，2015.

[18] 林辉，等.林业遥感［M］.北京：中国林业出版社，2011.

[19] 林玉详，等.控制测量技术［M］.北京：测绘出版社，2013.

[20] 刘海颖，王慧南，陈志明，等.卫星导航原理与应用［M］.北京：国防工业出版社，2013.

[21] 刘春，姚银银，吴杭彬.机载激光扫描(LIDAR)标准数据格式(LAS)的分析与数据提取［J］.遥感信息，2009（04）：38-42.

[22] 刘茂华，等.工程测量［M］.上海：同济大学出版社，2015.

[23] 刘茂华，等.测量学［M］.北京：清华大学出版社，2015.

[24] 刘其余，等.GPS 卫星导航定位原理与方法［M］.第二版.北京：科学出版社，2019.

[25] 孟维晓，等.卫星定位导航原理［M］.哈尔滨：哈尔滨工业大学出版社，2013.

[26] 宁津生，等.测绘学概论［M］.第三版.武汉：武汉大学出版社，2016.

[27] 沙晋明，等.遥感原理与应用［M］.北京：科学出版社，2015.

[28] 覃辉，马超，朱茂栋，等.土木工程测量［M］.第五版.上海：同济大学出版社，2019.

[29] 田淑芳，等.遥感地质学［M］.第二版.北京：地质出版社，2013.

[30] 汪浪涛，等.全站仪测量技术［M］.第二版.武汉：武汉理工大学出版社，2017.

[31] 徐绍铨.GPS 测量原理及应用［M］.武汉：武汉大学出版社，2008.

[32] 殷耀国，王晓明，等，土木工程测量［M］.第二版.武汉：武汉大学出版社，2013.

[33] 赵长胜，等.GNSS 原理及其应用［M］.第二版.北京：测绘出版社，2020.

[34] 中国工程教育认证协会.工程教育认证标准解读及使用指南（2020 版，试行）［M］.2020-02.

[35] 中华人民共和国国家标准.工程测量规范:GB 50026—2007［S］.北京：中国计划出版社，2007.

[36] 中华人民共和国住房和城乡建设部.城市测量规范：CJJ/T 8—2011［S］.北京：中国建筑工业出版社，2011.

[37] 周廷刚，等.遥感原理与应用［M］.北京：科学出版社，2016.

［38］ 朱建军，左廷英，宋迎春，等.误差理论与测量平差基础［M］.北京：测绘出版社，2013.

［39］ 姚松涛，邢艳秋，李梦颖，等.机载全波形 LiDAR 数据 LAS 格式解析和快速提取研究［J］.森林工程，2017，33（03）：64-68，73.

［40］ 于彩霞，许军，暴文刚，等.基于 IDL 的 LiDAR 标准数据格式解析与读取［J］.海洋测绘，2017，37（06）：66-68，72.

［41］ 于洋洋.机载激光雷达点云滤波与分类算法研究［D］.合肥：中国科学技术大学，2020：65-69.

［42］ 张留民，吕宝奇，林蒙恩.LIDAR 标准数据格式(LAS)的解析与处理［J］.测绘与空间地理信息，2014，37（05）：131-132，136.

［43］ Dubayah R, Drake B. Lidar remote sensing for forestry applications［J］. J Forest, 2000, 98：44-46.

［44］ Tournaire O, Brédif M, Boldo D, et al. An efficient stochastic approach for building footprint extraction from digital elevation models［J］. ISPRS Journal of Photogrammetry and Remote Sensing, 2010, 65(4)：317-327.

［45］ Young M. Optics and lasers: including fibers and optical waveguides［J］. Berlin: Springer Verlag, 1986, 31：191-195.